Teubner-Reihe UMWELT

G. Fellenberg

# Umweltbelastungen

# Teubner-Reihe UMWELT

Herausgegeben von
Prof. Dr. mult. Dr. h.c. Müfit Bahadir, Braunschweig
Prof. Dr. Hans-Jürgen Collins, Braunschweig
Prof. Dr. Bertold Hock, Freising

Diese Buchreihe ist ein Forum für Veröffentlichungen zum gesamten Themenbereich Umwelt. Es erscheinen einführende Lehrbücher, Monographien und Forschungsberichte, die den aktuellen Stand der Wissenschaft wiedergeben.

Das inhaltliche Spektrum reicht von den naturwissenschaftlich-technischen Grundlagen über umwelttechnische Fragestellungen bis hin zu juristisch, sozial- und gesellschaftswissenschaftlich ausgerichteten Titeln. Besonderer Wert wird dabei auf eine allgemeinverständliche, dennoch exakte und präzise Darstellung gelegt. Jeder Band ist in sich abgeschlossen.

Die Autoren der Reihe wenden sich vorwiegend an Studierende, Lehrende sowie in der Praxis tätige Fachleute.

# Umweltbelastungen

## Eine Einführung

Von Prof. Dr. Günter Fellenberg
Technische Universität Braunschweig

B. G. Teubner Stuttgart · Leipzig 1999

**Prof. Dr. rer. nat. Günter Fellenberg**

Geboren 1936 in Hamburg. Studium der Fächer Biologie, Chemie und Geographie für das Höhere Lehramt an der Universität Erlangen. 1962 Promotion über pflanzliche Gewebekulturen. 1962 wiss. Mitarbeiter am MPI für Pflanzengenetik, Rosenhof/Ladenburg. 1963 wiss. Assistent am Botanischen Institut der TU Hannover. 1968 Habilitation mit einer Arbeit über Restitutionsprozesse an Keimlingen. Im selben Jahr Dozentur am Botanischen Institut der Universität Heidelberg. 1970 Professor für Botanik an der TU Braunschweig.
Seit 1975 wurden an der TU Braunschweig Lehrveranstaltungen über Fragen der Umweltbelastung für Hörer aller Fakultäten abgehalten.

Gedruckt auf chlorfrei gebleichtem Papier.

Die Deutsche Bibliothek – CIP-Einheitsaufnahme

**Fellenberg, Günter:**
Umweltbelastungen : eine Einführung /
von Günter Fellenberg. –
Stuttgart ; Leipzig : Teubner, 1999
(Teubner-Reihe Umwelt)
ISBN-13: 978-3-519-00267-3 e-ISBN-13: 978-3-322-80017-6
DOI: 10.1007/978-3-322-80017-6



Umschlaggestaltung: E. Kretschmer, Leipzig

# Vorwort

Prinzipiell erkennt man heute allgemein an, daß Umweltschutz eine Notwendigkeit darstellt. Sobald jedoch Konzepte zum Umweltschutz entwickelt werden, die die Lebensgewohnheiten der Bürger oder die Interessen von Industrie und Wirtschaft betreffen, dann wird trotz aller prinzipiellen Einverständniserklärungen sehr schnell energischer Widerspruch gegen solche Maßnahmen laut. Nicht selten werden dann Umweltschützer als realitätsfremde Illusionisten bezeichnet. Dieser Vorwurf ist insofern durchaus berechtigt, als sowohl unser derzeitiger Lebensstil als auch die industriellen und wirtschaftlichen Handlungsweisen unübersehbar gewachsene Realitäten darstellen, wie etwa die Nutzung von Energiequellen, die modernen Verkehrskonzepte oder internationale Reise- und Handelsaktivitäten. Andererseits stehen diesen Realitäten die Lebensbedürfnisse von Pflanzen, Tieren und des Menschen gegenüber, die in einer sehr viel längeren Entwicklungsgeschichte entstanden und ein enges Flechtwerk gegenseitiger Abhängigkeiten bilden. Aus dem Blickwinkel der angeborenen Lebensbedürfnisse der Organismen stellen sich jedoch manche unserer gegenwärtig praktizierten Lebens- und Wirtschaftsweisen als realitätsferne Illusion dar, nämlich als die Illusion von einer nach unseren Vorstellungen frei gestaltbaren Umwelt, die unsere Evolution kaum oder gar nicht berücksichtigen muß. Damit wird die Weiterentwicklung der Lebewesen, auch diejenige der Menschen, in Frage gestellt, um den Preis momentanen, finanziellen Gewinns oder möglichst reibungsarm verlaufender, eingefahrener Praktiken des Lebensstils und wirtschaftlich-technischer Verfahrensweisen.

Verantwortungsvoller wäre es, sich darum zu bemühen, sowohl den wirtschaftlich-technischen Bedürfnissen als auch den Lebensansprüchen aller Organismen Rechnung zu tragen, ohne unseren eigenen Wunschvorstellungen stets Vorrang einzuräumen. Das setzt jedoch voraus, daß man Lebewesen und ihre Lebensbedingungen ebenso zu verstehen lernt wie die wichtigsten technisch-wirtschaftlichen Belange in unserer Zeit. Doch dieses Gebiet ist groß und in seinen hochspezialisierten, einzelnen Zweigen von einer Person allein kaum noch zu überblicken. Andererseits birgt Spezialistentum gerade auf dem Sektor Umweltbelastungen und Umweltschutz die große Gefahr, daß man durch Schutzmaßnahmen an einer Stelle gleichzeitig Schäden auf einem anderen Gebiet verursacht. Ernsthaftes Bemühen um Umweltschutz setzt deshalb voraus, daß man sich zumindest einen Überblick über das weite Gebiet verschafft, das soeben kurz umrissen wurde. Bei diesem Bemühen soll das vorliegende, einführende Lehrbuch Hilfestellung leisten. Neben der Aufgabe, den interessierten Neuling in das Gebiet der Umweltbelastungen und des Umweltschutzes einzuführen, soll es den bereits fertig ausgebildeten Spezialisten stets daran erinnern, neben seinem speziellen Arbeitsgebiet die Gesamtzusammenhänge nicht aus den Augen zu verlieren.

Bei der Bearbeitung dieses weit ausladenden Stoffgebietes stand das Bemühen im Vordergrund, ein überschau- und lernbares Wissensgerüst zu entwerfen und dabei eine möglichst einfache Darstellungsweise zu wählen. Damit soll versucht werden, Interessenten aus möglichst vielen, verschiedenen Fachrichtungen an Fragen der Umweltbelastungen und des Umweltschutzes heranzuführen.

Herrn J. Weiß vom Verlag B. G. Teubner bin ich für die Betreuung des Manuskripts außerordentlich dankbar. Ebenso bin ich Herrn Professor Dr. mult. Dr. h.c. M. Bahadir sehr dankbar, daß er sich der mühevollen Arbeit unterzogen hat, das Manuskript vor dem Druck nochmals durchzuarbeiten. Herrn Professor Dr. H.-J. Collins danke ich für die Durchsicht des Kapitels "Abfälle".

Wolfsburg, Frühjahr 1999 G. Fellenberg

# Inhalt


| | | |
|---|---|---|
| 1 | **Was sind Umweltbelastungen?** | 9 |
| 2 | **Die Wirkung von Einzelfaktoren** | 11 |
| 2.1 | Natürliche Faktoren der Umweltbelastung | 11 |
| 2.1.1 | Bakterientoxine | 11 |
| 2.1.2 | Mycotoxine | 13 |
| 2.1.3 | Phytoplanktontoxine | 17 |
| 2.1.4 | Giftstoffe in Nahrungsmittelpflanzen | 21 |
| 2.1.5 | "BSE" und "scrapy" | 24 |
| 2.1.6 | Pollen und Pollenallergie | 26 |
| 2.1.7 | Terpensmog | 29 |
| 2.1.8 | Stäube aus Wüsten und Vulkanen | 30 |
| 2.1.9 | El Nino | 31 |
| 2.2 | Anthropogene Faktoren der Umweltbelastung | 33 |
| 2.2.1 | Staub | 33 |
| 2.2.1.1 | Bedeutung für den Strahlungshaushalt | 34 |
| 2.2.1.2 | Bedeutung für die Gesundheit der Menschen | 36 |
| 2.2.1.3 | Bedeutung für Pflanzen | 39 |
| 2.2.1.4 | Verminderung der Staubbelastung der Luft | 39 |
| 2.2.2 | Gase | 41 |
| 2.2.2.1 | Grenzwerte für Schadgase | 44 |
| 2.2.2.2 | Toxische Wirkungen auf Menschen | 47 |
| 2.2.2.3 | Toxische Wirkung auf Pflanzen und Flechten | 54 |
| 2.2.2.4 | Wirkungen auf organische Verbindungen | 56 |
| 2.2.2.5 | Abgasreinigungsverfahren | 57 |
| 2.2.3 | Halogenkohlenwasserstoffe | 64 |
| 2.2.4 | Mutagene und cancerogene Stoffe | 68 |
| 2.2.5 | Pflanzenschutz- und Schädlingsbekämpfungsmittel | 72 |
| 2.2.6 | Metalle | 85 |
| 2.2.7 | Radionuklide | 92 |
| 2.2.8 | Abwärme | 104 |
| 2.2.9 | Elektromagnetische Felder | 107 |
| 2.2.10 | Schall | 111 |
| 2.2.10.1 | Schallpegel und Lautstärke | 112 |
| 2.2.10.2 | Schallquellen | 114 |
| 2.2.10.3 | Physiologische Schallwirkungen | 116 |
| 2.2.10.4 | Schallschutz | 119 |
| 2.2.11 | Bodenverdichtung | 123 |
| 2.2.11.1 | Auswirkungen der Bodenverdichtung | 124 |
| 2.2.11.2 | Bodenlockerung | 126 |

3 **Wirkungen von Kombinationen mehrerer Faktoren** ...... 128
3.1 Atmosphäre ...... 128
3.1.1 Kombinationen von Stäuben und Abgasen ...... 128
3.1.1.1 Wirkung auf den Menschen ...... 128
3.1.1.2 Wirkung auf Metalle und Steine ...... 130
3.1.2 Chemische Umsetzungen von Abgasen in der Luft ...... 131
3.1.3 Wirkung von Stickoxiden und Schwefeldioxid auf Pflanzen ...... 133
3.1.4 Baum- und Waldschäden ...... 135
3.1.5 Treibhauseffekt ...... 141
3.1.6 Ozonverlust in der Stratosphäre ...... 147
3.2 Boden ...... 150
3.2.1 Bodenbelastung durch Düngung ...... 150
3.2.2 Monokulturen ...... 153
3.2.3 Bodenbelastungen durch Fremdstoffgemische ...... 154
3.2.4 Möglichkeiten der Bodensanierung ...... 159
3.3 Wasser ...... 161
3.3.1 Gewässereutrophierung ...... 161
3.3.2 Fremdstoffe ...... 164
3.3.3 Wasserreinigung ...... 168
3.3.4 Trinkwassergewinnung ...... 172
3.3.5 Gewässerbauliche Maßnahmen ...... 177
3.4 Abfälle ...... 181
3.4.1 Abfälle als Umweltproblem ...... 182
3.4.2 Abfallentsorgung ...... 184
3.4.3 Recycling ...... 192
3.4.4 Möglichkeiten der Abfallvermeidung ...... 196

4 **Instrumentarien zur Begrenzung von Belastungen der Umwelt** ...... 198
4.1 Umweltgesetze ...... 198
4.2 Ökonomische Regelmechanismen ...... 202
4.3 Politische Maßnahmen und Privatinitiativen ...... 204
4.4 Begrenzung der Bevölkerungsentwicklung ...... 206
4.4.1 Bevölkerungsentwicklung und Artenverlust ...... 206
4.4.2 Bevölkerungswachstum ...... 208

**Glossar** ...... 212

**Literatur** ...... 216

**Sachverzeichnis** ...... 223

# 1 Was sind Umweltbelastungen?

Wenn von Umweltbelastungen gesprochen wird, dann denkt man in der Regel zunächst an Luft- und Wasserverschmutzungen und gelegentlich an Verschmutzungen des Bodens mit Öl und Düngemitteln. Doch die Einführung größerer Mengen von Fremdstoffen in diese drei Umweltmedien stellt nur eine Seite des Problems dar, wenngleich eine sehr auffällige und wichtige. Daneben belasten noch ganz andere Eingriffe in den Naturhaushalt unsere Umwelt, wie beispielsweise die Verdichtung der Böden, die großflächige Abholzung von Wäldern, die Ausrottung ganzer Tier- und Pflanzenarten und die Erzeugung dauerhaft hoher Schallpegel. Auch von solchen nicht stofflichen Einflüssen auf unsere Umwelt wird später zu sprechen sein. Will man auf Grund dieses Sachverhalts den Begriff "Umweltbelastungen" definieren, dann muß man darunter alle Eingriffe in den Naturhaushalt zusammenfassen, die die Lebensbedingungen der heute existierenden Lebewesen einschränken oder verschlechtern.

Gewiß stellen Umweltveränderungen, auch solche mit sehr weitreichenden Folgen, keineswegs nur Erfindungen moderner Menschen dar. Im Laufe der Entwicklungsgeschichte der Erde wurde beispielsweise die ursprünglich sauerstofffreie Atmosphäre mit Sauerstoff aufgeladen, ein Vorgang, an den sich die damals existierenden Organismen anpassen mußten. Außerdem änderte sich beispielsweise der Kohlendioxidgehalt der Luft, und tiefgreifende Klimaschwankungen vollzogen sich, die u. a. zu den bekannten Eiszeiten führten. Angesichts solcher immer wieder auftretenden Milieuänderungen auf der Erde scheint es völlig übertrieben zu sein, die heute zu beobachtenden Umweltveränderungen zu dramatisieren und überzubewerten. Doch bei näherer Betrachtung entdeckt man einige entscheidende Unterschiede zwischen natürlichen und künstlich herbeigeführten Umweltveränderungen. Einer dieser Unterschiede ist der Zeitfaktor. Die Aufladung der Erdatmosphäre mit Sauerstoff bis zu einer Konzentration von ungefähr 21 Vol-% vollzog sich im Verlauf von mehr als 1,5 Mrd. Jahren. Das bedeutet, daß rein rechnerisch der Sauerstoffgehalt der Atmosphäre in jeweils 200000 bis 300000 Jahren um etwa 0,004 % zunahm. Solche Zeitspannen genügen manchen Lebewesen, um sich den ändernden Bedingungen genetisch anpassen zu können. Sehr viel stürmischer vollzogen sich dagegen einige klimatische Veränderungen. Beispielsweise endete die letzte Vereisung Mitteleuropas vor knapp 20000 Jahren. Seither stieg die durchschnittliche Festlandstemperatur um etwa 6-12 °C. Daraus ergibt sich eine durchschnittliche Temperaturerhöhung von maximal 0,6 °C im Verlauf von jeweils 1000 Jahren. Wenngleich sich die natürlichen Umweltveränderungen sicher nicht mit gleichbleibender Stetigkeit vollzogen, wie es die errechneten Werte suggerieren, so vermitteln die angeführten Beispiele doch einen Eindruck von den langen Zeiträumen, in denen natürliche Umweltveränderungen ablaufen. Im Falle des Wechsels von Warm- und Kaltzeiten ist anzumerken, daß der zeitliche Ablauf dieser Umweltveränderungen die genetische Anpassungsfähigkeit der meisten Arten von Lebewesen überforderte, d. h., die meisten der ursprünglich heimischen Arten starben im Laufe der Vereisung aus, und nach dem Rückzug des Eises erfolgte eine Wiederbesiedlung des eisfrei gewordenen Territoriums durch Arten aus nicht vereisten Gebieten. Im Unterschied zu den meisten natürlichen Umweltveränderungen vollziehen sich die gegenwärtig von den Menschen herbeigeführten Modifikationen unseres Lebensraumes in immer kürzer werdenden Zeitintervallen. Den Kohlendioxidgehalt der Atmosphäre erhöhten die Menschen innerhalb weniger Jahrzehnte(!) um 0,004-0,005 %, und im Verlaufe der vergangenen 30 Jahre halbierten sie den vormals existierenden Bestand an tropischen Regenwäldern.

Neben der Geschwindigkeit der vom Menschen verursachten Umweltveränderungen spielt die bevorzugte Freisetzung von Schadstoffen in dicht besiedelten Gebieten eine große Rolle. Auch wenn global betrachtet ein emittierter Schadstoff noch keine gefährlichen Konzentrationen erreicht, so kann er an Orten der Freisetzung erhebliche Schäden verursachen, wie etwa Schwefeldioxid. Weiterhin sind die vom Menschen verursachten Umweltveränderungen durch ihre große Vielfalt charakterisiert. Dazu kommt, daß mit wachsender Anzahl der Menschen auch die Umweltbelastungen zunehmen müssen, denn jeder Mensch benötigt Nahrung und Wohnraum, er hinterläßt Fäkalien, verbraucht Wasser und verdichtet den Boden. Dazu gesellen sich Abgase, Abwässer und Abfälle aus industrieller Produktion, Energieerzeugung und Verkehr. Die Besonderheiten der durch die Menschen verursachten Umweltveränderungen machen es erforderlich, speziell diese Belastungsformen weiterhin genau zu beobachten und zu analysieren, weil sie die Lebensgrundlagen der Organismen sehr schnell beeinträchtigen können.

# 2 Die Wirkung von Einzelfaktoren

Im Laufe der Zeit hat die Zahl von Faktoren, die die Umwelt in Mitleidenschaft ziehen, ständig zugenommen. Immer mehr chemische, physikalische und ökologische Faktoren mußten deshalb hinsichtlich ihrer Wirkungsweise auf die Umwelt untersucht werden. Da jedoch an einem Ort in der Regel meist mehrere umweltrelevante Einflüsse wirksam werden, mußte man zunehmend auch die Kombination mehrerer Wirkfaktoren berücksichtigen. In vielen Fällen stellte sich dabei heraus, daß solche Kombinationswirkungen nicht der Summe der Wirkungen der Einzelfaktoren entsprechen. Damit gestaltet es sich vielfach außerordentlich schwierig, diejenigen Wirkungsfaktoren zu erkennen, die eine Veränderung bei Lebewesen oder in der unbelebten Natur hervorgerufen haben. Andererseits nimmt der Forschungsaufwand gewaltig zu, den man einsetzen muß, um die Effekte möglicher, unerwarteter Wechselwirkungen verschiedener Einflußfaktoren analysieren zu können. Gerade auf dem Sektor möglicher Wechselwirkungen mehrerer umweltrelevanter Einflußfaktoren sind unsere Kenntnisse noch nicht befriedigend weit fortgeschritten. Dennoch soll dieser wichtige Gesichtspunkt insofern berücksichtigt werden, als die Wirkung von Einzelfaktoren und von Kombinationen mehrerer Faktoren (soweit man sie überhaupt kennt) in zwei separaten Kapiteln nebeneinandergestellt werden.

## 2.1 Natürliche Faktoren der Umweltbelastung

Wenden wir uns zunächst dem Kapitel der leichter überschaubaren Wirkungen von Einzelfaktoren zu, dann gilt es zu berücksichtigen, daß nicht nur die Menschen durch ihre Tätigkeit die Umwelt belasten. Auch die Natur selber läßt Faktoren wirksam werden, die die Lebensbedingungen der heute existierenden Organismen einschränken. Dazu gehören u. a. tätige Vulkane mit ihrem Ausstoß von Staub, Schwefeldioxid, Kohlendioxid und glühender Lava. Es gehören aber auch Giftstoffe dazu, die von Pflanzen, Tieren oder Mikroorganismen gebildet werden und die andere Lebewesen abtöten oder deren Gesundheit beeinträchtigen.

### 2.1.1 Bakterientoxine

Zu den natürlichen Faktoren, die die Lebensgrundlagen der Menschen beeinträchtigen, gehören u. a. alle Krankheitserreger. Es würde allerdings zu weit führen, Bakterien, Viren und Parasiten eingehend zu besprechen. Hier sollen nur einige Beispiele jener Mikroorganismen betrachtet werden, die außerhalb des Körpers, also in der "Umwelt", Giftstoffe an Nahrungsmittel oder an das Wasser abgeben

und damit wichtige Lebensgrundlagen der Menschen und anderer Organismen unbrauchbar machen.
Unter den speziell die Menschen gefährdenden Bakterientoxinen gelten Botulinus-Toxine als die giftigsten (LINDNER, 1986). Produziert werden sie von *Clostridium botulinum*, eine anaerob lebende Art, die sich vor allem in unzureichend sterilisierten Lebensmittelkonserven vermehrt und ihren Giftstoff, ein toxisch wirkendes Protein, an das Substrat abgibt. Erkennbar wird ein Befall der Konserven mit *Clostridium botulinum* u. a. durch Gasbildung, das beim Öffnen der Konserve entweicht. Vergiftungserscheinungen, die u. a. bereits durch 0,1-1 µg des Toxins verursacht werden können, äußern sich in Brechdurchfällen, Schluckbeschwerden und in Störungen der nervalen Reizleitung (Abb. 2.4), die u. a. über Atemlähmung zum Tod führen. Der Giftstoff verliert bei halbstündigem Erhitzen auf mindestens 80 °C seine Wirksamkeit.
Während *Clostridium botulinum* verhältnismäßig selten auftritt, werden häufiger Kontaminationen mit Salmonellen beobachtet, eine außerordentlich artenreiche Gruppe sog. Enterobakterien, die im Darm des Menschen und anderer Wirbeltiere vorkommen. Kontaminationen mit Salmonellen weisen deshalb stets auf mangelhafte hygienische Behandlung der befallenen Lebensmittel hin. Salmonellen wurden besonders durch den modernen, motorisierten Massentourismus in ganz Europa verbreitet (EFFENBERGER, 1976). Als toxisches Prinzip der Salmonellen erkannte man Lipopolysaccharide und einige andere Stoffe. Vergiftungserscheinungen äußern sich vor allem in Verdauungs- und Kreislaufbeschwerden. Im Unterschied zu *Clostridium botulinum* können sich Salmonellen im Körper des Menschen weiterhin vermehren und die Erkrankung damit sehr langwierig gestalten. Wesentlich leichter verlaufen Lebensmittelvergiftungen, die durch *Staphylococcus aureus* hervorgerufen werden. Der Giftstoff stellt ein relativ hitzestabiles Protein dar, das Brechdurchfälle und Leibschmerzen verursacht. Frische Nahrungsmittel können gelegentlich mit Listeriose-Bakterien infiziert sein, die u. U. recht schwere Vergiftungen auslösen können (ANONYMUS, 1976).
Bakterielle Lebensmittelvergiftungen sind seit langem bekannt. Sie treten besonders dann auf, wenn Nahrungsmittel unter mangelhaften hygienischen Bedingungen verarbeitet oder aufbewahrt werden, bzw. wenn Nahrungsmittel trotz ungenügender Sterilisation durch Kochen, Salzen oder Räuchern langfristig gelagert werden. Im Laufe der Zeit haben bakterielle Kontaminationen von Lebensmitteln jedoch einen erheblichen Bedeutungswandel für die Menschen erfahren. Blieben früher derartige Lebensmittelvergiftungen meistens auf kleine Personengruppen beschränkt, z. B. auf einzelne Familien, so können sie heute durchaus größere Personenkreise erfassen, weil Mahlzeiten nicht mehr hauptsächlich für einzelne Familienkreise zubereitet werden. Besonders im Berufsleben dominieren viele Formen der Massenverpflegung in Kantinen, Gaststätten und Imbiß-Gaststätten. Bakterielle Lebensmittelvergiftungen erregen deshalb gegenwärtig große Aufmerksamkeit in der Öffentlichkeit und bei Gesundheitsbehörden.

## 2.1.2 Mycotoxine

Neben Bakterien befallen häufig Schimmelpilze gelagerte Nahrungsmittel. Einige dieser Pilze, keineswegs alle, produzieren Giftstoffe, die sog. Mycotoxine, die ernste Gesundheitsgefährdungen für die Menschen mit sich bringen können. Wohl die älteste, bekannte Erkrankung, die durch verpilzte Nahrungsmittel ausgelöst wird, ist die sog. Kribbelkrankheit oder der Ergotismus. Sie äußert sich in Krämpfen, Erbrechen, Delirien und Kontraktion der Arterien. Bei Dauervergiftungen mumifizieren die äußeren Extremitäten und fallen schließlich ab. Dieses Erkrankungsbild ist seit der Antike bekannt und breitete sich in auffälliger Weise mit dem Roggenanbau in Europa aus. Es dauerte jedoch bis zum Jahr 1670, ehe man erkannte, daß der Ergotismus durch Mutterkörner verursacht wird, die sich nach der Infektion junger Getreidekörner mit dem Pilz *Claviceps purpurea* (Ascomycet) bilden. Die befallenen Getreidekörner, bevorzugt bei Roggen, wachsen zu schwarz-violetten Riesenkörnern heran, die vom Pilzgeflecht (Mycel) erfüllt sind. *Claviceps purpurea* bildet eine Reihe von Alkaloiden, die sich von der Lysergsäure ableiten (GESSNER, 1974; LINDNER, 1986). Einige wichtige Vertreter dieser Gruppe sind in Abb. 2.1 dargestellt. Seit der Zusammenhang von Ergotismus und Mutterkornbildung bekannt ist, schützte man sich zunächst durch

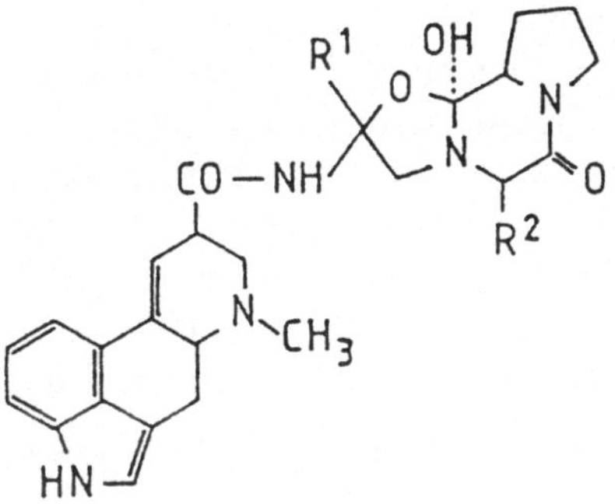

Ergocristin:
$R^1$: $-CH(CH_3)_2$
$R^2$: $-CH_2-C_6H_5$

Ergotamin:
$R^1$: $-CH_3$
$R^2$: $-CH_2-C_6H_5$

Ergocryptin:
$R^1$: $-CH(CH_3)_2$
$R^2$: $-CH_2-CH(CH_3)_2$

Ergosin:
$R^1$: $-CH_3$
$R^2$: $-CH_2-CH(CH_3)_2$

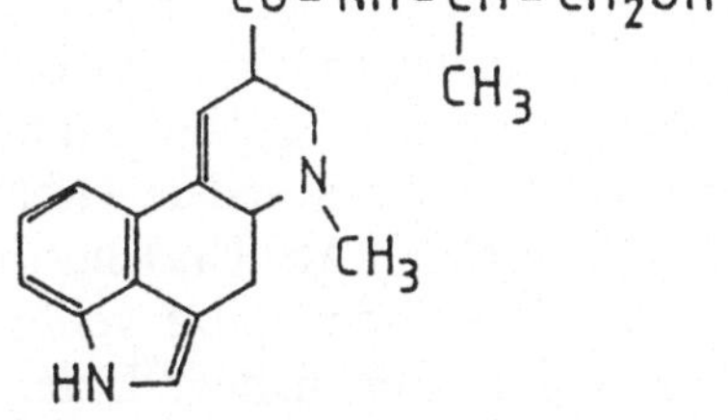

Ergometrin

Abb. 2.1 Struktur einiger Ergotalkaloide

Sieben des Getreides vor den großen, schwarzen Körnern. Heute reduzieren außerdem pilzresistentere Getreidesorten und geeignete Fungizide (Mittel zur Pilzbekämpfung) die Gefahr der Mutterkornbildung. Einige Ergotalkaloide werden als Reinsubstanzen medizinisch genutzt (FORTH et al., 1987).

Während die Toxine von *Claviceps purpurea* eher historisch interessant sind, kommt einer ganzen Reihe von verschiedenen Schimmelpilzen noch heute große gesundheitliche Bedeutung zu, denn es gibt praktisch kein Nahrungsmittel, das nicht wenigstens von einem dieser Mycotoxinproduzenten befallen werden kann (REISS, 1972; GLOMBITZA, 1973). Einen kleinen Einblick in die Fülle von Mycotoxinbildnern gibt Tabelle 2.1. Wie schon das Beispiel der Ergotalkaloide aus Mutterkorn zeigte, wurden die Mycotoxine selber erst relativ spät entdeckt. Die Ergotalkaloide selber fand man gegen Ende des 19. Jahrhunderts. Das Toxin Citrinin identifizierte man zu Beginn der 30er Jahre des 20. Jahrhunderts, und erst während der folgenden Jahrzehnte erkannte man, daß darüber hinaus eine Vielzahl weiterer Mycotoxine existiert. Zu der bekanntesten Gruppe von Mycotoxinen gehören die Aflatoxine, auf die man im Jahr 1960 in England aufmerksam wurde, als unversehens 100000 Truthühner und zahlreiches andere Geflügel innerhalb kürzester Frist in der Vorweihnachtszeit starben. Als Ursache dieses Massensterbens stieß man auf einen großen, durch Schimmelpilze verdorbenen Futterposten, von dem alle betroffenen Tiere gefressen hatten. Unter den diversen Schimmelpilzen, die man fand, hatte die Art *Aspergillus flavus* einen Giftstoff gebildet, den man als Aflatoxin bezeichnete. Inzwischen kennt man eine ganze

Tabelle 2.1 Einige wichtige Schimmelpilzarten, die humanpathogene Mycotoxine bilden (FELLENBERG, 1997)

| Schimmelart | Toxin | befallene Nahrungsmittel |
|---|---|---|
| *Aspergillus flavus* u. a. | Aflatoxine | Brot, Obst, Nüsse, Käse, Fleisch |
| *Aspergillus ochraceus* | Ochratoxin A | Brot |
| *Aspergillus versicolor* | Sterigmatocystin | Getreide, Leguminosen |
| *Byssochlamys fulva* | Byssochlaminsäure | Fruchtsäfte |
| *Fusarium nivale* | Nivalenol | Getreide, Reis |
| *Penicillium citrinum* | Citrinin | Reis |
| *Penicillium urticae* | Patulin | Malz |
| *Penicillium rubrum* | Rubratoxine | Getreide |
| *Rhizopus microsporus* | Rhizonin A | Gemüse, Früchte |

Reihe von Aflatoxinen, von denen einige möglicherweise enzymatische Umwandlungsprodukte der Aflatoxine $B_1$, $B_2$ und $G_2$ darstellen (LINDNER, 1986). Die Struktur der wichtigsten Aflatoxine zeigt Abb. 2.2. Neben *Aspergillus flavus* kön-

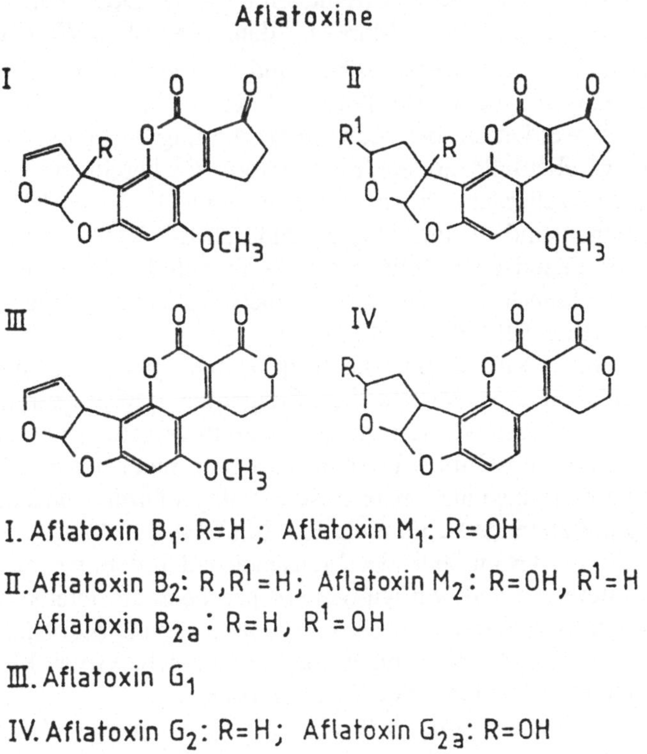

I. Aflatoxin $B_1$: R=H ; Aflatoxin $M_1$: R= OH

II. Aflatoxin $B_2$: R,$R^1$=H; Aflatoxin $M_2$ : R=OH, $R^1$=H
Aflatoxin $B_{2a}$ : R=H, $R^1$=OH

III. Aflatoxin $G_1$

IV. Aflatoxin $G_2$: R=H; Aflatoxin $G_{2a}$: R=OH

Abb. 2.2 Struktur einiger Aflatoxine

nen auch *Aspergillus glaucus*, *Aspergillus niger*, *Penicillium glaucum* und einige andere Schimmelpilzarten Aflatoxine bilden. Die große Anzahl von aflatoxinbildenden Schimmelpilzarten hat zur Folge, daß es praktisch kein Nahrungsmittel gibt, das nicht von einem Aflatoxinproduzenten befallen werden kann. Deshalb sollte man jedes verschimmelte Nahrungsmittel als potentielle Gefahrenquelle betrachten. Nach ihrem äußeren Erscheinungsbild lassen sich Schimmelbeläge keinesfalls in Toxinbildner und nicht Toxinbildner unterscheiden, zumal sich Färbung und Wachstumsbild der Schimmelpilze im Laufe ihrer Entwicklung ändern können. Meist weisen jedoch fetthaltige Nahrungsmittel wie Erdnüsse, Paranüsse, Speck und vergleichbare Produkte die höchsten Aflatoxingehalte auf, wenn sie entsprechende Schimmelpilze tragen. Da Aflatoxine Zubereitungsformen wie Kochen und Backen unbeschadet überstehen, sollten verschimmelte Nahrungsmittel stets verworfen werden. Den besten Schutz vor Aflatoxinen und ande-

ren Mycotoxinen bietet stets eine Lagerung der Nahrungsmittel bei Temperaturen von weniger als 10 °C in trockener Luft, denn unter diesen Bedingungen können sich Schimmelpilze nicht weiterentwickeln.
Aflatoxine werden als stark toxisch wirkende Stoffe eingestuft. Im Fütterungsversuch starben 50 % der Meerschweinchen bei einer Dosis von 2 mg des Toxins pro Kilogramm Körpergewicht. Man sagt dann, der $LD_{50}$-Wert beträgt 2 mg/kg. Als Vergiftungssymptome stehen Leber- und Nierenschäden im Vordergrund. Im Laufe der Zeit entsteht sogar Leberkrebs. Aflatoxine können sich an viele Proteine binden. Deshalb werden sie bei Proteinanreicherungsverfahren, wie etwa bei der Käseherstellung, ebenfalls konzentriert, sofern sie bereits im Ausgangsprodukt enthalten waren. Außerdem treten Aflatoxine mit DNA und RNA in chemische Wechselwirkungen und beeinträchtigen dadurch die RNA-Synthese, die bei der Weitergabe der genetischen Information eine Schlüsselstellung einnimmt. Die Bindung an Nucleinsäuren macht man auch für cancerogene Wirkung dieser Stoffe verantwortlich (SPORN et al., 1966).
Wenngleich andere Mycotoxine nach derzeitiger Kenntnis nicht cancerogen wirken, können auch sie ernsthafte Vergiftungen beim Menschen hervorrufen, wie beispielsweise Blutungen, Gewebszerstörungen in verschiedenen inneren Organen und Veränderungen des Blutes. Deshalb darf man nicht nur die Aflatoxinbildner unter den Schimmelpilzen als ernste Gesundheitsgefährdung ansehen, sondern alle Mycotoxine produzierende Schimmelpilze (LINDNER, 1986).
Mycotoxine, die die Gesundheit der Menschen gefährden, stehen naturgemäß im Zentrum des Interesses und wurden dementsprechend am intensivsten untersucht. Weitaus weniger Berichte liegen über Mycotoxine vor, die Pflanzen schädigen. Das Beispiel "Malformin" soll zeigen, daß auch solche Giftstoffe weit verbreitet sind und mitunter beträchtliche Schäden verursachen.
Eine Reihe von Pilzarten sondert Stoffe ab, die bei jungen Keimpflanzen Mißbildungen an Wurzeln und Sprossen verursachen. Die geschädigten Keimlinge können daraufhin nicht mehr normal weiterwachsen und sterben häufig sogar ab. Eines der dafür verantwortlichen Mycotoxine heißt Malformin. Dabei handelt es sich um ein ringförmiges Pentapeptid (Abb. 2.3), das bemerkenswerterweise drei D-Aminosäuren besitzt, die in nicht toxisch wirkenden Proteinen kaum vorkommen. Malformin stört die Zellwandbildung in wachsenden Geweben, greift in den Nucleinsäurestoffwechsel ein und beeinträchtigt den Haushalt der Wachstumshormone (Phytohormone) der befallenen Pflanzen (BODANSZKY et al., 1975).
Da pflanzentoxisch wirkende Stoffe (Phytotoxine) beträchtliche Schäden in Gärtnereien und in der Landwirtschaft verursachen, müssen junge Pflanzen vor dem Befall durch Schimmelpilze geschützt werden. In der Regel bedient man sich verschiedener Chemikalien, die das Pilzwachstum unterdrücken oder die Pilze abtöten (Fungizide). Noch vor wenigen Jahrzehnten behandelte man zu diesem Zweck das Saatgut mit organischen Quecksilberverbindungen, wie z. B. mit Phenyl-Methyl-Quecksilber. Wegen der starken Giftigkeit dieser Stoffe für Menschen und wegen der Bildung gefährlicher Quecksilberrückstände im Ackerboden

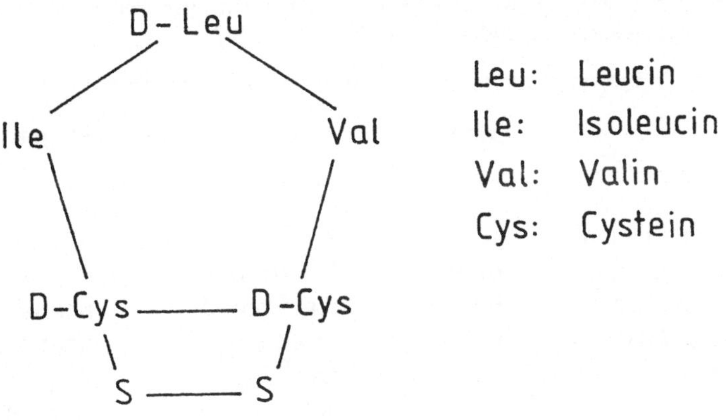


Abb. 2.3 Struktur von Malformin

zog man solche Fungizide wieder aus dem Verkehr. Heute verwendet man meist organische Verbindungen, die ganz verschiedenen Stoffklassen angehören, wie Triazine, organische Phosphorsäureester, Carbonsäureamide, Pyrimidine und andere mehr.

## 2.1.3 Phytoplanktontoxine

Schimmelpilze und Bakterien siedeln sich bevorzugt auf organischen Substraten an, die sie gleichzeitig als Nahrungsgrundlage nutzen können. In nährstoffarmem Wasser können sie sich dagegen kaum vermehren. Trotzdem findet man auch hier Toxinproduzenten in Form von autotroph lebenden, d. h. sich durch Photosynthese ernährenden, schwebfähigen Algen und Cyanobakterien (früher als Blaualgen bezeichnet). Gefährlich wird dieses Phytoplankton jedoch erst dann, wenn es sich massenhaft vermehrt, wozu genügende Mengen von Nährstoffen erforderlich sind, insbesondere Phosphate und Stickstoffverbindungen.
Zur Bildung von Toxinen sind Algen und Cyanobakterien aus Süß- und Salzwasser und sogar aus Brackwasser befähigt. Die von ihnen synthetisierten Giftstoffe gehören ganz verschiedenen chemischen Stoffklassen an (Tab. 2.2). Kommen Menschen mit solchen Phytoplanktontoxinen in Kontakt, dann reagiert die Haut mit Nesselsucht (Dermatitis). Mit dem Wasser oder mit der Nahrung aufgenommene Phytoplanktontoxine verursachen Verdauungsstörungen, Leberschäden bis hin zum Leberkrebs und Störungen der Reizleitung im Nervensystem, die zu

Tabelle 2.2 Übersicht über einige wichtige Plankton-Algen und Cyanobakterien, die Phytoplanktontoxine bilden (FELLENBERG, 1997)

| Art | Lebensform | Toxin | Hauptwirkung |
|---|---|---|---|
| Cyanobakterien | | | |
| *Microcystis aeroginosa* | limnisch | Microcystin | hepatotoxisch |
| *Anabaena flos-aquae* | limnisch | Anatoxin A | neurotoxisch |
| *Aphanizomenon flos-aquae* | limnisch | Saxitoxin | neurotoxisch |
| *Lyngbya gracilis* | marin | Debromo-aplysiatoxin | Dermatitis |
| Dinophyceen | | | |
| *Gonyaulax catenella* | marin | Saxitoxin | neurotoxisch |
| *Gonyaulax tamarensis* | marin | Saxitoxin Gonyautoxin | neurotoxisch |
| *Gambierdiscus toxicus* | marin | Ciguatera | neurotoxisch |
| ? | marin | Okaidinsäure u. a. | Diarrhoe |
| Haptophyceen | | | |
| *Prymnesium parvum* | brackisch | Prymnesin | neurotoxisch |

Lähmungen der Skelettmuskulatur, zu Atemlähmung und damit zum Tod führen können (VOGLER, 1970; ANONYMUS, 1988 b). Die besonders gefährlichen Neurotoxine greifen, ähnlich wie das bereits erwähnte Botulinustoxin, an den Synapsen der Nervenenden an (Abb. 2.4).

Das bedeutet folgendes: Für die Reizleitung im Nervensystem sind stets mehrere Nervenzellen hintereinander geschaltet, ehe das Erfolgsorgan, eine Drüse, eine Sinneszelle oder eine Muskelfaser, erreicht wird. Zwischen den einzelnen Nervenzellen, sowie zwischen Nervenzelle und Erfolgsorgan bleibt stets ein schmaler Spalt erhalten, der sog. synaptische Spalt. Er ist nur etwa 30 nm breit. Während innerhalb der Nervenzellen ein Reiz in Form eines elektrischen Potentials von einem Ende zum anderen weitergeleitet wird, erfolgt die Reizweiterleitung von einer Zelle zur nächsten mit Hilfe sog. Transmitter- oder Überträgersubstanzen. Dazu gehören Stoffe wie Acetylcholin, Dopamin, Serotonin, Adrenalin und einige andere. Sie werden von einer Zelle ausgestoßen und müssen durch Diffusion (!) die nachgeschaltete Zelle erreichen. Wegen der äußerst kurzen Diffusionsstrecke erfolgt der Transport dennoch sehr schnell. An der nachgeschalteten Zelle verursacht der Transmitter eine Permeabilitätsänderung der Zellmembran für be-

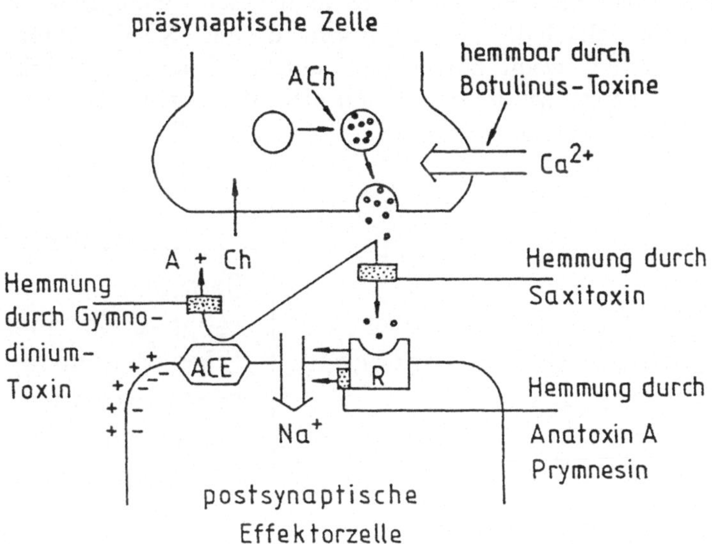


Abb. 2.4 Wirkungsweise einiger neurotoxischer Giftstoffe. Die nervale Reizleitung erfolgt innerhalb einer Nervenzelle durch Fortpflanzung eines elektrischen Potentials. Zur Übertragung dieses Impulses von einer Zelle (präsynaptische Zelle) zur nächsten (postsynaptische Zelle) werden Transmittersubstanzen (hier Acetylcholin=ACh) freigesetzt, die durch Diffusion die nachgeschaltete Zelle erreichen. Der Transmitter stimuliert an der postsynaptischen Zelle spezifische Rezeptoren (R). Diese bewirken einen raschen $Na^+$-Einstrom, wodurch ein Aktionspotential aufgebaut wird, das sich bis zur nächsten Synapse fortpflanzt. Zur Vermeidung einer Dauerreizung des Rezeptors bauen Enzyme (hier Acetylcholinesterase=ACE) die Transmittersubstanz ab. Die Spaltprodukte werden von der präsynaptischen Zelle rückresorbiert. Verschiedene Toxine stören die synaptische Reizleitung durch Behinderung der Diffusion des Transmitters, durch Blockierung des Rezeptors (R) oder durch Hemmung des Abbaus des Transmitters (ACE) (FELLENBERG, 1997 a)

stimmte Ionen, so daß sich hier erneut ein elektrisches Potential aufbaut (Aktionspotential).

In diesen Prozeß der synaptischen Reizleitung greifen die neurotoxisch wirkenden Phytoplanktontoxine an verschiedenen Punkten ein, wie es in Abb. 2.4 dargestellt ist. In diesem Zusammenhang sei darauf hingewiesen, daß auch der Mensch mit Hilfe von Psychopharmaka medikamentös in diesen Schritt der nervalen Reizleitung eingreift, indem er Synapsen im Gehirn, die von unterschiedlichen Transmittersubstanzen abhängig sind, gezielt aktiviert oder hemmt.

Phytoplanktontoxine gelangen auf verschiedenen Wegen zum Menschen. Die wichtigsten Pfade sind in Abb. 2.5 dargestellt. Danach kann man beim Baden mit

Phytoplanktontoxinen in Berührung kommen, wenn das Wasser reich mit Algen besetzt ist, oder man kann beim Verzehr von Muscheln, die sich hauptsächlich von Plankton ernähren, diese Giftstoffe aufnehmen. Weniger wahrscheinlich, wenngleich nicht vollständig ausgeschlossen, ist eine Konfrontation mit dieser Gruppe von Stoffen, wenn phytoplanktonreiches Wasser zur Trinkwassergewinnung herangezogen wurde, oder wenn man algenreiches Wasser zur Tränke von Schlachtvieh verwendet.

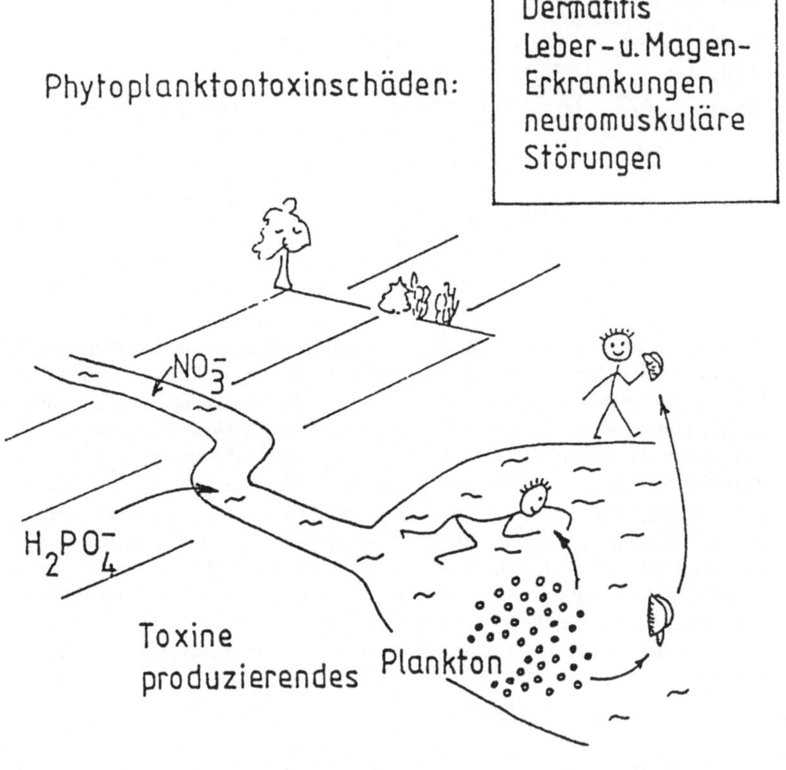


Abb. 2.5 Zwei wichtige Wege von Phytoplanktontoxinen zum Menschen (FELLENBERG, 1997 b)

Angesichts solcher Angaben fragt man sich, wann muß man Wasser als algenreich betrachten? Mit bloßem Auge kann man diese Entscheidung nicht immer zuverlässig treffen. Man kennt aber die wichtigsten Umweltbedingungen, die eine Massenentwicklung von Algen und Cyanobakterien ermöglichen. Dazu gehören vor allem erhöhte Wassertemperaturen sowie ein reichhaltiges Angebot an Nitraten und Phosphaten. Solchen Bedingungen begegnet man im Hochsommer in stark mit Düngemitteln oder Fäkalien belasteten, flachen Teichen und Seen oder im Oberflächenwasser tieferer Seen und in küstennahen Meeresbereichen (Abb. 2.5). An manchen Küstenregionen wird deshalb vorsorglich während der heißen Sommermonate vom Verzehr von Muscheln abgeraten.

### 2.1.4 Giftstoffe in Nahrungsmittelpflanzen

Giftstoffe werden nicht nur von speziellen, mehr oder minder selten vorkommenden Pflanzen, Pilzen und Bakterien produziert, man kann ihnen auch in ganz gebräuchlichen Nahrungsmittelpflanzen begegnen. Verzehrt man solche Pflanzen in großer Menge, dann können sich durchaus Vergiftungssymptome einstellen. Pflanzen, deren Giftstoffgehalt so gering ist, daß er auch bei exzessivem Genuß keine Vergiftungen hervorruft, sollen hier nicht erwähnt werden, wie etwa blausäurehaltige Glucoside verschiedener Weizensorten oder das Solanin geschälter Kartoffelknollen.
Das Spektrum gesundheitsschädigender Stoffe reicht von toxisch wirkenden Proteinen über Terpene, Glucoside und Saponine bis zu Stoffen, die als Neurotransmitter im Zentralnervensystem wirksam werden. Zu den Trägern solcher Stoffe gehören so verbreitete Nahrungsmittelpflanzen wie Hülsenfrüchte, Kohl, Spinat, Bananen, Tomaten, Spargel und viele andere.
Bestimmte Proteine von grünen Bohnen, anderen Hülsenfrüchten und einigen anderen Pflanzen, die sog. Lectine, sind in der Lage (Poly)Saccharide zu binden. Sie fallen besonders durch ihre Fähigkeit auf, Erythrozyten agglutinieren, also zusammenklumpen zu lassen. Daneben zeigen sie diverse andere toxische Effekte (Tab. 2.3). Beim Kochen des Pflanzenmaterials denaturieren sie jedoch und verlieren damit ihre biologische Wirkung.
Andere, toxisch wirkende Proteine sind Proteaseinhibitoren, die in Hülsenfrüchten, Kartoffeln, Süßkartoffeln und Roten Rüben enthalten sind. Sie hemmen den Abbau von Proteinen und damit die Bereitstellung von Aminosäuren für die körpereigene Proteinsynthese. Auch die Wirksamkeit der Proteaseinhibitoren kann durch kochen gehemmt werden.
Die anderen in Tabelle 2.3 aufgeführten Giftstoffe sind wesentlich hitzestabiler, so etwa die Saponine, die bei empfindlichen Geweben die Zellmembranen durchlässig für bestimmte Zellinhaltstoffe machen, so etwa für den Blutfarbstoff bei Erythrozyten. Saponine werden allerdings nur bei entzündeter Darmwand in nennenswerter Menge resorbiert.
Thioglucoside setzen im Körper durch enzymatische Spaltung Thiocyanate frei, die das toxische Prinzip darstellen, das die Bildung des Schilddrüsenhormons Thyroxin hemmt.
Anthrachinone wirken abführend. Ernstere Vergiftungen verursachen dagegen

Oxalate aus verschiedenen Pflanzen (Tab. 2.3), weil sie Calcium im Körper binden und dabei als unlösliches Oxalat ausfällen. Solche Kristalle verstopfen einerseits die Nierenkanälchen (Nierensteine), andererseits reduzieren sie den Calciumspiegel im Blut und führen damit zu Calciummangelerscheinungen.
Pharmakologisch interessant verhalten sich auch verschiedene biogene Amine, wie Serotonin und Tyramin, die als Transmitter im Zentralnervensystem fungieren. Ihre Wirkung äußert sich vor allem in einer Steigerung des Blutdrucks bei dafür empfindlichen Personen.
Beta-Asaron, Safrol und gewisse Komponenten im etherischen Öl von Zitrusschalen können cancerogen oder cocancerogen wirken. Meist ist jedoch nicht genau bekannt, in welchen Konzentrationen diese Stoffe beim Menschen cancerogen wirken, so daß man ganz allgemein nur dazu rät, zurückhaltend mit solchen Stoffen umzugehen.
Mit dem Myristicin der Muskatnuß treffen wir sogar auf eine halluzinogene Substanz, die daneben Herzrasen, Blutdruckschwankungen und einige andere Vergiftungssymptome verursacht. Wegen seiner euphorisierenden und halluzinogenen Wirkung wird Muskatnuß sogar gelegentlich als Rauschmittel verwendet, was jedoch gesundheitlich riskant ist, weil bei mehr als einer halben Nuß bereits toxische Symptome auftreten können.
Das in der Wermut-Pflanze enthaltene ß-Thujon verursacht in höheren Konzentrationen gravierende Schäden im Zentralnervensystem, wie geistige Abstumpfung, epileptische Anfälle, Bewußtlosigkeit und Tod. Wegen seiner guten Löslichkeit in Ethanol ist die Herstellung von Schnäpsen, z. B. von Absinth, aus Wermut verboten. Die geringen Mengen im Wermutwein hält man für unbedenklich.
Einen kleinen Überblick über einige Nahrungsmittelpflanzen, die gesundheitsgefährdende Stoffe enthalten, gibt Tabelle 2.3 (LINDNER, 1986; BELITZ und GROSCH, 1987; ROTH et al., 1987; FRANKE, 1989; FROHNE und PFÄNDER, 1983). Gesundheitliche Beeinträchtigungen sind beim Genuß solcher Pflanzen jedoch nur dann zu erwarten, wenn man sich einseitig und in exzessivem Maße von ihnen ernährt oder wenn man Bohnen und andere Hülsenfrüchte in großer Menge roh verzehrt. Diese kleine und höchst unvollständige Zusammenstellung soll zeigen, daß es nicht möglich ist, jedem gesundheitsgefährdendem Stoff völlig zu entgehen. Es kommt lediglich darauf an, mit Hilfe einer möglichst abwechslungsreichen Ernährung die Konzentration der einzelnen Schadstoffe so gering zu halten, daß sie nicht toxisch wirksam werden können.
Das Beispiel gesundheitsgefährdender Stoffe in Nahrungsmittelpflanzen sollte jedoch nicht dazu verleiten, Giftstoffe in unbegrenzter Zahl in die Umwelt zu entlassen, mit dem Hinweis, man müsse lediglich darauf achten, die Toxizitätsschwelle jeder dieser Substanzen zu unterschreiten. Man sollte vielmehr alle mit der Nahrung aufgenommenen Giftstoffe als eine subakute Belastung des Körpers auffassen, die es riskant werden läßt, weitere Fremdstoffe dem Körper zuzuführen. Geht man nämlich davon aus, daß sich unter den zusätzlich zur Nahrung in den Körper gelangenden Fremdstoffen Substanzen befinden, die eine ähnliche Wirkung entfalten, wie einer der in der Nahrung enthaltenen Giftstoffe, dann kann

Tabelle 2.3 Einige Giftstoffe in Nahrungsmittelpflanzen und deren Wirkungen auf Menschen

| Toxin | Pflanzen | Hauptwirkung |
|---|---|---|
| Lectine | grüne Bohnen | blutiger Durchfall, Krämpfe, Störung der nervalen Reizleitung und der Muskelkontraktion |
| Protease-inhibitoren | Hülsenfrüchte<br>Kartoffeln<br>Rote Rüben | verminderte, körpereigene Protein-synthese durch Hemmung des Protein-abbaus in der Nahrung |
| Saponine | Zuckerrüben<br>Spargel<br>Spinat<br>Rote Rüben | nur bei entzündetem Darm: Hämolyse (Freisetzung von Blut-farbstoff). Auch Gelbsucht und Kreislaufschwäche |
| Thioglucoside | alle Kohlarten | nach Freisetzung von Thiocyanaten: Hemmung der Thyroxinbildung (=Schilddrüsenhormon), Kropfbildung |
| diverse Iod-Acceptor-substanzen | Erdnüsse (rote Haut)<br>Gartenkresse<br>Küchenzwiebel (?)<br>Walnuß (?) | Hemmung der Thyroxinbildung durch Bindung von Iod, Kropfbildung (Kropfbildung kann durch erhöhte Iodzufuhr vermieden werden) |
| Anthrachinone, Oxalsäure | Rhabarber<br>Spinat<br>Sellerie<br>Rote Rüben | bei exzessivem Genuß: Nierenschäden und Kreislaufkollaps |
| Serotonin | Bananen<br>Tomaten<br>Walnüsse | wirken als Transmittersubstanzen im Zentralnervensystem: bes. Blutdruck-steigerung |
| Menthol | Pfefferminze | nur in sehr großen Mengen: Rausch-zustände, Kälteempfinden, Vorhof-flimmern des Herzens |

Fortsetzung nächste Seite

Fortsetzung Tabelle 2.3

| Toxin | Pflanzen | Hauptwirkung |
|---|---|---|
| Myristicin | Muskatnuß | Herzrasen, Blutdruckschwankungen, Halluzinationen; Vergiftungen bereits bei 1/2 Nuß möglich |
| ß-Thujon | Wermut | zentralnervöse Störungen: epillepsieartige Anfälle, Bewußtlosigkeit, Tod. Vorzugsweise in alkoholischen Auszügen, kaum in wäßrigen |
| Coffein | Kaffee<br>Tee | Anregung des Zentralnervensystems und des Kreislaufs. In hohen Dosen: Erregung, Schlaflosigkeit, Herzklopfen, Arhythmie |

ganz unerwartet eine Toxizitätsschwelle erreicht oder überschritten werden. Darüber hinaus können auch komplizierte Wechselwirkungen zwischen verschiedenen, gesundheitsgefährdenden Stoffen auftreten, wie in Kapitel 3 noch näher besprochen werden soll. Natürlich auftretende Giftstoffe in Nahrungsmittelpflanzen stellen ein Toxingemisch dar, an das sich der Körper der Menschen in langer Entwicklungsgeschichte gewöhnt und angepaßt hat.

## 2.1.5 "BSE" und "scrapy"

Gesundheitsbedrohliche Stoffe können nicht nur in Pflanzen vorkommen, sondern neuerdings auch im Fleisch, zumindest im Rindfleisch, wenn die Tiere an BSE erkrankt sind. BSE ist die Abkürzung für "bovine spongioforme enzephalopathie", eine Erkrankung, bei der das Gehirn eine schwammartige Konsistenz annimmt, die durch Einlagerung von Eiweißstoffen hervorgerufen wird. Die erkrankten Tiere sind nicht mehr zu normaler Bewegungskoordination befähigt, und sie werden überängstlich oder aggressiv. Bisher ist diese Krankheit nicht heilbar und führt stets zum Tod.

BSE wurde erstmals in England im Jahr 1986 beobachtet. Die Ähnlichkeit der Krankheitssymptome zu denjenigen der "scrapy"-Krankheit bei Schafen gab erste Hinweise auf die mögliche Krankheitsursache. Bei Schafen geht "scrapy" oder die

Drehkrankheit auf eine Virusinfektion zurück, wobei die Krankheit erst nach langer Inkubationszeit auftritt. Verendete oder geschlachtete erkrankte Tiere verarbeitete man zu Tiermehl, das man dem Futter von Rindern als Mastbeschleuniger zusetzte, obwohl Rinder reine Herbivoren sind, d. h. Pflanzenfresser. Mit dem Tiermehl erreichte das krankheitserregende Agens die Rinder, doch dabei handelt es sich offenbar nicht um das Virus, das die Schafe ursprünglich befallen hatte, sondern um Eiweißpartikel, sog. Prionen, die infektiös wirken. Man muß sich das so vorstellen, daß diese Proteine ein Muster im Körper darstellen, das als Ausgangspunkt zur Bildung gleichartiger Prionen verwendet wird, so daß der Körper bzw. bestimmte Organe, wie das Gehirn, mit diesen Schadproteinen allmählich überschwemmt werden.

Obwohl Prione Eiweißkörper darstellen, erweisen sie sich als ungewöhnlich stabil. Ihren infektiösen Charakter verlieren sie erst bei Temperaturen von mehr als 133 °C, so daß durch normales Kochen die Infektiosität nicht verloren geht. Theoretisch sollte nur das Zentralnervensystem befallener Tiere infektiös wirken, doch kann man nicht ausschließen, daß die Krankheit auch durch Fleisch und einige andere Gewebe übertragen werden kann (WEISS et al., 1995). Bedingt durch internationale Viehtransporte sowie durch internationalen Handel mit Tiermehl als Mastbeschleuniger, auch für Pflanzenfresser, gelangte die BSE-Seuche über die Grenzen Englands hinaus, wie z. B. nach Irland und in die Schweiz.

Das Problem der BSE-Erkrankungen ist nicht nur ein Problem der Viehhalter geblieben, wie etwa die sog. Schweinepest. Beim Menschen ist ebenfalls eine Krankheit bekannt, deren Erscheinungsform den BSE-Symptomen weitgehend ähnelt, vor allem die schwammartige Konsistenz des Gehirns erkrankter Individuen. Diese Krankheit ist in der Humanmedizin seit langem als Creutzfeld-Jacob-Krankheit bekannt. Bisher trat sie nur gelegentlich bei alten Menschen auf, doch während der vergangenen Jahre beobachtete man in England diese Krankheit auch bei jüngeren Personen. Das gab zu der Vermutung Anlaß, daß eine Übertragung dieser Krankheit von Rindern auf Menschen möglich sein könnte. Gesicherte Beweise für diesen Infektionsweg gibt es bisher noch nicht, doch auf Grund der Tatsache, daß Creutzfeld-Jacob-ähnliche Erkrankungen bei immer jüngeren Patienten auftreten, die zudem in Gebieten mit BSE-infizierten Rindern leben oder gelebt haben, sollte man die Möglichkeit einer Übertragung dieser Krankheit auf den Menschen ernst nehmen (WHO, 1991). Auf verschiedene Wirbeltierarten ist BSE offenbar ebenfalls übertragbar.

Mit dem BSE-Problem sind wir in einen Grenzbereich zwischen natürlicher und anthropogen bedingter Belastung von Nahrungsmitteln gelangt. Zwar gehört die scrapy-Erkrankung bei den Schafen zu den natürlich auftretenden Viruserkrankungen, aber die Übertragung der Krankheit auf Rinder wird erst möglich, weil Menschen den pflanzenfressenden Tieren Tiermehl verendeter, erkrankter Schafe verabreicht und sie damit in eine nicht natürliche Nahrungskette einbindet. Das Verlassen natürlicher, in langer Evolution beschrittener Wege kann also, wie man sieht, unvorhersehbare Gefährdungen mit sich bringen.

### 2.1.6 Pollen und Pollenallergie

Bisher standen Nahrungsmittel im Zentrum der Betrachtungen über natürliche Faktoren der Umweltbelastung. Auch die Luft kann durch natürliche Faktoren so stark belastet werden, daß daraus gesundheitliche Gefährdungen für Menschen erwachsen. Das wohl bekannteste Beispiel hierfür liefert der Blütenstaub oder Pollen, der bei einer steigenden Anzahl von Menschen Allergien, den sog. Heuschnupfen, hervorruft. Erstaunlicherweise sind es nicht alle Pflanzenarten, deren Pollen solche lästigen Erkrankungen auslösen. Je nach Art der Pollenübertragung bei den verschiedenen Pflanzenarten werden die Pollen mit unterschiedlichen Eigenschaften ausgestattet. Werden die Pollen von Tieren übertragen, dann sorgt ein klebriger Belag, der sog. Pollenkitt dafür, daß die Pollenkörner am Tier haften bleiben und daß mehrere Pollenkörner zu größeren Klümpchen zusammenkleben. Mit solchem Pollen kommt der Mensch nur selten in Berührung, und er kann praktisch nicht eingeatmet werden. Besorgt dagegen der Wind die Übertragung des Pollens von einer Pflanze zur anderen, dann bleibt der Pollen trocken und mehlig. Er kann mit dem Wind über weite Strecken verweht werden und verteilt sich in der Luft wie feiner Staub. Solcher Pollen kann von Tieren und Menschen leicht eingeatmet werden und schlägt sich auf feuchten Schleimhäuten und auf der Bindehaut der Augen nieder. Für den Menschen erlangen deshalb nur Pollen windbestäubender Pflanzen gesundheitliche Bedeutung, wie etwa derjenige von Haselnuß, Kiefer, Getreide und anderen Gräsern (Tab. 2.4). Nicht jeder Mensch reagiert empfindlich gegenüber Pollen, und nicht jede Pollenart wirkt sich gleichstark auf pollenempfindliche Menschen aus. Damit können sich während einer Vegetationsperiode bestimmte Schwerpunkte der Pollenallergie ergeben, je nachdem, welche Pflanzenarten gerade blühen. Während Regenperioden verbessert sich das Befinden der Pollenallergiker stets schlagartig, weil der Regen die Pollenkörner niederschlägt, so daß man sie häufig als gelben Saum der Pfützen wiederfinden kann.

Wenn Pollenkörner, die meist einen Durchmesser von 10-60 µm aufweisen, empfindliche Menschen erreichen, dann läuft ungefähr folgender Prozeß ab: Auf der feuchten Nasenschleimhaut oder auf der Bindehaut der Augen keimen die Pollen mit einem zarten Pollenschlauch aus. Auf diesem, für ihn falschen Medium platzt er jedoch bald und ergießt seinen Inhalt und damit artfremdes Eiweiß, das man als Antigen bezeichnet, auf die Schleimhaut (Abb. 2.6). Nach dem Eindringen in das Gewebe bilden sog. B-Zellen des Immunsystems Antikörper zu den Antigenen. Antigene und Antikörper gehen eine Verbindung miteinander ein, und diese veranlaßt Mastzellen im Blut sog. Mediatoren freizusetzen. Dabei handelt es sich um hormonähnliche Wirkstoffe wie z. B. Histamin oder Serotonin, die an verschiedenen Organen, etwa an der Haut oder an verschiedenen Innenorganen, Abwehrreaktionen in Gang setzen. Steigt die Konzentration der Mediatoren zu stark an, oder reagieren die Erfolgsorgane überempfindlich, dann äußert sich das in einer Überreaktion oder Allergie: Die Haut rötet sich, sie stößt in großer Menge

Tabelle 2.4 Blütezeit einiger windbestäubender Pflanzen, deren Pollen bei Menschen häufig Allergien verursachen (RAAB, 1979)

| Pflanzenart | Ja | Fe | Mä | Ap | Ma | Ju | Ju | Au | Se | Ok | No | De |
|---|---|---|---|---|---|---|---|---|---|---|---|---|
| Haselnuß | | + | + | + | | | | | | | | |
| Weide | | | + | + | | | | | | | | |
| Ulme | | | + | + | | | | | | | | |
| Pappel | | | + | + | | | | | | | | |
| Birke | | | | + | + | | | | | | | |
| Robinie | | | | | + | + | | | | | | |
| div. Korbblütler und Gräser | | | | | + | + | + | + | | | | |
| Roggen | | | | | + | + | | | | | | |
| Weizen | | | | | | + | | | | | | |
| Linde | | | | | | + | + | | | | | |
| Holunder | | | | | | + | + | | | | | |
| Goldrute | | | | | | | | + | + | | | |

Schleim ab, der Kreislauf wird aktiviert, und es kann Fieber auftreten. Meist entstehen Allergien erst nach mehrfacher Konfrontation mit dem Allergen, in diesem Fall mit dem Pollen. Noch nicht befriedigend geklärt blieb die Frage, warum in unserer Zeit die Zahl der Allergiker zunimmt. Die einfachste Antwort darauf lautet, man hätte früher die Allergien nicht genügend beachtet und statistisch erfaßt, so daß solche Vergleiche nicht zulässig sind. Außerdem wird darauf verwiesen, daß am Zustandekommen von Allergien eine gewisse, genetische Veranlagung mitverantwortlich ist. Dessen ungeachtet kann man im Verlaufe der vergangenen Jahrzehnte eine Zunahme der Verkaufszahlen von Medikamenten gegen "Heuschnupfen" und andere Allergien feststellen. Deshalb werden auch verschiedene Möglichkeiten diskutiert, wie man eine Zunahme der Allergiehäufigkeit erklären könnte. Man glaubt, daß verschiedene Umstände Allergien begünstigen können, so z. B. Entzündungen und Gewebsschädigungen der Kontaktstellen mit dem Antigen (z. B. Entzündungen des Nasen-Rachenraumes), die Anwesenheit bestimmter Hilfsstoffe aus Bakterien, die den Kontakt von Antigen und B-Zellen verbessern, oder besonders hohe Konzentrationen des Allergens bzw. das Zusammentreffen mehrerer Allergene (RAAB, 1979; FORTH et al. 1987).

Da Pollenallergien den Gesundheitszustand der betroffenen Personen erheblich beeinträchtigen können, wäre eine wirksame Therapie dieses Leidens erforderlich, aber die Erfolge blieben bisher eher bescheiden. Eine Möglichkeit besteht darin, den Körper weniger empfindlich gegen das Allergen zu machen, ihn zu desensi-

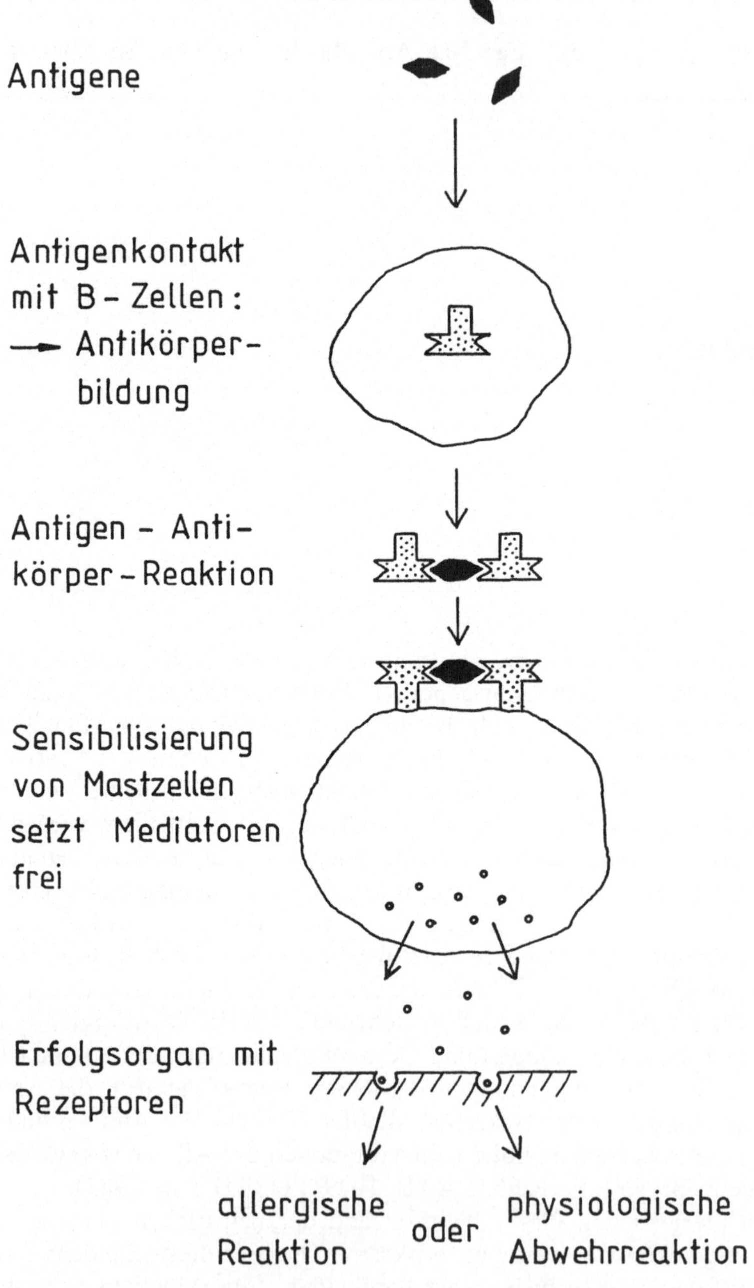
Antigene
Antigenkontakt
mit B-Zellen:
→ Antikörper-
bildung
Antigen - Anti-
körper-Reaktion
Sensibilisierung
von Mastzellen
setzt Mediatoren
frei
Erfolgsorgan mit
Rezeptoren
allergische
Reaktion
oder
physiologische
Abwehrreaktion

bilisieren, indem man ihn allmählich an das Allergen zu gewöhnen versucht. Diese zeitraubende Methode schafft jedoch nur Linderung und keine komplette Heilung. Eine andere Methode besteht darin, die Mediatoren unwirksam zu machen. Zu diesem Zweck verabreicht man bei "Heuschnupfen" sog. Antihistaminika. Doch abgesehen davon, daß solche Mittel müde machen, ist deren Wirksamkeit zeitlich eng begrenzt. Wenngleich noch keine Beweise dafür vorliegen, scheint es außerdem wichtig zu sein, die derzeit auf die Menschen einwirkende Flut verschiedener Allergene einzuschränken und möglichst viele Schadstoffe aus der Umwelt zu beseitigen, die feinste Verletzungen, also Mikroläsionen an Haut und Schleimhäuten verursachen, wie Säuren, Stäube und anderes mehr, und damit das Eindringen von Allergenen in den Körper erleichtern.
Die gesundheitlichen Belastungen, die Pollenallergien mit sich bringen, haben dazu geführt, während der Vegetationsperiode Pollenwarndienste einzurichten, um empfindlichen Personen gewisse Möglichkeiten der Prophylaxe zu ermöglichen (FAUST, 1986). Verschiedene Kraftfahrzeughersteller statten inzwischen ihre Fahrzeuge auch mit Pollenschutzfiltern aus.
Mit den Pollen wurde nur ein Allergieproblem besprochen, das Pflanzen mit sich bringen. Daneben können viele Pflanzenarten Allergene bilden, die erst beim Berühren dieser Pflanzen wirksam werden, wie etwa die bekannten Allergene von Primeln, Herkulesstauden und anderen Arten (HAUSEN, 1988).

### 2.1.7 Terpensmog

Während Pollenallergien weit verbreitet sind, können bestimmte Pflanzen unter bestimmten Umweltbedingungen Luftbelastungen von lediglich regionaler Bedeutung verursachen, wie beispielsweise die Smogbildung aus Terpenen, besonders von Coniferen (HEINTZ und REINHARDT, 1990). In den Randbereichen der Wüste Nevada, wo trockenresistente Bäume noch gedeihen, verdunsten Coniferen große Mengen von Terpenen, die einen wesentlichen Bestandteil der Coniferenharze ausmachen. Vor allem die Monoterpene sind leicht flüchtig. Man schätzt die verdunstete Terpenmenge weltweit jährlich auf ca. 200 Mio t. Unter der intensiven Sonneneinstrahlung trocken-heißer Klimazonen gehen sie offenbar photochemi-

Abb. 2.6 Schematische Darstellung der Entstehung einer Pollenallergie. Die in die Schleimhaut eingedrungenen Pollenproteine lösen in sog. B-Zellen die Bildung von Antikörpern aus. Die Antikörper verbinden sich mit den eingedrungenen Fremdproteinen oder Antigenen. Das Reaktionsprodukt veranlaßt sog. Mastzellen, im Blut Mediatoren freizusetzen, wie Histamin u. a. In zu hoher Konzentration verursachen sie allergische Reaktionen, wie Hautrötung, Sekretabscheidung, Schwellungen und anderes mehr (FELLENBERG, 1991)

schen Reaktionen, die zur Bildung höherer Aggregate führen, so daß sich Dunstglocken bilden. In Gegenwart von Stickoxiden, wie sie u. a. Kraftfahrzeuge abgeben, können durch photochemische Reaktionen auch Peroxiradikale und Peroxiacetylnitrat (PAN) (Gl. 3.7) hervorgehen. Wegen diesen biologisch hochaktiven Komponenten hält man es für möglich, daß sich dadurch die Terpene indirekt an den Waldschäden beteiligen (SCHÜTT et al., 1992).
Während Terpenpolymerisate stets bei sonnenreichem Wetter auftreten, sind sie im gemäßigt-feuchten Wetter unserer Breiten nicht beständig. Zudem werden im feucht-gemäßigten Klima nicht so hohe Terpenkonzentrationen in der Luft erreicht wie in trocken-heißen Klimazonen.

### 2.1.8 Stäube aus Wüsten und Vulkanen

Neben Pflanzen beteiligt sich auch die mineralische Oberfläche der Erde an Luftverunreinigungen. Aus Wüsten und anderen trockenen, vegetationslosen Bereichen (z. B. Brachland nach der Ernte) der Erdoberfläche bläst der Wind alljährlich erhebliche Mengen Staub aus. Die weltweit jährlich aufgewirbelte Staubmenge schätzt man auf etwa 100-500 Mio t. Davon stammen höchstens 30 Mio t aus Vulkanen. Von den insgesamt in die Atmosphäre gewehten Stäuben sollen 80-90 % natürlichen Ursprungs sein, während der Rest auf den Straßenverkehr und auf die Industrie zurückgeht.
Je nach der Windgeschwindigkeit und der Korngröße der Staubpartikel und entsprechend der Gewalt einer vulkanischen Eruption werden die Stäube unterschiedlich hoch aufgewirbelt und unterschiedlich weit verfrachtet. Staub aus der Sahara und aus der Sahelzone wird in nördlicher Richtung über das Mittelmeer und gelegentlich sogar über die Alpen getragen. Dieser chemisch identifizierbare Staub verursacht beispielsweise auf Korsika und in anderen Mittelmeerregionen den sog. "roten Regen" sowie trockene "rote Depositionen". Der Kalk- und Gipsgehalt der Sahara-Stäube ließ sogar den pH-Wert des Regens auf Korsika steigen (LOYE-PILOT et al., 1986). In westlicher Richtung wird der Sahara-Staub z. T. über den Atlantik hinweg bis in den Süden von Nordamerika sowie nach Mittel- und Südamerika verfrachtet. Auch wenn der größte Teil des Staubs auf dem Atlantik niedergeht, erreichen doch ca. 25-30 Mio t pro Jahr allein den mittelamerikanischen Raum. Die von der Sahara nach Westen ziehende Staubschicht reflektiert einen gewissen Teil des Sonnenlichts und muß somit zu einer gewissen Abkühlung der ozeannahen Luftschichten führen, doch scheint diese Abkühlung sehr gering auszufallen (PROSPERO et al., 1981).
Gegenüber den Staubmengen aus großen Wüsten fallen zwar die Staubschwaden aus tätigen Vulkanen gering aus, aber sie werden wegen der großen Eruptionskraft höher in die Atmosphäre geschleudert. Beispielsweise stiegen die Staub- und Aerosolwolken bei Ausbrüchen des Krakatau 1883, des Mount St. Helens 1980 und des Pinatubo 1991 bis zu 20 km Höhe und mehr auf, d. h., sie drangen tief in

die Stratosphäre ein. Dort umrundeten sie mehrere Jahre lang die Erde, ehe sie allmählich sedimentierten. Neben den Stäuben spielen auch Schwefelexhalationen beim Vulkanismus eine bedeutende Rolle. Die Schwefelauswürfe, meist in Form von Schwefeldioxid, bilden im Laufe der Zeit Sulfat-Aerosole, die sich an der Reflexion des Sonnenlichts beteiligen (ANONYMUS, 1997). Die starken Verstaubungen ließen gemeinsam mit den Aerosolen, langjährigen Beobachtungen zufolge, die Durchschnittstemperatur in Erdbodennähe um mehrere Zehntel Grad Celsius sinken, was sich jedoch nicht als Klimaänderung manifestierte (JÄNICKE, 1985; BROCKHAUS, 1985-1996; BISSOLLI, 1997). Dennoch verdienen solche staubbedingten Minderungen der Sonneneinstrahlung an der Erdoberfläche größte Beachtung, weil sie in Wechselwirkungen zu Umweltbelastungen durch Menschen treten, die ebenfalls in den Witterungsablauf auf der Erde eingreifen (Abschn. 2.2.1.1 und 3.1.5).

Katastrophaler als in vulkanismusfernen Gebieten wirken sich starke Eruptionen im näheren Umkreis der Vulkane aus. Hier kann der Staub- und Rauchauswurf tagelang das Sonnenlicht zum Dämmerlicht abdunkeln. Der bald einsetzende Staubniederschlag kann Kulturpflanzen abdecken und Verkehrswege blockieren. Die Staub- und Aerosolteilchen bilden außerdem Kondensationskerne für den Wasserdampf der Luft, so daß bald heftige, von Ruß und Staub dunkel gefärbte Regengüsse niedergehen, die mit dem bereits sedimentierten Staub gefährliche Schlammströme und Schlammlawinen entstehen lassen. Geradezu berühmt wurden diese verheerenden Nebenwirkungen des Vulkanismus u. a. beim Ausbruch des Vesuvs im Jahr 79 n. Chr., bei dem die beiden Städte Pompeji und Herculaneum völlig verschüttet wurden, und in neuerer Zeit beim Ausbruch des Pinatubo 1991, als der Straßenverkehr durch die Staubniederschläge nahezu zum Erliegen kam.

### 2.1.9 El Nino

Ein Klimaereignis, dessen Ursachen noch nicht gänzlich geklärt sind, ist das sog. El Nino-Phänomen. Der Begriff El Nino stammt aus dem Spanischen und heißt "das Kind". In diesem Fall ist das Christkind gemeint, weil dieses Phänomen gewöhnlich um die Weihnachtszeit auftritt. Dabei handelt es sich um eine im Durchschnitt etwa alle 4 Jahre auftretende Anomalie von Wind- und Meeresströmungen im Pazifik, deren Auswirkungen weltweit ausstrahlen können. Um diese Erscheinung verstehen zu können, muß man zunächst einen Blick auf die normalen Verhältnisse von Wind und Meeresströmungen im tropischen Pazifik werfen.

Der Südostpassat läßt an der Westküste Südamerikas eine ablandige Meeresströmung entstehen, den Südäquatorialstrom. Dadurch kann in Küstennähe kühleres Wasser aus etwa 100-300 m Tiefe aufsteigen. Da dieses Tiefenwasser reicher an Phosphaten und anderen Nährstoffen ist, als das warme Oberflächenwasser, fördert es die Vermehrung von Plankton und Fischen. Dadurch wird eine lukrative Küstenfischerei ermöglicht. Andererseits verursacht das kühle Meerwasser zusammen mit den ablandig gerichteten Winden ein sehr trockenes Klima im Küstenbereich. Im Gebiet von Indonesien und Nordaustralien bringt der Passat Feuchtigkeit von der sich erwärmenden Meeresoberfläche mit, die dort als Monsunregen niedergeht und damit eine üppige Vegetation entstehen läßt.

In Jahren, in denen das El Nino-Phänomen auftritt, schwächt sich der Passat ab und damit auch die westwärts gerichtete, äquatoriale Meeresströmung. Das warme Oberflächenwasser des Pazifik erstreckt sich dann bis an die Westküste Südamerikas und verhindert den Auftrieb kühlen Tiefenwassers. Die küstennahe Meeresoberfläche kann dadurch bis zu 12 °C wärmer werden als in normalen Jahren. Daraus ergeben sich eine Reihe von klimatischen und biologischen Konsequenzen, die in erster Linie die Regionen der Westküste Südamerikas betreffen, sekundär jedoch bis in die Polargebiete wirksam werden können (FLOHN, 1986; ANONYMUS, 1994 d).

Das wärmere Wasser verdunstet stärker und verursacht deshalb intensivere Wolkenbildung und Niederschläge. An der peruanischen Küste und im Ostpazifik können die Niederschläge deshalb das Zehn- bis Fünfzigfache ihrer normalen Ergiebigkeit erreichen, während in anderen Regionen, wie etwa in der Karibik, in Brasilien, aber auch auf den Phillippinen, gleichzeitig die Niederschlagstätigkeit zurückgeht. Die verstärkte Wolkenbildung über dem östlichen Pazifik mindert die eingestrahlte Sonnenenergie, wodurch das Windsystem über dem Pazifik beeinflußt wird. Im ostpazifischen Raum bilden sich häufiger Hurrikans, doch noch wichtiger ist die Abschwächung des Monsuns im westlichen Pazifikgebiet. Der vermehrte Wasserdampf in der Atmosphäre über dem tropischen Pazifik wirkt außerdem als Wärmespeicher und verstärkt damit den Treibhauseffekt (Abschn. 3.1.5). Schließlich verursacht die Unterdrückung des Aufsteigens kühlen, nährstoffreichen Tiefenwassers an der Westküste Südamerikas einen drastischen Rückgang des Plankton- und Fischbestandes, wovon nicht nur die Fischerei, sondern auch von Fischnahrung abhängige Säugetiere, wie die Weddelrobbe, betroffen sind (ANONYMUS, 1994 d). Im Raum von Indonesien und Nordaustralien führt die Abschwächung des Passats zu einer so starken Verminderung der Monsunniederschläge, daß dadurch die Landwirtschaft in ernste Schwierigkeiten gerät. Dieses Phänomen war auch im Jahr 1997 zu beobachten, als das El Nino-Phänomen ungewöhnlich frühzeitig einsetzte und sich Waldbrände in Indonesien und Nordaustralien ungehindert ausbreiten konnten. Dabei war die Rauchentwicklung so stark, daß Flug- und Schiffsverkehr zeitweise empfindlich gestört wurden.

Ereignisse wie das El Nino-Phänomen überlagern andere, klimarelevante Vorgänge wie Vulkanismus und weitere Formen der Luftbelastung. Dadurch werden Witterungsabläufe und erst recht Vorhersagen einer langfristigen Klimaentwicklung außerordentlich schwierig (FLOHN, 1986). Ob El Nino-Ereignisse durch die Tätigkeit der Menschen beeinflußt werden, kann noch nicht mit Sicherheit beantwortet werden, man nimmt allerdings an, daß eine allgemeine Klimaerwärmung auch das El Nino-Phänomen verstärken könnte.

## 2.2 Anthropogene Faktoren der Umweltbelastung

Die natürlichen Belastungen der Umwelt stellen eine Grundbelastung unseres Lebensraums dar, an die sich zwar die Organismen im Laufe ihrer Entwicklungsgeschichte gewöhnt haben, aber sie sollten stets im Zusammenhang mit den vom Menschen verursachten Belastungen gesehen werden. Das bedeutet, daß die anthropogenen Belastungen nicht in einer zuvor absolut reinen Umwelt stattfinden, sondern daß sie Zusatzbelastungen einer bereits vorbelasteten Umwelt darstellen. Dieser Umstand wird leider zu oft übersehen, auch wenn er in einigen Fällen recht deutlich zutage tritt, wie beispielsweise bei komplexen Geschehnissen, wie den Waldschäden und dem Klima (Abschn. 3.1.4 und 3.1.5).

### 2.2.1 Staub

Dem Zusammentreffen anthropogener und natürlicher Belastungsfaktoren begegnen wir bereits beim Staub. Von den insgesamt ca. 100-500 Mio t Staub (PROSPERO et al., 1981), die jährlich in die Erdatmosphäre gelangen, stammen nur etwa 10-100 Mio t aus anthropogenen Quellen, die global betrachtet, nur einen kleinen Anteil der Gesamtstaubbelastung ausmachen. Wenn anthropogen erzeugte Stäube dennoch für die Menschen bedeutsam sind, dann vor allem deshalb, weil sie überwiegend in dicht besiedelten Gebieten freigesetzt werden. Sie stammen zu etwa 80 % aus Industrie und Energieerzeugung, während der Rest ungefähr zu gleichen Teilen aus Straßenverkehr und Wohnraumheizung stammt (KORTE, 1992).

Obwohl jedermann prinzipiell weiß, was Stäube sind, soll zunächst versucht werden, deren Natur näher zu charakterisieren. Einigkeit besteht darüber, daß Stäube in Luft (oder Gasen) dispergierte Feststoffteilchen darstellen. Keinesfalls so eindeutig gestaltet sich die Definition der Partikelgröße. Hier variieren die Angaben zwischen Korngrößen von 0,01-50 µm und 0,01-200 µm Durchmesser. Entscheidend ist jedoch stets, daß die Teilchen für eine gewisse Zeit schwebfähig sind, wobei die Schwebfähigkeit von Masse und Gestalt der Teilchen, aber auch von der Windgeschwindigkeit abhängt. Wichtiger, in bezug auf die Gesundheit der Menschen, ist jedoch ein ganz anderes Kriterium. Staubpartikel mit einem Durchmesser von mehr als 10 µm schlagen sich beim Einatmen an den Schleimhäuten der oberen Luftwege nieder. Je kleiner die Staubpartikel werden, desto tiefer dringen sie in die Lunge ein, weil sie sich zunehmend gasähnlicher verhalten. Besonders Partikel mit einem Durchmesser von weniger als 5 µm dringen bis in die Lungenbläschen, die sog. Alveolen, vor und können sich dort absetzen. In diesem Fall spricht man von lungengängigen Feinstäuben. Ein weiteres wichtiges Kriterium stellt die Verweildauer der Stäube in der Luft dar. Feinstäube entziehen sich in der Atmosphäre weitgehend der Auswaschung durch Regen. Sie bleiben deshalb sogar in bodennahen Luftschichten 10-20 Tage lang schwebfähig.

Mit zunehmender Korngröße sedimentieren zwar die Staubpartikel immer rascher, doch wenn sie durch den Straßenverkehr immer wieder aufgewirbelt werden, dann können sie ebenfalls wesentlich längere Verweilzeiten in der Luft erreichen, als es in schwach bewegter Luft der Fall wäre. Besondere Bedeutung kommt diesem Verhalten der Stäube in den engen Straßenschluchten der Städte zu.
Die Staubbelastung der Atmosphäre bleibt während eines Jahresablaufes nicht konstant. Während der winterlichen Heizungsperiode steigen die anthropogenen Staubemissionen an und erreichen im Sommer ihren Minimalwert. Die natürlich entstehenden Stäube erreichen dagegen während der trockenen Hochsommermonate ihr Maximum und im Winter ihren geringsten Wert (LOUB, 1975; OLSCHOWY, 1978). Stäube können die Menschen indirekt und direkt beeinflussen. Beide Möglichkeiten sollen deshalb vorgestellt werden.

#### 2.2.1.1 Bedeutung für den Strahlungshaushalt

Eine indirekte Wirkung der Stäube besteht darin, daß sie die Einstrahlung des Sonnenlichts beeinträchtigen (Abb. 2.7). Welcher Anteil Reflexion, Streuung (Dispersion) und Absorption bei der Verminderung der Sonneneinstrahlung an der Erdoberfläche zukommt, hängt einerseits von der Größe der Staubpartikel und andererseits von deren chemischer Zusammensetzung ab. Liegt der Partikeldurchmesser unterhalb der Wellenlänge sichtbaren Lichts ($< 0{,}4\ \mu m$), dann beteiligen sie sich kaum noch an der Verminderung der Einstrahlung sichtbaren Lichts. Bestehen sie jedoch aus ultraviolettabsorbierenden Materialien, dann beteiligen sie sich trotzdem an der Absorption dieses Wellenlängenbereichs. Liegt der Partikeldurchmesser zwischen 0,4 und 1 µm, dann streuen sie vor allem die einfallenden Sonnenstrahlen. Solche Stäube verursachen ein diffuses Strahlungsfeld. Je weiter die Partikeldurchmesser oberhalb von 1 µm angesiedelt sind, desto stärker reflektieren sie die Sonnenstrahlen und absorbieren Infrarotstrahlung. Stets schirmen Rußteilchen am stärksten das sichtbare Licht und Infrarotstrahlen ab und lassen damit die Erdoberfläche am stärksten abkühlen. Bekannt sind solche dunklen Stäube von Vulkanausbrüchen, Wald- und Erdölbränden (Golfkrieg) und von Atombombenexplosionen (Hiroshima und Nagasaki).
Da die für längere Zeit schwebfähigen Teilchen einen Durchmesser von ungefähr 1 µm und weniger aufweisen, wirken sie sich am nachhaltigsten auf den Strahlungshaushalt aus, und das bedeutet, daß sie besonders im sichtbaren Spektralbereich das Licht streuen, d. h. das Sonnenlicht diffus erscheinen lassen, und daß sie sich nur geringfügig an der Infrarotabsorption beteiligen. Deshalb tragen sie weniger zur Abkühlung der Erdoberfläche bei, als etwa Nebel und Wolken aus Wasserdampf. Dennoch glaubt man, daß sich eine Verdoppelung der gegenwärtigen Staublast der Atmosphäre klimarelevant auswirken könnte. Solche Prognosen muß man jedoch stets mit der erforderlichen Zurückhaltung betrachten, weil neben Stäuben viele weitere Faktoren wirksam werden, die das Klima beein-

flussen (Abschn. 3.1.5) und damit monokausale Vorhersagen außerordentlich schwierig gestalten. Dennoch darf man die Atmosphäre nicht beliebig mit Stäuben belasten, im Vertrauen darauf, daß kompensatorische Effekte durch wärmespeichernde Gase gleichzeitig wirksam werden.

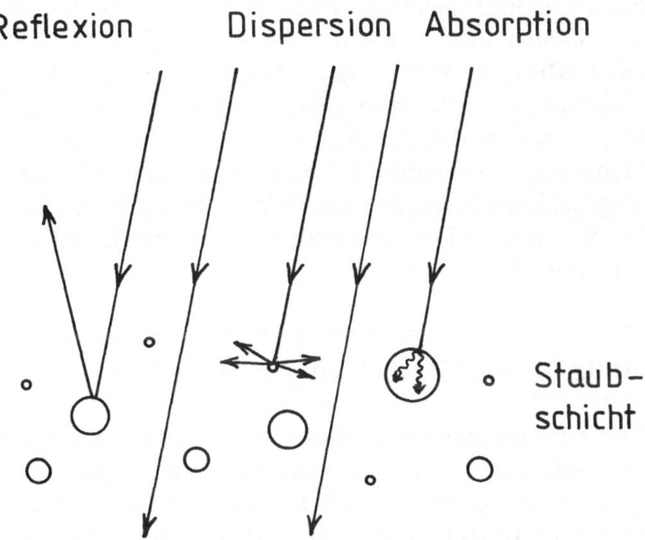


Abb. 2.7 Darstellung der Wirkung von Staubpartikeln auf die Sonneneinstrahlung. Größere Partikel hemmen die Strahlung vor allem durch Reflexion und Absorption. Kleinere Teilchen führen besonders zur Streuung oder Dispersion

Zu denjenigen Faktoren, die Klimavorgänge beeinflussen können, gehören Aerosole, die die Atmosphäre in zunehmendem Maße belasten. Unter Aerosolen versteht man Flüssigkeitströpfchen und Staubpartikel mit einem Durchmesser von 0,001-0,1 µm, also kolloidale Teilchen, die in der Atmosphäre schweben. Die Stoffvielfalt der Aerosole kann diejenige von Stäuben noch übertreffen. Wegen ihrer geringen Partikeldurchmesser verhalten sich Aerosole stets lungengängig und stellen damit ein gesundheitliches Risiko für die Menschen dar. Die Masse an Aerosolen, die alljährlich in die Atmosphäre gelangen, kann man nur sehr schwer abschätzen, weil sie zum Teil erst unter dem Einfluß energiereicher Strahlung aus Gasen entstehen, wie z. B. Schwefelsäure- und Sulfataerosole, die aus schwefeldioxidhaltigen Abgasen entstehen.

Stäube und Aerosole verursachen den sog. Kühlhaus-Effekt, d. h. eine Abkühlung der Erdoberfläche und der bodennahen Atmosphäre. Das gilt vor allem für Stäube

und Aerosole, die in der oberen Troposphäre und in der Stratosphäre angesiedelt sind und deshalb lange schwebfähig bleiben. Die durch Stäube und Aerosole hervorgerufene Temperaturerniedrigung schätzt man auf höchstens wenige Zehntel Grad Celsius, so daß sie bisher noch nicht klimarelevant wurden. Dennoch beobachtet man mit besonderer Aufmerksamkeit das seit einiger Zeit ständig zunehmende Schwefelsäureaerosol in der Stratosphäre (JÄNICKE et al., 1985).
Schon heute können jedoch Aerosole über Großstädten und industriellen Ballungsgebieten die Sonneneinstrahlung um durchschnittlich 15-20 % vermindern (PANZRAM, 1977; MEYER, 1982). Da die Stäube und Aerosole den blauen und ultravioletten Spektralbereich des Sonnenlichts stärker absorbieren als den langwelligen Bereich, resultiert daraus eine Verschlechterung der UV-abhängigen Vitamin D-Bildung aus Provitamin D. Säuglingen und Kleinkindern müssen deshalb in Ballungsgebieten zusätzlich zur Milch Vitamin D-Präparate verabreicht werden, um das Vitamin D-Defizit auszugleichen und damit die Gefahr der Rachitisbildung abzuwenden.

### 2.2.1.2 Bedeutung für die Gesundheit der Menschen

Neben dieser Form der indirekten Beeinflussung der Gesundheit durch Stäube und Aerosole ergeben sich gesundheitliche Gefährdungen besonders durch lungengängige Feinstäube. Staubpartikel sind oft dazu befähigt, Fremdstoffe, gasförmige ebenso wie feste, adsorptiv zu binden. Eine besonders hohe Adsorptionskapazität weisen Partikel mit großer Oberfläche auf, wie Rußpartikel, die im Elektronenmikroskop eine stark zerklüftete Oberfläche zeigen (DELMONTE und VITTORI, 1985). Bei Aerosolen sind außerdem die Flüssigkeitströpfchen in der Lage, lösliche Bestandteile zu lösen. Zusammen mit den festen oder flüssigen, lungengängigen Partikeln als Transportmittel gelangen die adsorbierten oder gelösten Stoffe bis in die Lungenalveolen und setzen sich dort ab. So können beispielsweise Säuren oder cancerogene Substanzen tief in die Lunge eindringen, die ohne Transportmittel zumindest teilweise vom Schleim der oberen Luftwege abgefangen worden wären (vgl. Abschn. 3.1.1.1).
Neben den indirekten Schadwirkungen können Stäube auch direkt den Menschen schädigen, wobei wiederum den lungengängigen Feinstäuben bei weitem die größte Bedeutung zukommt. Eine wichtige Gruppe stellen Metallstäube dar, auch wenn ihnen oftmals nur bestimmte Berufsgruppen ausgesetzt sind. Jahrzehntelang eingeatmete Stäube von Aluminium und Beryllium können Lungenfibrose verursachen. Sie entsteht, wenn in die Lunge eingedrungene Fremdstoffe weder mit dem Bronchialschleim ausgeworfen, noch durch sog. Freßzellen (Makrophagen) beseitigt werden. In derartigen Fällen umschließen viele Fibroblasten die Fremdkörper und bilden dabei Faserknötchen, die zunehmend den Gasaustausch in der Lunge behindern. Stäube von Wolfram, Molybdän und Titan schwächen bei fortgesetzter Einatmung die Infektionsabwehr der Lunge, weil die soeben erwähn-

ten Makrophagen beim Versuch, die Metallstaubpartikel aufzunehmen, selber zerstört werden. Sie fehlen deshalb, wenn eingedrungene Bakterien vernichtet werden sollen (FORTH et al., 1990).
Im Unterschied zu diesen, hauptsächlich in metallbearbeitenden Betrieben auftretenden Metallstäuben ist beispielsweise Cadmium viel weiter verbreitet, vor allem in der Stadtluft, denn dieses Metall wird nicht nur industriell freigesetzt, sondern auch bei der Verbrennung fossiler Brennstoffe und von Holz. Zwar gelangen stets nur Spuren von Cadmium in die Luft, doch einmal vom Körper resorbiert, wird es in Knochen eingelagert oder von Proteinen so fest gebunden, daß Halbwertzeiten von 10 Jahren und mehr erreicht werden. Unter "Halbwertzeit" oder genauer gesagt "biologischer Halbwertzeit" versteht man die Zeitspanne, während der die Hälfte des resorbierten Stoffes abgebaut oder wieder ausgeschieden wird. So ausgedehnte biologische Halbwertzeiten wie im Falle des Cadmiums haben zur Folge, daß sogar Spuren eines Fremdstoffes, wenn sie täglich auf den Menschen einwirken, im Körper im Laufe der Zeit zu toxisch wirkenden Konzentrationen angereichert werden können. Die auffälligsten Vergiftungssymptome, die durch Cadmium ausgelöst werden, bestehen in Nierenfunktionsstörungen und in einer allmählichen, schmerzhaften Skelettschrumpfung, weil Calcium aus den Knochen ausgeschwemmt wird. Dieses Krankheitsbild ist als Itai-Itai-Krankheit in die Literatur eingegangen (KLOKE, 1971; KAIM und SCHWEDERSKI, 1991). Der aus dem Japanischen stammende Begriff Itai-Itai bedeutet soviel wie Aua-Aua. Wegen seiner hohen biologischen Halbwertzeit schenkt man der Cadmium-Belastung der Luft große Aufmerksamkeit, zumal der Mensch außerdem mit weiteren Cadmium-Quellen konfrontiert wird, wie beim Verzehr von Innereien und den sporogenen Teilen (Lamellen und Röhren) der Pilze, besonders im Freien gewachsener Champignons.
Gegenüber Cadmium hat sich beim Blei die Situation während der vergangenen Jahrzehnte für die Menschen ständig verbessert. Durch die sinkende Zahl von Kraftfahrzeugen, die noch bleihaltigen Kraftstoff benötigen, wird immer weniger Blei an die Luft abgegeben, denn verbleites Benzin stellte die wichtigste Quelle für Bleibelastungen der Luft dar. Industriebetriebe, die Blei emittieren, belasten die Luft lediglich lokal und keineswegs so großflächig wie der Straßenverkehr, als noch der Gebrauch von bleihaltigem Kraftstoff die Regel war. Elementares Blei sowie Bleiverbindungen werden wesentlich besser über die Lunge resorbiert als über den Magen-Darm-Trakt. Blei vermindert, wie andere Schwermetalle, die Aktivität der Infektionsabwehrsysteme des Körpers, wozu auch die Makrophagen (Freßzellen) in der Lunge gehören. Daneben wird die Erythrozytenbildung im Knochenmark gehemmt. Organische Bleiverbindungen, wie etwa das früher als Klopfschutzmittel dem Benzin zugesetzte Bleitetraethyl, wandern wegen ihrer lipophilen (fettähnlichen) Eigenschaften bevorzugt in Nervenzellen und führen deshalb zu geistigen Minderleistungen, die man besonders bei belasteten Kindern nachwies (ANONYMUS, 1975; JÄNICKE, 1985), und zu Störungen der nervalen Reizleitung.
Neben Metallstäuben bilden biochemisch inerte Stäube wie z. B. Quarz und

Asbest eine zweite wichtige Gruppe. Wandern Quarzpartikel in die Lungenalveolen ein, dann sorgen sie langfristig für einen Makrophagenverlust. Vermutlich gehen die Makrophagen an den lytischen Enzymen zugrunde, die sie bei dem Versuch produzieren, die eingedrungenen Quarzpartikel abzubauen. Dadurch läßt die Abwehrkraft der Lunge gegenüber Infektionen immer mehr nach. Schließlich werden die Partikel von Fibroblasten umschlossen, so daß bindegewebige Faserknötchen entstehen, wie es bereits für Belastungen mit Aluminium- und Berylliumstäuben beschrieben wurde. Wirklich bedrohlich wird diese, als Silokose bekannte Erkrankung dann, wenn Quarzstäube über Jahrzehnte hinweg ständig eingeatmet werden, wie es u. a. bei Bergleuten der Fall ist.
Ständig mit Stäuben konfrontierte Menschen sollten sich vorbeugend - so oft wie möglich - in besonders staubarmer Luft aufhalten, wie sie in Wäldern, an der See oder im Hochgebirge anzutreffen ist. In einem staubfreien Milieu erhalten die Bronchien die Möglichkeit, bereits eingedrungene Stäube mit dem Bronchialschleim wieder aus der Lunge zu befördern. Für Arbeitsplätze sind in Deutschland 6 mg Feinstaub pro Kubikmeter Luft als Maximalwert zugelassen (MAK-Wert siehe Abschnitt 2.2.2.1).
Ein anderes Prinzip der Lungenschädigung liegt den sog. Faserstoffen zugrunde. Hier kommt es allerdings nicht darauf an, daß flexible Fasern in die Lunge gelangen, wie der Name fälschlicherweise suggeriert, vielmehr müssen die Fasern zu kleinen Mikronadeln zerbrechen. Die gesundheitlich relevanten Partikel besitzen eine Länge $> 5\ \mu m$ und einen Durchmesser $< 3\ \mu m$. Solche Mikronadeln, die aus Asbestfasern, Glaswolle oder anderen Materialien bestehen können, verursachen die sog. Asbestose. Man stellt sich vor, daß die Nadeln Mikroverletzungen im Lungengewebe verursachen, die zunächst zu gewissen Lungenfunktionsstörungen führen. Weiterhin nimmt man an, daß durch die Verletzungen cancerogene Stoffe in die verletzten Lungenzellen eindringen und dadurch im Laufe der Jahre Tumorwachstum auslösen. Asbestosen manifestieren sich erst nach Latenzzeiten von 10-20 Jahren. Wegen des hohen, gesundheitlichen Gefährdungspotentials hat man Asbest und andere Faserstoffe als krebserregend eingestuft. Eine technische Richtkonzentration (TRK-Wert, siehe Abschnitt 2.2.2.1) von 0,1 mg Feinstaub (Faserstaub) pro Kubikmeter Luft oder 2 Mikronadeln pro ml Luft sollen das gesundheitliche Risiko am Arbeitsplatz begrenzen. Die Gefahr der Krebsentstehung verringert sich, wenn man die Mikronadeln zu Pulver zerkleinert. Sie wirken dann wie andere Feinstäube.
In Deutschland wird Asbest wegen seiner Einordnung als Gefahrstoff kaum noch verarbeitet. Bei anderen staubförmigen Mineralstoffen verfährt man dagegen weniger ängstlich, wie beispielsweise mit Talkum. Dieses Mineral dient häufig als inerter Füllstoff oder als Trägermaterial für diverse Puder. Bei langjährigem, meist beruflich bedingtem Einatmen von Talkumstaub können Lungenfibrosen entstehen, wie sie für Quarzstaub bereits beschrieben wurden (FORTH et al., 1990). Dem gleichen Phänomen begegnet man auch bei der sog. Griffelmacherkrankheit der Schiefertafel- und Griffelhersteller im Thüringer Wald. Diese Lungenerkrankung war im Thüringer Wald verbreitet, solange man Schreibtafeln und

Griffel aus Schiefergestein in großem Stil, besonders in Schulen, zum Schreiben verwendete.

#### 2.2.1.3 Bedeutung für Pflanzen

Im Unterschied zum Menschen und lungenatmenden Tieren nehmen Pflanzen die Stäube nicht auf, und dennoch können auch Pflanzen geschädigt werden. Staub setzt sich auf den Blättern ab, und zwar um so mehr, je stärker sie behaart sind. An glatten, stark cutinisierten Blattoberflächen bleibt dagegen kaum Staub hängen, wie etwa bei Lavalls Weißdorn (*Crataegus lavallei*) oder bei der Stechpalme (*Ilex aquifolium*). Häufig sind die Blattunterseiten stärker behaart als die Blattoberseiten. Da außerdem die für den Gasaustausch zuständigen Spaltöffnungen meist auf den Blattunterseiten liegen, bewirkt die staubsammelnde Eigenschaft der Blatthaare, daß die Spaltöffnungen vom Staub abgedeckt werden können. Sowohl Atmung als auch Photosynthese leiden dann unter dem reduzierten Gasaustausch.
Hygroskopisch wirkende Stäube entziehen den Blättern durch die Epidermis hindurch Wasser, was im Extremfall zum Welken führen kann. Besonders aggressiv wirken Zementstaub und Staub aus gebranntem Kalk. Sie entziehen den Blättern nicht nur Kalk, sie binden auch zu festen Krusten ab, die den Gasaustausch stärker behindern als nicht abbindende Stäube. Regen wäscht nicht abgebundene Stäube meist innerhalb weniger Tage von den Blattflächen ab, so daß sie sich wieder vollständig erholen (LOUB, 1975; MEYER, 1982). Nur abbindende Stäube bilden dauerhaftere Überzüge.

#### 2.2.1.4 Verminderung der Staubbelastung der Luft

Die vielfältigen Schädigungen, die Stäube hervorrufen können, haben seit den 50er Jahren intensive Bestrebungen in Gang gesetzt, die anthropogene Staubbelastung der Luft zu reduzieren, nachdem in Industriegebieten und Ballungszentren mitunter unerträgliche Belastungen auftraten. Während der 40er Jahre hat man jährliche Staubniederschläge von 312 t/km$^2$ in Rochdale (England) und von 456 t/km$^2$ in Charkow (Russland) gemessen (LOUB, 1975). Durch mehrere Gesetze und Verordnungen wurden die Staubemissionen in der Folgezeit zumindest im mittleren und westlichen Europa auf etwa ein Zehntel der Werte in den 50er Jahren gesenkt. Die heute gültigen Werte für Schwebstaub liegen nach der Technischen Anleitung Luft (TA-Luft, Abschn. 2.2.2.1) bei 0,15 (IW 1 = Langzeitwert) und bei 0,30 (IW 2 = Kurzzeitwert) mg/m$^3$. Ebenso liegen die Werte für die maximale Immissionskonzentration (Abschn. 2.2.2.1) bei 0,15 mg/m$^3$ (24 Stundenwert) und bei 0,30 mg/m$^3$ (Jahresmittelwert). Obwohl diese Grenzwerte bereits recht niedrig anmuten, liegen sie noch immer um eine Größenordnung über dem Schwebstaubgehalt in Reinluftgebieten, wie beispielsweise im Gebirge, wo man Schwebstaubgehalte von durchschnittlich etwa 0,04 mg/m³ mißt. Eine Minderung der Staubbelastung der Luft kann man auf verschiedenen Wegen anstreben. Eine besonders wichtige Möglichkeit stellen technische Entstaubungsverfahren dar, wie sie in Tabelle 2.5 zusammengestellt sind. Funktionsskizzen der

Tabelle 2.5 Einige technische Entstaubungsverfahren und deren Wirkungsgrad (LOUB, 1975; ALLOWAY und AYRES, 1996)

| Verfahren | Teilchengröße in µm | Reinigungsgrad bzw. Wirkungsgrad in % |
|---|---|---|
| Absetzkammern | > 50 | < 50 |
| Zyklon | > 20 | 95 |
| Gewebefilter/Schlauchfilter | > 0,05 | > 99 |
| Gaswäscher/Staubwäscher | > 5 | 95 |
| Venturiwäscher | > 2 | 95-99 |
| Elektroabscheider | > 0,1 | > 95-99 |

hier aufgelisteten Entstaubungsverfahren findet man im Band "Chemie der Umweltbelastung" (FELLENBERG, 1997). Diese Verfahren, die sich unterschiedlicher Staubabscheidungsprinzipien bedienen, arbeiten unterschiedlich gründlich und verursachen demzufolge auch unterschiedlich hohe Kosten. Nur wenige Verfahren sind in der Lage, lungengängige Feinstäube mit Korngrößen von weniger als etwa 5 µm zumindest teilweise zu entfernen, wie Schlauchfilter und Elektrofilter. Die unübersehbaren Fortschritte bei der Entstaubung von Abgasen während der vergangenen Jahrzehnte gehen also zum überwiegenden Teil auf die Ausfilterung von Grobstäuben zurück. Hinsichtlich der Eliminierung lungengängiger Feinstäube besteht noch immer ein gewisser Nachholbedarf an kostengünstig arbeitenden Reinigungsverfahren.

Stäube, die in Steinbrüchen entstehen oder durch den Verkehr aufgewirbelt werden, sind technischen Entstaubungsmaßnahmen außerordentlich schwer zugänglich. Hier kann man nur versuchen, die Staubentstehung beispielsweise durch Befeuchten des Untergrundes einzudämmen, oder man muß von Menschen stark frequentierte Bereiche vor Staub schützen. Dazu haben sich Staubschutzpflanzungen bewährt, die man in 10-30 m tiefen Riegeln anlegt. In diesen Pflanzungen sollen die Bäume lockerer stehen als im Wald, damit der Wind nicht nach oben abgelenkt wird, sondern durch die Pflanzung mit verminderter Geschwindigkeit hindurchweht (Abb. 2.8). Außerdem sollten die Pflanzungen

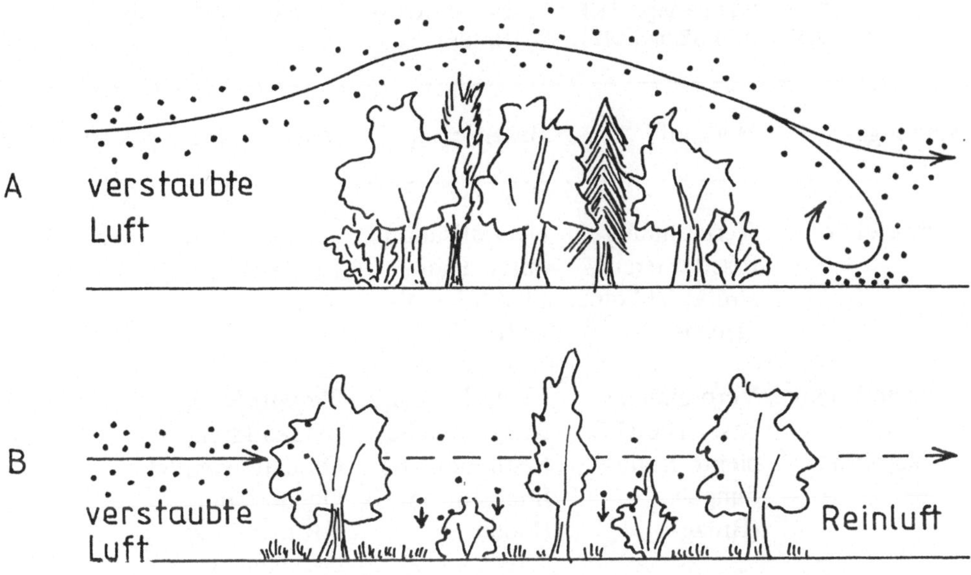


Abb. 2.8 Aufbau von Staubschutzpflanzungen. A. Ein dichter Pflanzenbestand leitet den Luftstrom ab und läßt den Staub hinter der Pflanzung sedimentieren. B. Bei lockerem Aufbau kann der Wind durch die Pflanzung wehen. Die dadurch reduzierte Windgeschwindigkeit sowie Wirbelbildung an Ästen und Blättern lassen die mitgeführten Staubpartikel sedimentieren (FELLENBERG, 1977, verändert)

Sträucher und eine Rasenfläche besitzen, um niedergeschlagene Partikel festzuhalten. Richtig angelegte Staubschutzpflanzungen vermindern die Windgeschwindigkeit so stark, daß Grobstäube mit Korndurchmessern > 40 µm sedimentieren. Kleinere Partikel werden vom Blatt- und Astwerk der Pflanzen festgehalten, die wie Fasern eines Gewebefilters Turbulenzen im Luftstrom erzeugen. Die dadurch entstehenden Zentrifugalkräfte sorgen für die Sedimentation auch wesentlich feinerer Staubpartikel.

## 2.2.2 Gase

Im Unterschied zu den Stäuben handelt es sich bei Gasen um Stoffe, die sich unter atmosphärischem Druck und bei Raumtemperatur gasförmig verhalten, d. h. den gesamten, zur Verfügung stehenden Raum gleichförmig einnehmen, wie Sauerstoff, Stickstoff, Kohlendioxid und andere mehr. Von Dämpfen spricht man dagegen, wenn ein gasförmig vorliegender Stoff unter den soeben genannten "Normalbedingungen" kondensieren kann, wie z. B. Wasserdampf.

Tabelle 2.6 Einige wichtige Spurengase, die durch die Tätigkeit der Menschen in die Atmosphäre gelangen (HEINTZ und REINHARDT, 1990; KORTE, 1990; SCHÖNWIESE und DIEKMANN, 1991)

| Spurengas | Herkunft | Beseitigung | Wirkungsprinzip | Verweilzeit |
|---|---|---|---|---|
| Schwefeldioxid | Verbrennung fossiler Brennstoffe; Vulkane; Ozeane | Neutralisation durch alkalische Mineralstoffe | als Säure und Reduktionsmittel | ca. 4 Tage |
| Stickstoffmonoxid und Stickstoffdioxid | Verbrennung bes. >1000 °C elektr. Entladungen (Blitze) | Neutralisation u. mikrobielle Reduktion zu Stickstoff im Boden | *Troposphäre:* Säurebildung, Oxidationsmittel, Ozonbildung *Stratosphäre:* Ozonabbau | ca. 1-2 Tage |
| Distickstoffmonoxid (Lachgas) | mikrobielle Reduktion von Nitrat im Boden | Photolyse in der Stratosphäre | Ozonzerstörung in der Stratosphäre nach Photolyse | ca. 150-200 Jahre |
| Ozon | *Troposphäre:* photochemische Umwandlung von Stickstoffdioxid *Stratosphäre:* photochemische Umwandlung von molekularem Sauerstoff | *Troposphäre:* Reduktion durch org. u. anorg. Materialien *Stratosphäre:* photochemische Reaktionen mit Halogenen und Stickoxiden | aggress. Oxidationsmittel für org. u. anorg. Materialien, UV-Absorption | *Troposph:* 30-90 Tage ohne Stickoxide *Stratosph.:* 1-2 Jahre |
| Methan | Viehhaltung, Sumpfreisanbau, Abfalldeponien, Erdgasförderung, Sümpfe, Darm | photochemische Reaktionen | Absorption von Infrarotstrahlen | 4-7 Jahre |

Fortsetzung nächste Seite

Fortsetzung Tabelle 2.6

| Spurengas | Herkunft | Beseitigung | Wirkungsprinzip | Verweilzeit |
|---|---|---|---|---|
| Kohlendioxid | Verbrennung fossiler Brennstoffe u. Biomasse, mikrobieller Abbau organ. Stoffe, Atmung, Vegetationsbrände, Vulkanismus | Bindung als Carbonat Lösung im Wasser (Ozean) Photosynthese | Infrarotabsorption | 6-10 Jahre |
| Kohlenmonoxid | unvollständige Verbrennung fossiler Brennstoffe u. von Biomasse | Assimilation durch Mikroorganismen im Boden, photochemische Reaktionen | Hemmung des Sauerstofftransports im Blut durch Hämoglobin, Infrarotabsorption | 2-6 Monate |
| Fluorchlorkohlenwasserstoffe (FCKW) | Herstellung als Kühlmittel und Treibgas | Photolyse in der Stratosphäre | Infrarotabsorption, photochemischer Ozonabbau in der Stratosphäre | ca. 50-100 Jahre |

Als direkte und indirekte Folge der Tätigkeit der Menschen wird eine ganze Reihe von Gasen freigesetzt, von denen einige in Tabelle 2.6 zusammengestellt sind. Daneben werden Ammoniak, Halogenwasserstoffe und Wasserdampf in die Atmosphäre entlassen. Die in Tabelle 2.6 angegebenen, durchschnittlichen Verweilzeiten in der Atmosphäre gelten nur für bodennah ausgestoßene Gase. Werden sie in höher liegenden Schichten der Atmosphäre freigesetzt, dann kann deren Verweilzeit in der Luft zunehmen. Beispielsweise verbleiben Stickoxide 2-3 Jahre in der Atmosphäre, wenn sie in der Stratosphäre freigesetzt werden (FABIAN, 1987). Andererseits können bodennah ausgestoßene Abgase gegebenenfalls auch in höher gelegene Schichten der Atmosphäre eindringen, wie z. B. FCKW, auch wenn sie eine höhere spezifische Masse aufweisen als die Hauptkomponenten der Luft. Diese Mobilität geht teils auf horizontale Luftbewegungen zurück, die durch den Wechsel von Hoch- und Tiefdruckgebieten ausgelöst werden, teils auf vertikale Luftbewegungen, die durch Gebirgszüge oder lokale Erwärmungen der Erdoberfläche erzwungen werden (Thermik). Diese Luftbewegungen können bei genügend hoher Geschwindigkeit sogar Staubpartikel viele Kilometer hoch aufwirbeln.

### 2.2.2.1 Grenzwerte für Schadgase

Die Tatsache, daß Spurengase mit toxischen oder klimabeeinflussenden Eigenschaften in die Erdatmosphäre entlassen werden, muß nicht zwangsläufig eine ernste Gefährdung für Menschen und andere Lebewesen darstellen. Auch das, was wir gewöhnlich als saubere, also noch nicht durch den Menschen beeinflußte Atmosphäre bezeichnen, enthält bereits eine Reihe von Spurengasen, die die gleichen negativen Eigenschaften besitzen, wie diejenigen, die die Menschen freisetzen. Wenn wir die natürlich freigesetzten Schadgase nicht als Gesundheitsbedrohung wahrnehmen, dann liegt das daran, daß sich die Lebewesen im Laufe einer langen Entwicklungsgeschichte von mehreren hundert Millionen Jahren daran angepaßt haben. Zu diesen Schadgasen gehören u. a. Kohlendioxid, Kohlenmonoxid, Methan, Stickoxide, Schwefeldioxid, Ozon und andere mehr (KORTE, 1992). Was man lange Zeit für unmöglich gehalten hatte, es gehören dazu auch so ungewöhnliche Gase wie Methylbromid (WMO, 1992), das in der Atmosphäre der Nordhalbkugel in einer Konzentration von etwa 15 ppt (parts per trillion = $10^{-12}$) auftritt. Entscheidend für die negative Auswirkung der Schadgase sind die Menge, die in die Atmosphäre entlassen wird, die Verteilung und die Verweildauer in der Atmosphäre. Diese drei Kriterien gilt es stets zu beachten, wenn die Auswirkungen von Spurengasen anthropogener Herkunft näher betrachtet werden.
In der Praxis schlägt man einen einfacheren Weg zur Beurteilung von Schadgasen ein, indem man versucht, Grenzkonzentrationen zu erstellen, oberhalb derer eine Beeinträchtigung von Lebewesen zu befürchten ist. Klimarelevante Effekte klammert man dabei zunächst noch aus. Die Grenzkonzentrationen gelten naturgemäß nur dort, wo Spurengase auf Lebewesen einwirken, also am sog. Immissionsort. Daneben wird auch die Ausstoßmenge, d. h. die Emission an den jeweiligen Austrittsöffnungen der Abgase, gesetzlich geregelt, so daß neben den Immissionswerten auch Emissionswerte festgeschrieben werden. Leider hat man es noch immer nicht geschafft, weltweit einheitliche Grenzwerte festzulegen, und nicht einmal innerhalb von Deutschland gelten völlig einheitliche Richtlinien an allen Immissionsorten, wie z. B. in Wohnungen und an Arbeitsplätzen. Die wichtigsten Grenzwertbestimmungen, die man gegenwärtig in Deutschland anwendet, sollen kurz zusammengestellt werden.
*Maximale Immissionskonzentrationen* (MIK), angegeben in mg/m$^3$ oder in cm$^3$ pro m$^3$, wurden vom Verein Deutscher Ingenieure (VDI) aufgestellt, um Menschen, auch alte Menschen und Kinder, sowie Pflanzen und Tiere weitgehend vor Schäden durch Luftverunreinigungen zu bewahren, ohne Rücksicht auf die

technische Realisierbarkeit dieser Werte. MIK-Werte wurden für die Einwirkungsdauer von 1/2 Stunde, 24 Stunden und einem Jahr differenziert, weil die Einwirkungsdauer mitverantwortlich für einen Schädigungseffekt ist. Den MIK-Werten kommt ein empfehlender Charakter zu, sie sind nicht rechtsverbindlich.
Die *Immissionsgrenzwerte* (IW), ebenfalls angegeben in $mg/m^3$ oder in $cm^3$ pro $m^3$, sind dagegen rechtsverbindlich, weil sie in der Technischen Anleitung Luft (TA Luft), einer Verwaltungsvorschrift zum Bundesimmissionsschutzgesetz (Abschn. 4.1.1 und 4.1.2), niedergelegt sind. Für die Immissionsgrenzwerte gelten Langzeitwerte, d. h. Jahresmittelwerte (IW 1), und Kurzzeitwerte, d. h. 98 % Werte der Halbstundenmittelwerte eines Jahres (IW 2). Für besonders empfindliche Pflanzen und Tiere gibt es gegebenenfalls Sonderregelungen.
Für Arbeitsplätze gelten besondere Vorschriften, weil hier die MIK- und IW-Werte oftmals nicht eingehalten werden können. Deshalb wurde zum Schutz der arbeitenden Menschen die *maximale Arbeitsplatzkonzentration* (MAK) geschaffen. Diese höchstzulässigen Grenzwerte, angegeben in $mg/m^3$ oder in $ml/m^3$ (= ppm = parts per million = $10^{-6}$), sollen bei täglichem, achtstündigem Einwirken, bei einer wöchentlichen Arbeitszeit von 40 Stunden die Gesundheit der Beschäftigten nicht beeinträchtigen. Kinder, alte und kranke Menschen werden dabei nicht berücksichtigt. Da die ursprünglich von der Deutschen Forschungsgemeinschaft konzipierten MAK-Werte vom Bundesministerium für Arbeit und Soziales als technische Regel (Abschn. 4.1.1) übernommen wurden, sind sie damit rechtsverbindlich. Wie Tabelle 2.7 zeigt, fallen die MAK-Werte wesentlich großzügiger

Tabelle 2.7 Vergleich einiger MIK-, IW- und MAK-Werte, angegeben in $mg/m^3$ (LAHMANN, 1990)

| Schadstoff | IW 1 | IW 2 | MIK 1/2 Std | MIK 24 Std | MIK 1 Jahr | MAK |
|---|---|---|---|---|---|---|
| Schwebstaub | 0,15 | 0,30 | 0,3 | 0,2 | 0,1 | - |
| Schwefeldioxid | 0,14 | 0,40 | 1,0 | 0,3 | - | 5 |
| Stickstoffdioxid | 0,08 | 0,20 | 0,2 | 0,1 | - | 9 |
| Chlorwasserstoff | 0,10 | 0,20 | | | | 7 |
| Ozon | - | - | 0,12 | - | - | 0,2 |
| Kohlenmonoxid | 10 | 30 | 50 | 10 | 10 | 33 |

aus, als die MIK- und IW-Werte. Unter den gesundheitsgefährdenden Stoffen am Arbeitsplatz sollten sich keine sog. gefährlichen Arbeitsstoffe befinden, die z. B.

krebserregend wirken. Da das nicht völlig ausgeschlossen werden kann, wie z. B. der Umgang mit Berylliumstaub, Benzol oder anderen, cancerogenen Stoffen, hat man neben den MAK-Werten zusätzlich sog. *technische Richtkonzentrationen* (TRK) geschaffen, die das gesundheitliche Risiko am Arbeitsplatz möglichst gering halten sollen. Bei der Erstellung der TRK-Werte werden jedoch nicht nur toxikologische Erfahrungen berücksichtigt, sondern auch die technischen Möglichkeiten zur Einhaltung bestimmter Grenzwerte, so daß je nach Art des Arbeitsplatzes der TRK-Wert für ein und denselben Stoff unterschiedlich ausfallen kann (HULPKE et al., 1993).

*Emissionsgrenzwerte* sollen die Freisetzung von Gasen, Dämpfen und Schwebstoffen regeln. Leider werden sie nicht zentral zusammengefaßt, vielmehr sind sie auf die Verordnung für Großfeuerungsanlagen und als Bestandteil der TA Luft sowie auf Durchführungsvorschriften des Bundesimmissionsschutzgesetzes verteilt. Diese Grenzwerte, die durchweg rechtsverbindlich sind, werden nicht nur nach der Gefährlichkeit der Emissionen, sondern auch nach der technischen und wirtschaftlichen Realisierbarkeit der Emissionsbegrenzung festgelegt.

Die Reglementierung von Emissions- und Immissionsgrenzwerten stellt eine unbedingt notwendige Voraussetzung dafür dar, daß Schadgase nicht ungezügelt freigesetzt werden können und die Umwelt in unerträglicher Weise belasten. Deshalb existieren praktisch in allen Industrienationen ähnliche Grenzwertbestimmungen wie in der Bundesrepublik Deutschland. Der Schutz, den ein Gesetz oder eine Verordnung gewährt, hängt jedoch stets davon ab, wie gut die Bestimmungen überwacht und wie streng Übertretungen geahndet werden. Deshalb ist es sogar innerhalb von Europa möglich, daß recht unterschiedliche Emissionsbedingungen praktiziert werden. Aber auch dort, wo man Emissionsgrenzwerte ernst nimmt, stellen diese keineswegs immer einen hinlänglichen Schutz dar, auch wenn diese Werte immer neuen toxikologischen Erkenntnissen angepaßt werden, wie die folgenden Überlegungen zeigen sollen:

- Die Immissionsgrenzwerte schützen in der Regel nur vor klinisch nachweisbaren Gesundheitsschäden. Biochemisch nachweisbare Veränderungen, die noch kein erkennbares Krankheitsbild verursachen, können dagegen bei sehr viel geringeren Konzentrationen auftreten. Solche unerkannten Vorbelastungen des Körpers können gegebenenfalls zusammen mit anderen Schadstoffen unerwartete, toxische Effekte verursachen.
- Immissionsgrenzwerte wurden nur für Einzelstoffe aufgestellt. Es hat sich jedoch gezeigt, daß Interaktionen mehrerer Stoffe durchaus möglich sind (Absch. 3.1.1.1 und 3.1.3). Derartige Stoffkombinationen stellen in unserer Umwelt keine Ausnahmeerscheinungen dar, vielmehr bilden sie die Regel. Aus diesem Blickwinkel betrachtet, wiegen uns die derzeit gebräuchlichen Immissionsgrenzwerte wegen ihrer vermeintlich naturwissenschaftlich exakten Aussagekraft in einer Scheinsicherheit.
- Trotz der Differenzierung in Kurz- und Langzeitimmissionen der MIK- und IW-Werte bleiben sehr lange Immissionszeiträume unberücksichtigt. Beispielsweise können verschiedene Baumarten viele hundert oder über tausend Jahre alt werden,

wie Eichen, Zirbelkiefern und Linden. Die Effekte so lange einwirkender Schadstoffe kann man noch nicht abschätzen. Noch längeren Immissionszeiten können Gebäude, ungeschützte Böden oder die Atmosphäre ausgesetzt sein. Die Auswirkungen anthropogener Immissionen über Jahrhunderte oder Jahrtausende hinweg kann man lediglich sehr ungenau mit Hilfe von Modellvorstellungen zu veranschaulichen versuchen. Die derzeit geltenden Immissionsgrenzwerte können deshalb nur einen zeitlich eng begrenzten Schutz gewähren. Sie bewahren nicht mit Sicherheit unsere Ökosysteme für die Nachkommenschaft.

- Einige besonders empfindliche Organismen, wie beispielsweise Flechten, Algen und Moose, werden nicht durch die Grenzwertbestimmungen geschützt, denn sie unterscheiden sich von anderen Vielzellern dadurch, daß sie keine Außenhaut oder Epidermis besitzen. Sie sind allen Immissionen weitgehend schutzlos ausgesetzt.

Diese wenigen Aspekte veranschaulichen hinlänglich, daß man die Schutzwirkung von Immissionsgrenzwerten nicht überbewerten darf. Man sollte vielmehr versuchen, diese Grenzwerte weitestmöglich zu unterschreiten. Trotzdem sei nochmals darauf hingewiesen, daß Immissionsgrenzwerte notwendig sind, um besonders sorglose oder geschäftstüchtige Menschen daran zu hindern, die Umwelt nach eigenem Gutdünken zu belasten.

Wenn wir die Immissionsgrenzwerte als Notwendigkeit anerkennen, dann stellt sich die Frage, welche Konzentrationen die wichtigsten Schadgase im Lebensraum von Menschen, Tieren und Pflanzen erreichen, und ob die gemessenen Konzentrationen die Lebewesen beeinträchtigen.

### 2.2.2.2 Toxische Wirkungen auf Menschen

Wenden wir uns zunächst Stickoxiden zu. Stickstoffmonoxid und Stickstoffdioxid entstehen besonders bei Verbrennungsprozessen bei Temperaturen über 1000 °C aus Stickstoff und Sauerstoff der Luft. Ein kleinerer Anteil von Stickoxiden bildet sich schon bei geringeren Temperaturen bei der Verbrennung fossiler Brennstoffe aus Stickstoff, der im Brennstoff gebunden vorliegt. Beiträge der chemischen Industrie zur Stickoxidbelastung der Atmosphäre fallen dagegen wesentlich geringer aus. Im Jahresmittel liegt die Konzentration von Stickstoffdioxid (die giftigste Komponente der Stickoxide) in der Luft deutscher Großstädte bei etwa 0,04 bis 0,08 mg/m$^3$ (LAHMANN, 1990). Halbstündige Spitzenwerte können allerdings auf 0,3 bis 0,5 mg/m$^3$ ansteigen. Außerdem ist die Luftbelastung in geschlossenen Räumen wichtig, weil Städter durchschnittlich etwa 90 % ihrer Zeit in Gebäuden verbringen. Stickoxide erreichen in Innenräumen ohne spezielle Emissionsquellen eine Konzentration, die etwa der Hälfte oder einem Zehntel der Konzentration im Straßenbereich entspricht. Existieren dagegen Emissionsquellen, wie Ofenheizung, Gasherd oder eine Ansammlung von Zigarettenrauchern, dann kann die Stickoxidbelastung den gleichen oder sogar den doppelten Wert erreichen, wie im Straßenbereich (BEYER und EIS, 1996). Vergleicht man diese

Konzentrationen mit den Immissionsgrenzwerten von 0,08 mg/m³ (IW 1) und 0,2 mg/m³ (IW 2), dann fällt auf, daß diese kritischen Grenzwerte normalerweise nicht erreicht werden. Lediglich in geschlossenen Räumen können sie, bei Anwesenheit entsprechender Emittenten, erreicht oder sogar überschritten werden. Im allgemeinen dürften deshalb akute Vergiftungen mit Stickstoffdioxid wenig wahrscheinlich sein. Nur bei exzessiver Freisetzung von Stickoxiden in geschlossenen Räumen kann besonders Stickstoffdioxid toxisch wirken. Wie andere, in Wasser wenig lösliche Gase (z. B. Ozon) dringt Stickstoffdioxid tief in die Lunge ein. Vermutlich durch Reaktion mit ungesättigten Fettsäuren der Zellmembranen verursacht Stickstoffdioxid Verätzungen der terminalen Luftwege (Bronchiolen) und der Lungenbläschen (Alveolen). Dadurch kann in schweren Fällen Blutflüssigkeit in die Lunge austreten, d. h., es bildet sich ein Lungenödem. Dieser Vorgang äußert sich in schwerer Atemnot, die schließlich zum Tod führen kann. Unbeantwortet blieb bis heute die Frage, ob sich jahrzehntelange Stickoxidbelastungen gesundheitsschädigend auswirken können. Nach bisher unbestätigten Befürchtungen könnten langfristige Expositionen zu Zellwucherungen in den Luftwegen und zu einer Schwächung der Abwehrkraft gegenüber eingedrungenen Bakterien führen. Bis zu einer endgültigen Beurteilung langfristiger Stickstoffdioxideinwirkungen in niedrigen Konzentrationen müssen noch viele Jahre sorgfältiger Beobachtung abgewartet werden. Schwer zu bewerten ist auch die Eigenschaft von Stickstoffdioxid, sich im Körper an Reaktionen zu beteiligen, die zur Bildung cancerogener Stoffe führen, wie etwa an der Bildung von Nitrosaminen und anderen organischen Aminen.

Soweit man es bis heute überblickt, stellt Stickstoffmonoxid ein geringeres Problem dar, als Stickstoffdioxid. Die Toxizität von Stickstoffmonoxid ist geringer als diejenige von Stickstoffdioxid, was sich u. a. in den unterschiedlichen MIK-Werten äußert: Der 24 Std-Mittelwert für Stickstoffdioxid liegt bei 0,1 mg/m³ und für Stickstoffmonoxid bei 0,5 mg/m³. Außerdem wird Stickstoffmonoxid in der Luft recht schnell durch Ozon und Radikale wie $HO_2^{\bullet}$ zu Stickstoffdioxid oxidiert, so daß die Stickstoffmonoxidkonzentration stets gering bleibt (Gl. 2.1).

Gl. 2.1 $$^{\bullet}NO + HO_2^{\bullet} \longrightarrow {}^{\bullet}NO_2 + OH^{\bullet}$$

Wird dennoch Stickstoffmonoxid eingeatmet und resorbiert, dann kommt es im Blut zur Bildung von Methämoglobin (= Häm*i*globin), d. h., das zweiwertige Eisen im Hämoglobin wird zum dreiwertigen Eisen oxidiert. Dieses kann den Luftsauerstoff nur noch fest, nicht mehr reversibel binden und eignet sich nicht mehr zum Sauerstoffaustausch mit dem Gewebe. Die Letalitätsgrenze ist bei etwa 60-70 % Methämoglobin erreicht.

Besonders aus Sumpfreisböden und anderen sauerstoffarmen, nitratreichen Böden wird Distickstoffmonoxid (= Lachgas) freigesetzt, das für Menschen untoxisch ist, jedoch die Ozonschicht der Stratosphäre (Abschn. 3.1.6) angreift. Dieses Gas wird deshalb später näher erörtert.

Als Folgeprodukt der Stickoxide kann Ozon entstehen. Dieses Gas bildet sich aus

Stickstoffdioxid unter dem Einfluß von UV-Strahlen (Wellenlänge < 430 nm) zusammen mit Luftsauerstoff (Gl. 2.2 und 2.3).

Gl. 2.2 $$^{\bullet}NO_2 \xrightarrow{\lambda < 430\ nm} {}^{\bullet}NO + O(^3P)$$

Gl. 2.3 $$O(^3P) + O_2 + M \longrightarrow O_3 + M$$

Durch Stickstoffmonoxid wird jedoch Ozon wieder zu normalem Luftsauerstoff reduziert, so daß bei Dunkelheit der Ozongehalt der Luft rasch zurückgeht, sofern der Straßenverkehr ständig etwas Stickstoffmonoxid für den Ozonabbau nachliefert. Dieser Tag-Nacht-Rhythmus kommt bei Ozon, das von verkehrsreichen Gegenden wegdriftet, nicht mehr zum Tragen. In solchen sog. Reinluftgebieten, wie etwa in gebirgigen Regionen, können deshalb dauerhaft erhöhte Ozonkonzentrationen in der Luft erhalten bleiben (Abb. 2.9). Hohe nächtliche Ozonkonzentrationen trifft man auch dort an, wo kühle Fallwinde bei Dunkelheit ozonreiche Luft aus hochgelegenen Reinluftgebieten in die Tiefe befördern, wie z. B. in Freiburg i. Brg. (LIS-BERICHT, 1982). Bei sommerlichem Wetter treten in Großstädten Ozonkonzentrationen von ca. 0,03 $mg/m^3$ auf und in Reinluftgebieten von ca. 0,08 $mg/m^3$, jedoch können auch Spitzenwerte von 0,3-0,4 $mg/m^3$ erreicht werden, besonders wenn Geländeform und Witterung den Luftaustausch hemmen, also bei Hochdruck- oder Inversionswetter in Tal- und Kessellagen. In geschlossenen Räumen spielt Ozon normalerweise keine Rolle.

Der Halbstunden-MIK-Wert liegt bei 0,12 $mg/m^3$. Mitunter wird der MAK-Wert von 0,2 $mg/m^3$ für die allgemeine Bevölkerung zum Vergleich herangezogen, was jedoch unzulässig ist, weil der MAK-Wert definitionsgemäß nur für erwachsene, gesunde Menschen gilt. Die im Sommer mitunter erreichten Spitzenwerte, die nicht nur oberhalb des MIK-Wertes, sondern sogar oberhalb des MAK-Wertes liegen, müssen als höchst bedenklich für die Gesundheit der Menschen angesehen werden, zumal bereits Ozonkonzentrationen im Bereich des MIK-Wertes Müdigkeit, Kopfschmerzen, Augenbrennen und Reizungen der Schleimhäute hervorrufen können. Bei Personen mit asthmatischen Beschwerden ist eine gesundheitliche Beeinträchtigung bereits bei 0,1 $mg/m^3$ wahrscheinlich (ELTSCHKA et al., 1993). In höheren Konzentrationen können sich bei längerem Einwirken Lungenödeme einstellen. Ähnlich wie Stickstoffdioxid löst sich Ozon nicht gut in Wasser. Deshalb wird es beim Einatmen kaum vom Bronchialschleim der oberen Luftwege abgefangen, sondern dringt bis in die Bronchiolen und bis in die Alveolen vor, wie es bereits für Stickoxide beschrieben wurde. In den Alveolen scheint Ozon ungesättigte Fettsäuren zu zerstören, wodurch die Zellmenbranen undicht werden und Blutflüssigkeit austreten lassen. Außerdem hemmt Ozon die Zilien, die die oberen Luftwege auskleiden und mit ihrem rhythmischen Schlag normalerweise Schleim und in die Lunge eingedrungene Fremdstoffe wieder nach außen befördern. Eine Hemmung der Zilientätigkeit läßt deshalb eingedrungene Fremdstoffe, auch cancerogene Stoffe, länger in der Lunge verweilen, als üblich.

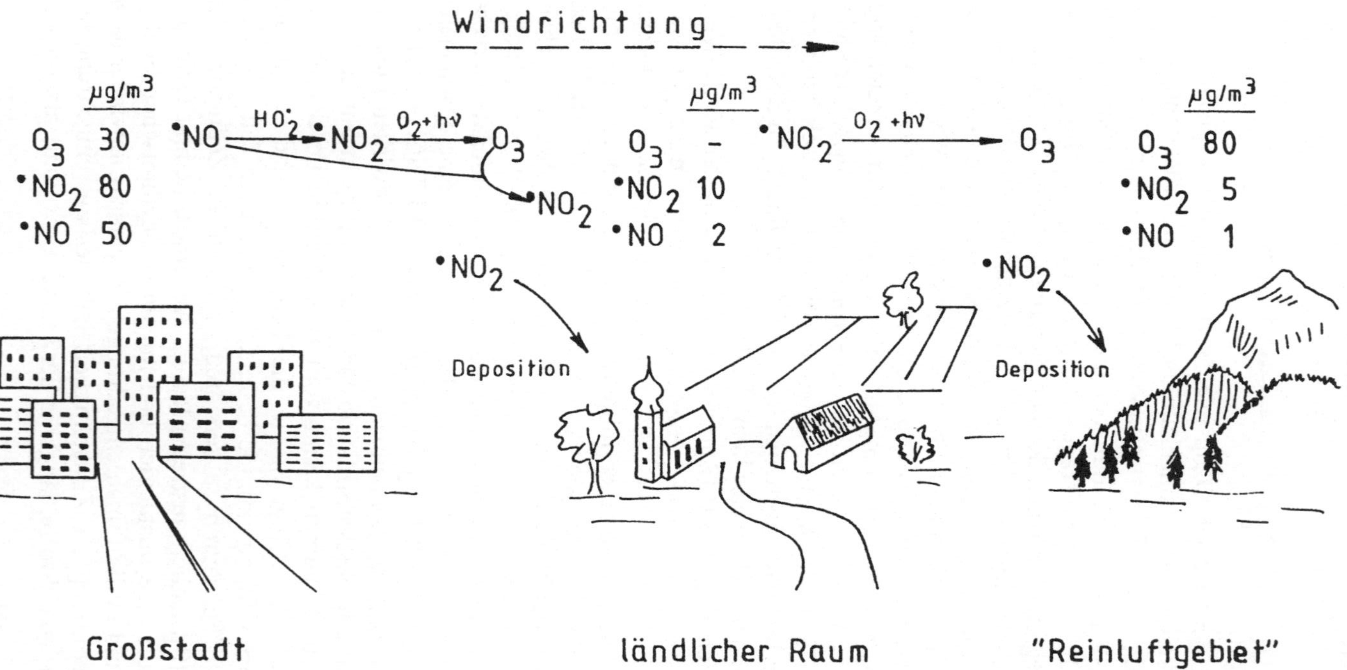


Abb. 2.9 Mittlere Konzentrationen von Stickstoffmonoxid (NO), Stickstoffdioxid ($NO_2$) und Ozon ($O_3$) in Großstädten, auf dem Land und in sog. Reinluftgebieten. Wegen des fehlenden Nachschubs von NO in Reinluftgebieten kommt dort der Ozonabbau weitgehend zum Erliegen. Reinluftgebiete können deshalb relativ hohe Ozonkonzentrationen aufweisen (FELLENBERG, 1997 a)

Dieser Effekt kann vor allem langfristig gesundheitliche Schäden hervorrufen.
Ein weiteres wichtiges Schadgas stellt Schwefeldioxid dar, das aus der Verhüttung sulfidischer Erze, aus einigen Bereichen der chemischen Industrie, besonders aber aus der Verbrennung fossiler Brennstoffe und von Biomasse stammt. Durch die Tätigkeit der Menschen wird dadurch wesentlich mehr Schwefeldioxid freigesetzt, als durch Vulkanismus und aus den Ozeanen natürlicherweise freigesetzt werden. Wenn dennoch der Schwefeldioxidgehalt der Atmosphäre nicht dramatisch ansteigt, dann verdanken wir das der relativ kurzen Verweildauer dieses Gases in der Luft. Seine gute Wasserlöslichkeit führt dazu, daß es sich in Nebel- und Regentröpfchen löst und bei kräftigem Wind mit diesen über hunderte von Kilometern verdriftet werden kann, ohne dabei verdünnt zu werden. Mit Niederschlägen kehrt Schwefeldioxid als sog. nasse Deposition auf die Erde zurück. Der größte Teil der Schwefeldioxidemissionen wird allerding in Form des reinen Gases sowie in Form von Staubpartikeln, die das Gas adsorptiv festhalten, als sog. trockene Deposition niedergeschlagen.
Typische Schwefeldioxidkonzentrationen in der Luft von Großstädten betragen in Deutschland etwa 0,15 mg/m$^3$ im Jahresmittel. 24 Std-Mittelwerte und Halbstunden-Mittelwerte können in Spitzenzeiten etwa zehnmal so hoch sein (LAHMANN, 1990). In Wohnungen liegen die Schwefeldioxidkonzentrationen deutlich unter denjenigen im Freien. Lediglich bei Braunkohleheizung kann in Innenräumen die Schwefeldioxidbelastung höher klettern als in der Außenluft.
Die MIK-Werte liegen bei 1 mg/m$^3$ (Halbstundenwert) und bei 0,3 mg/m$^3$ (24 Std-Mittelwert). Nach der TA Luft liegt der Kurzzeitwert bei 0,4 mg/m$^3$ und der Langzeitwert bei 0,14 mg/m$^3$. Nach diesen Immissionsgrenzwerten sollten die Menschen im allgemeinen hinlänglich vor Schädigungen durch Schwefeldioxid geschützt sein. Dennoch können bei starken Belastungen gesundheitliche Beeinträchtigungen eintreten. Das Gas schlägt sich wegen seiner guten Löslichkeit in Wasser auf den Schleimhäuten der oberen Luftwege und im Rachenraum nieder. Beschwerden müssen deshalb zunächst in diesen Regionen auftreten. Bei der Mehrzahl der Menschen reizt Schwefeldioxid erst in Konzentrationen von mehr als 13 mg/m$^3$ zum Husten. Empfindliche Personen können bereits durch kurzfristiges Einwirken von nur 1,3 mg/m$^3$ Schwefeldioxid mit Reizhusten und Verkrampfungen der Atemwege reagieren. Noch kritischer wird die Situation, wenn man erst Tage nach der Gasexposition die Erkrankung untersucht: Es zeigte sich, daß dann bereits bei 0,8 mg/m$^3$ (Tagesmittelwert) bei Erwachsenen und bei 0,6 mg/m$^3$ bei Kindern Atemwegserkrankungen auftraten (BEYER und EIS, 1996). Neben Schädigungen der Atemwege beeinträchtigt Schwefeldioxid offenbar auch die Immunabwehr des Körpers.
In der Atmosphäre kann ein gewisser Anteil des Schwefeldioxids katalytisch mit Hilfe von Schwermetallspuren zu Schwefeltrioxid oxidiert werden und mit der Feuchtigkeit der Luft Schwefelsäuretröpfchen bilden. Solche Schwefelsäureaerosole, wie sie besonders im Schwefeldioxid-Smog auftreten, sollen noch aggressiver das Lungengewebe angreifen als Schwefeldioxid.
Weitere Abgaskomponenten, die auf den Menschen einwirken können, sind

Kohlendioxid und Halogenwasserstoffe als Säurebildner sowie Kohlenmonoxid und verschiedene Kohlenwasserstoffe. Von diesen Komponenten wirken sich Halogenwasserstoffe am stärksten akut toxisch aus. Chlorwasserstoffgas entsteht in einigen Zweigen der chemischen Industrie, in Keramik- und Zellstoffbetrieben sowie bei der Verbrennung chlorhaltiger, organischer Verbindungen. Lufthygienisch bedenkliche Konzentrationen erreicht Chlorwasserstoffgas, ebenso wie andere Halogenwasserstoffe und Halogene höchstens in der Nähe von Emittenten oder bei Transportunfällen. Normalerweise spielen sie kaum eine Rolle bei der Luftbelastung. Beispielsweise liegen die mittleren Luftbelastungen in der Großstadtluft für Chlor und Chlorwasserstoff zusammen bei durchschnittlich 0,01 bis 0,1 mg/m$^3$. Die anderen Halogene bleiben noch unterhalb dieser Werte. Der Langzeit-Immissionswert (IW 1) für Chlor und Chlorwasserstoff liegt bei 0,1 mg/m$^3$. Treten infolge von Unfällen höhere Konzentrationen von Halogenen und Halogenwasserstoffen auf, dann erweisen sie sich als außerordentlich aggressiv gegenüber den Atemwegen, d. h., es entstehen Reizungen, Entzündungen, und in schweren Fällen treten Ödeme auf.

Kohlendioxid beeinträchtigt die Gesundheit der Menschen nicht, wenn es lediglich in den in der freien Atmosphäre auftretenden Konzentrationen vorliegt. Anders verhält es sich beim Kohlenmonoxid, das hauptsächlich aus schlecht eingestellten Heizungsanlagen und aus Kraftfahrzeugmotoren ohne Katalysator stammt. Daneben beteiligen sich einige Zweige der Industrie an Kohlenmonoxidemissionen. In geschlossenen Räumen liegt die Kohlenmonoxidkonzentration in der Regel deutlich unter derjenigen der Außenluft. Ofenheizung bei schlechter Sauerstoffzufuhr kann den Kohlenmonoxidgehalt der Luft jedoch weit über denjenigen der Außenluft ansteigen lassen. Global betrachtet dominiert zwar Kohlenmonoxid aus natürlichen Quellen, aber auch bei diesem Spurengas besteht das Hauptproblem darin, daß die anthropogenen Quellen in den Siedlungsgebieten der Menschen liegen. Deshalb können in verkehrsreichen Straßen 24 Std-Mittelwerte von 30 ppm (= 37,5 mg/m$^3$) und Stundenmittelwerte von 60 ppm (= 125 mg/m$^3$) erreicht werden (LAHMANN, 1990). Beim Kohlenmonoxid werden gewöhnlich die Konzentrationen in ppm (parts per million) angegeben. Zum besseren Vergleich dieser Werte mit denjenigen anderer Schadgase wurden die entsprechenden Werte in mg/m$^3$ in Klammern dazugeschrieben. Die MIK-Werte für Kohlenmonoxid liegen im 24 Std-Mittel ebenso wie für das Jahresmittel bei 10 mg/m$^3$, und die entsprechenden Immissionswerte der TA Luft liegen bei 10 mg/m$^3$ für den Jahresmittelwert und bei 30 mg/m$^3$ für den Kurzzeitwert. Diese Grenzkonzentrationen zeigen, daß ein längerer Aufenthalt in verkehrsreichen Stadtteilen als gesundheitlich bedenklich angesehen werden muß, auch wenn das vielen Städtern nicht bewußt wird. Kohlenmonoxid kann über die Lunge resorbiert werden und konkurriert dann im Blut mit dem Luftsauerstoff um die Bindungspositionen am Hämoglobin. Da die Sauerstoffkonzentration in der Luft mit ca. 21 Vol.-% (= 210000 ppm) ungleich höher ist, als die des Kohlenmonoxids, sollte diese Konkurrenz für den Körper bedeutungslos sein. Doch der Vorteil der hohen Sauerstoffkonzentration wird weitgehend aufgebraucht, weil Kohlenmonoxid eine etwa 300 mal stärkere Affinität zum Hämoglobin entfaltet als Sauerstoff. Deshalb können bereits sehr geringe Konzentrationen von Kohlenmonoxid vergleichsweise große Mengen an Hämoglobin binden und damit den Sauerstofftransport im Blut blockieren. Außerdem nimmt die Bindung von Kohlenmonoxid an Hämoglobin mit steigender Stoffwechselaktivität des Körpers zu, das heißt also mit zunehmender Atmungs- und Pulsfrequenz. Das bedeutet, daß bei gleichbleibender Kohlenmonoxidkonzentration der Luft ein schwer arbeitender Mensch etwa dreimal rascher sein Hämoglobin mit Kohlenmonoxid belädt als ein ruhender Mensch. Mit zunehmendem Kohlenmonoxid-Hämoglobingehalt des Blutes verstärken sich die Vergiftungssymptome, beginnend mit leichtem Benommensein bis hin zu Atemlähmungen (Tab. 2.8). Solche subjektiv schwer erkennbaren Vergiftungserscheinungen können u. a. in Verkehrsstaus und bei langem Fahren in Autoschlangen auftreten und gefährliche Konzentrationsschwächen beim Fahrer verursachen.

Tabelle 2.8 Verschiedene Konzentrationen von Kohlenmonoxid (CO) in der Luft verursachen nach genügend langer Expositionsdauer charakteristische Kohlenmonoxid-Hämoglobingehalte (COHb-Gehalte) im Blut. Diesen entsprechen ganz bestimmte Vergiftungssymptome (FORTH et al., 1990)

| CO-Konzentration der Luft | COHb-Gehalt des Blutes | Vergiftungssymptome |
|---|---|---|
| 60 ppm | 10 % | Leichte Kopfschmerzen, erste Anzeichen von Sehschwäche |
| 130 ppm | 20% | Kopf- und Leibschmerzen, Müdigkeit, beginnende Bewußtseinseinschränkung |
| 200 ppm | 30 % | Bewußtseinsschwund, Lähmungen, Beginn von Atemstörungen |
| 660 ppm | 50 % | Tiefe Bewußtlosigkeit, Lähmungen, Atmungshemmung |

Ein weiteres, auf Menschen giftig wirkendes Gas ist Ammoniak. Er wird von Salpetersäure- und Ammoniakfabriken freigesetzt, vor allem aber bei der heute üblichen, intensiven Massentierhaltung. Dennoch sind die üblicherweise feststellbaren Luftbelastungen mit 1-100 $\mu g/m^3$ (= 0,001-0,1 $mg/m^3$) so niedrig, daß eine

Gefährdung der Menschen ausgeschlossen werden kann. Der 24 Std MIK-Wert liegt bei 1 mg/m³ und der Jahresmittelwert bei 0,5 mg/m³. Weitere Spurengase anthropogenen Ursprungs wie Methan und Fluorchlorkohlenwasserstoffe sind für Menschen nicht giftig.

### 2.2.2.3 Toxische Wirkung auf Pflanzen und Flechten

Während die Wirkung von Schadgasen auf Menschen vielfach mit der Wirkung auf höhere Tiere, speziell Wirbeltiere, sehr ähnlich einzuschätzen sein dürfte, kann sie sich bei Pflanzen ganz anders äußern. Ursache dafür sind eine Reihe von unterschiedlichen Baumerkmalen und Stoffwechselwegen bei Menschen und Pflanzen.

Beispielsweise schädigen Stickoxide die Pflanzen erst in Konzentrationen von mehr als etwa 0,35 mg/m³. Vergleicht man diese, für Pflanzen kritische Grenzkonzentration mit den in Städten auftretenden Konzentrationen von maximal 0,04 bis 0,5 mg/m³, dann wird ersichtlich, daß in verkehrsreichen Innenstädten durchaus Schäden durch Stickoxide auftreten können. Außerhalb der Städte liegen jedoch die Stickoxidkonzentrationen wesentlich niedriger, so daß hier keine Stickoxidschäden auftreten können. Eine Ausnahme bilden lediglich die Randbereiche der Autobahnen.

Chloroplasten können mit Hilfe des Enzyms Nitratreduktase in Blätter eingedrungenes Stickstoffdioxid zur Aminogruppe reduzieren. Die Aminogruppe dient dann als Baustein für Aminosäuren und damit für pflanzeneigene Proteine. Damit wirken sich geringe Stickstoffdioxidkonzentrationen wie eine Stickstoffdüngung über den Boden aus. In Konzentrationen von mehr als 0,35 mg/m³ wird jedoch das stickstoffreduzierende System der Chloroplasten überfordert. Die nicht mehr durch Reduktion nutzbaren Stickstoffdioxidmoleküle bilden salpetrige Säure, die ungesättigte Fettsäuren der Zellmembranen, Chlorophyllmoleküle, Carotinoide und andere empfindliche organische Stoffe oxidativ zerstören. Deshalb machen sich Stickstoffdioxidschäden äußerlich als braune Flecken an Blättern und Nadeln bemerkbar. Ein zweiter, wichtiger Angriffspunkt der salpetrigen Säure sind Nucleinsäuren, wo sie Aminogruppen gegen Hydroxylgruppen austauschen. Dadurch wird beispielsweise die Nucleinsäurebase Cytosin zu Uracil umgewandelt und Adenin zu Hypoxanthin. Solche Umwandlungen führen bei der Nucleinsäuresynthese zum Einbau fehlerhafter Basen, d. h., es finden Mutationen statt. Als besonders empfindlich gegenüber Stickoxiden erwiesen sich u. a. Petunien, die man deshalb als Indikatoren für Stickstoffdioxidschädigungen einsetzen kann. Außerdem reagieren Flechten, Algen und Moose sehr empfindlich auf Stickstoffdioxid (HOCK und ELSTNER, 1995; ALLOWAY und AYRES, 1996). Stickoxide beteiligen sich auch an der Bildung des sauren Regens (Abschn. 3.1.4).

Ozon kann bereits in Konzentrationen von 0,05-0,1 mg/m³ erste Pflanzenschäden hervorrufen, wobei eine einstündige Exposition ausreicht. Besonders empfindlich reagieren u. a. Petunien, Tabak, Gartenbohnen und Koniferen sowie Moose und Flechten. Die in Städten und "Reinluftgebieten" normalerweise auftretenden Konzentrationen von 0,03-0,08 mg/m³ liegen etwa im Grenzbereich, in dem mit Pflanzenschäden zu rechnen ist. Wenn dennoch Ozon als sehr ernst zu nehmendes Pflanzengift angesehen werden muß, dann deshalb, weil immer wieder kurzfristig Spitzenwerte von 0,3-0,4 mg/m³ erreicht werden, die stets Schadwirkungen in Gang setzen, auch wenn sie nicht immer äußerlich sofort sichtbar werden.

Ozon oxidiert ungesättigte Fettsäuren und schädigt damit die Zellmembranen. Außerdem werden viele Zellinhaltstoffe mit Kohlenstoffdoppelbindungen oxidativ gespalten. Dadurch werden Chlorophylle und andere Pflanzenfarbstoffe entfärbt. Das starke Oxidationspotential des Ozons hemmt auch die Photosynthese. Ein besonderes Charakteristikum der Ozonwirkung besteht u. a. in der Bildung von Wasserstoffperoxid und von $OH^{\bullet}$-Radikalen. Beide wirken mutagen, wenn sie bis zur DNA vordringen, und machen die aus Cutin bestehende, äußere Schutzschicht der Blätter brüchig und beseitigen damit einen wichtigen Schutzfaktor der Pflanzen gegen die unterschiedlichsten Außeneinflüsse, wie Schadstoffe, infektiöse Pilzsporen und andere mehr. Man spricht deshalb vom Verlust der Strukturresistenz der Pflanzen. Begasungsversuche mit Ozon ergaben ganz erhebliche Ertragsverluste. Wurden beispielsweise Gartenbohnen über 63 Tage hinweg täglich für 2 Stunden einer Ozonkonzentration von 0,3 mg/m³ ausgesetzt, dann nahm das Frischgewicht der ganzen Pflanzen gegenüber den unbehandelten Kontrollen um 33 % ab und das Frischgewicht der Früchte sogar um 46 % (HOCK und ELSTNER, 1995). Ähnliche Wachstumsdepressionen ergaben sich auch bei anderen Pflanzenarten.

Im Unterschied zu Ozon wirkt Schwefeldioxid einmal als Gas und zum anderen indirekt über sauren Regen auf die Pflanzen ein. Die Schädigungsgrenze für Pflanzen variiert je nach Empfindlichkeit der einzelnen Arten zwischen etwa 0,017 und 2 mg/m³. Das in die Blätter eingedrungene Schwefeldioxid bildet mit dem Zellwasser schweflige Säure, die mehrere Enzyme des Photosyntheseapparates hemmen und die wiederum die Zellmembranen schädigen, indem sich Fettsäurehydroperoxide und Fettsäureradikale bilden (HOCK und ELSTNER, 1995). Außerdem werden Chlorophylle und Carotinoide entfärbt. Durch Herauslösen des zentralen Magnesiumatoms entsteht aus dem Chlorophyll Phäophytin. Blätter und Nadeln vergilben deshalb.

Neben der direkten Wirkung auf Blätter stellt Schwefeldioxid die wichtigste Komponente des sauren Regens dar, der als komplexes umweltbelastendes Medium erst später beschrieben wird (Abschn. 3.1.4).

Besonders anfällig für Schwefeldioxid sind verschiedene Flechtenarten. Je nach deren Empfindlichkeit kann man Luftbelastungen mit Schwefeldioxid in Konzentrationen zwischen 0,03 und 0,15 mg/m³ an der Art der geschädigten Flechten erkennen. Beispielsweise tritt die Art *Lecanora conizaeoides* bis zu Schwefeldioxidkonzentrationen von 0,125-0,150 mg/m³ auf, die Art *Parmelia saxatilis* toleriert dagegen nur bis zu 0,07 mg/m³, die Art *Parmelia caparata* erträgt Konzentrationen bis zu 0,04 mg/m³, und die Arten *Lobaria scrobiculata* und

*Usnea articulata* kommen nur in weitgehend schadstoffreier Luft vor (HOCK und ELSTNER, 1995). Obwohl eine sichere Bestimmung der verschiedenen Flechtenarten für den Nichtfachmann schwierig ist, kann man sich auch als Laie der Flechten zumindest insoweit als Indikatororganismen bedienen, als man generell auf Flechtenbewuchs an Baumstämmen, Steinen und Mauerwerk achtet. Finden sich viele Flechten und bilden sie auf dem Untergrund geschlossene Vegetationsflecken, dann ist nicht mit erheblichen Luftbelastungen zu rechnen. Beginnen die ältesten, zentralen Bereiche der Flechtenscheiben zu zerbröckeln und abzusterben, dann zeugt das von mittleren Luftbelastungen. Je stärker die Flechtenflecken zerfallen und je weniger Flechten existieren, desto schlechter wird die Luftqualität. Flechtenfreie Gebiete sollte man als kritisch belastete Bereiche betrachten und langfristige Aufenthalte vermeiden.

Neben Schwefeldioxid hemmen auch Chlorwasserstoff und Fluorwasserstoff die Photosynthese, und zwar durch Hemmung der Chlorophyllbildung (LOUB, 1975; HOCK und ELSTNER, 1995). Fluoridionen scheinen außerdem die sog. Dunkelreaktion der Photosynthese (Hill-Reaktion) zu blockieren. Außerdem greifen Chloridionen in den Wasserhaushalt der Zellen ein und Fluoridionen vor allem in die Atmung. Fluorwasserstoff schädigt die Pflanzen in Konzentrationen von mehr als 0,01 $mg/m^3$, während Chlorwasserstoff erst in Konzentrationen von 1,5-4,5 $mg/m^3$ toxisch wirkt.

Ganz anders verhalten sich die Oxide des Kohlenstoffs gegenüber Pflanzen. Kohlenmonoxid ist für Pflanzen ungiftig. In der Atmosphäre unterliegt Kohlenmonoxid einer Oxidation mit Hilfe von $OH^{\bullet}$-Radikalen zu Kohlendioxid. Im Boden wird Kohlenmonoxid von verschiedenen Mikroorganismen zu Kohlendioxid oxidiert. Damit existieren zwei wichtige Beseitigungsprinzipien für dieses Gas in der Natur. Kohlendioxid ist für die Photosynthese grüner Pflanzen erforderlich. Der Kohlendioxidgehalt der Luft liegt unter dem für die Photosynthese erforderlichen Optimum: Gegenwärtig beträgt der Kohlendioxidgehalt der Atmosphäre etwa 0,035 % (= 350 ppm), während der Photosyntheseapparat der meisten Pflanzen erst bei 0,1 % (= 1000 ppm) seine Sättigung erfährt. Das bedeutet, daß eine Zunahme des Kohlendioxidgehalts der Atmosphäre das Pflanzenwachstum fördert. Deshalb wird in Gewächshäusern häufig der Kohlendioxidgehalt der Luft mittels Gasbrennern künstlich erhöht.

### 2.2.2.4 Wirkungen auf organische Verbindungen

Die durch Menschen freigesetzten Schadgase beeinträchtigen nicht nur Lebewesen, sondern auch unbelebte Stoffe. Der Einfluß von Säuren auf verschiedene Materialien wird im Abschnitt 3.1.1.2 besprochen, weil hierbei mehrere Gase zusammenwirken. Dagegen übt Ozon als Einzelkomponente durch sein hohes Oxidationspotential spezifische Wirkungen auf organische und anorganische Stoffe aus. Organische Verbindungen mit Kohlenstoff-Doppelbindungen, wie Kau-

tschukprodukte, verschiedene Pestizide, ungesättigte Fettsäuren, verschiedene Farb- und Kunststoffe und viele andere mehr, können Ozon an die Doppelbindung addieren (= anlagern). Die so entstehenden Ozonide zerfallen dann, je nach Struktur, zu Aldehyden oder Ketonen. In jedem Fall erfolgt eine Spaltung des ursprünglichen Moleküls. Man bezeichnet diese Spaltung als Ozonolyse (KORTE, 1992). Sind die Doppelbindungen halogeniert, dann werden die Ozonmoleküle wesentlich träger angelagert. In gewissem Umfang kann Ozon auch an gesättigte Kohlenwasserstoffe addiert werden, so daß auch Kunststoffe wie Polyethylen und andere, gesättigte Polymere, die nie völlig frei von ungesättigten Fehlstellen sind, durch die Ozonolyse bedroht werden, denn dadurch büßen sie ihre ursprünglichen Eigenschaften ein, vor allem ihre Festigkeit. Ozon kann auch an Amine und verschiedene Schwefelverbindungen angelagert werden. Farbstoffe wie z. B. Indigo, Chlorophyll und Carotinoide werden entfärbt, und sogar Metallverbindungen werden durch Ozon beeinflußt: Die Metalle gehen dabei in ihre höchste Oxidationsstufe über, also z. B. zweiwertiges Eisen in dreiwertiges.
Neben den direkten Eingriffen von Ozon in die Struktur von Molekülen wird dieses stark oxidierend wirkende Gas zusätzlich über die Bildung von Peroxiden oder Peroxiradikalen wirksam, die ebenso wie Ozon viele organische und anorganische Stoffe oxidieren und damit deren Eigenschaften verändern. Ozon kann also direkt und indirekt eine breite Palette von Materialien in Mitleidenschaft ziehen. Langfristiges Einwirken von Ozon sollte angesichts der außerordentlich vielfältigen Schadwirkungen dieses Gases so weit wie möglich vermieden werden, zumal es außerdem den Strahlungshaushalt der Atmosphäre und damit den Klimaablauf beeinflussen kann (Abschn. 3.1.5).

#### 2.2.2.5 Abgasreinigungsverfahren

Die von Menschen freigesetzten Spurengase und Stäube können erhebliche Schäden in der Umwelt anrichten. Deshalb wäre es angebracht, diese Emissionen drastisch zu reduzieren. Da die Energiegewinnung zu den wichtigsten Emissionsursachen gehört, bieten sich zwei Wege an, um sich diesem Ziel wenigstens zu nähern: Man kann entweder versuchen, die Abgase zu reinigen, oder man muß die Energiegewinnung von der Verbrennung fossiler Brennstoffe auf andere Methoden umstellen. Beide Wege werden auch tatsächlich beschritten, wenn auch mit unterschiedlichem Erfolg.
Die Abgasreinigung konzentriert sich auf Entstaubung, Entschwefelung und Entstickung der Verbrennungsgase. Die wichtigsten Entstaubungsverfahren wurden bereits in Tabelle 2.5 zusammengestellt. Einige Verfahren zur Beseitigung von Schwefeldioxid und Stickoxiden zeigen die Tabellen 2.9-2.11. Bei der Entschwefelung der Abgase stellt sich nicht nur die Frage nach einem möglichst effektiv arbeitenden Verfahren, vielmehr muß das gewählte Verfahren auch mit dem verwendeten Brennstoff harmonieren. Beispielsweise kann man mittels des

Tabelle 2.9 Die wichtigsten technischen Verfahren zur Abscheidung von Schwefeldioxid aus Verbrennungsgasen

| Verfahren | Reaktant | Reaktionsprodukt | Verwertung |
|---|---|---|---|
| Walther-Verfahren | Ammoniak | Ammonsulfat | Düngemittel oder Deponierung |
| Claus-Verfahren | Schwefel-wasserstoff | Schwefel | Grundstoff für Synthesen |
| Knauff-Research-Cottrell-Verfahren | Kalkmilch | Gips | Baustoff oder Deponierung |
| Trockenadditiv-Verfahren | Kalkstaub oder gebrannter Kalk | Gips | Deponierung wegen Verunreinigungen |
| Wirbelschicht-feuerung | Kalkstaub; Verbrennung im Wirbelbett | Gips | Deponierung wegen Verunreinigungen |
| Bergbau-Forschungs-Verfahren | Aktivkoks | Freisetzung von Schwefeldioxid durch Erwärmen | Schwefeldioxid für Synthesen |
| Degussa-Verfahren | Wasserstoff-peroxid | Schwefelsäure | Syntheseprozesse |
| Wellmann-Lord-Verfahren | Sulfitlösung | Bisulfit | Rückgewinnung von Schwefeldioxid zur Schwefelsäure-herstellung |

Wellmann-Lord-Verfahrens auch Halogene (aus salzreicher Kohle) und Schwermetalle aus den Abgasen entfernen. Schließlich stellt das stets in großen Mengen anfallende Schwefeldioxid ein Problem dar, weil es möglichst ohne Belastung der Umwelt beseitigt werden muß. Einige Entschwefelungsverfahren liefern als Endprodukt Gips (Trockenadditivverfahren, Wirbelschichtfeuerung), der oft deponiert werden muß, weil er mit Aschepartikeln verunreinigt ist. Lediglich beim Knauff-Research-Cottrell-Verfahren ist es möglich, reinen Gips als Baustoff zu

Tabelle 2.10 Einige wichtige Verfahren zur Beseitigung von Stickoxiden aus Abgasen. Dabei entstehen keine verwertbaren Endprodukte

| Verfahren | Prinzip der Stickoxid-Minderung | Bemerkungen |
|---|---|---|
| Stufenbrenner | gestufte Zufuhr der Verbrennungsluft | Verminderung der Entstehung von Stickoxiden |
| Brennstoffstufung | Nach der Hauptbrennkammer Zweitzugabe von Brennstoff in sauerstoffarmem Brennermilieu | Reduktion von Stickstoffmonoxid zu Stickstoff |
| SNCR-Verfahren | Verbrennungstemperatur bei 900 °C, Zugabe von Ammoniak, Harnstoff oder ähnlichem in Brennkammer | Reduktion von Stickoxiden zu Stickstoff und Wasser |
| SCR-Verfahren | Katalytische Umsetzung von Ammoniak und Stickoxiden bei Temperaturen >320 °C | Bildung von Stickstoff und Wasser |

gewinnen. Das Walther-Verfahren liefert nur dann als Düngemittel verwertbares Ammonsulfat, wenn es nicht zu stark mit Schwermetallspuren belastet ist. Aber auch für genügend reines Ammonsulfat ist der Absatzmarkt begrenzt, weil dieses Düngemittel sauer reagiert und nur bei ausreichend hohem Pufferungsvermögen des Bodens eingesetzt werden kann. Der beim Clauss-Verfahren anfallende, elementare Schwefel kann gut für diverse Syntheseprozesse eingesetzt werden. Beim Wellmann-Lord-Verfahren und beim Bergbau-Forschungsverfahren entsteht auf unterschiedlichen Wegen Schwefeldioxid, das man zur Schwefelsäuregewinnung weiterverwenden kann, während das Degussa-Verfahren direkt reine Schwefelsäure liefert. Für diese Säure besteht in der Industrie stets genügend Bedarf. Hinsichtlich der Endprodukte bei der Abgasreinigung erweisen sich die Entstikkungsverfahren als unproblematisch, weil bei der Stickoxidbeseitigung meist elementarer Stickstoff entsteht. Hier besteht das technische Problem darin, den Stickoxidausstoß so gering wie möglich zu halten.
In der Regel sind in Abgasen mehrere Schadstoffkomponenten enthalten. Deshalb bemüht man sich auch um die Entwicklung von Verfahren zur Beseitigung

Tabelle 2.11 Technische Verfahren zur gleichzeitigen Verminderung von Schwefeldioxid und Stickoxiden im Abgas bzw. zur gleichzeitigen Reduktion von Stickoxiden und Oxidation von Kohlenmonoxid und Kohlenwasserstoffen

| Verfahren | Wirkungsprinzip | Bemerkungen |
|---|---|---|
| Wirbelschichtfeuerung | Schwefeldioxidbindung durch Kalkstaub, Minderung der Stickoxidbildung durch Verbrennung bei 800 °C im Wirbelbett | Gips, nur deponierbar |
| Aktivkoks-Verfahren | 1. Aktivkoks-Stufe: Bindung von Schwefeldioxid<br>2. Aktivkoks-Stufe: Bei 80-150 °C reduziert Koks Stickoxide zu Stickstoff und Wasser | Schwefeldioxid-Rückgewinnung für Schwefelsäure-Herstellung |
| DESONOX-Verfahren | 1. Heißgaselektrofilter bei 350-450 °C<br>2. Katalytische Stickoxid-reduktion mit Ammoniak<br>3. Aktivkoks bindet Schwefel-dioxid | Schwefeldioxid-Rückgewinnung für Schwefelsäure-Herstellung |
| Drei-Wege-Katalysator mit Lambdasonden-regelung | Edelmetall-Mischkatalysator aus Platin und Rhodium reduziert Stickoxide zu Stickstoff und oxidiert Kohlenmonoxid und Kohlenwasserstoffe zu Kohlendioxid | Bildung von Stickstoff, Wasser und Kohlendioxid |

mehrerer Schadstoffe. Dabei kann man nach verschiedenen Reinigungsprinzipien vorgehen, wie folgende Beispiele zeigen. Die Wirbelschichtfeuerung stellt eine spezielle Form des Trockenadditivverfahrens dar, das durch seine besondere Art der Verbrennungssteuerung im Wirbelbett (in die Brennkammer wird von unten vorgewärmte Luft eingeblasen, um das Verbrennungsgemisch in der Schwebe zu halten) bei etwa 800 °C weniger Stickoxide entstehen läßt, als bei Verbrennungstemperaturen von mehr als 1000-1200 °C. Das Aktivkoksverfahren geht auf das Bergbau-Forschungsverfahren zurück, dem nach der Schwefeldioxidadsorption eine 2. Aktivkoksstufe zur Reduktion der Stickoxide angeschlossen wird. Stärker modifiziert präsentiert sich das DESONOX-Verfahren, bei dem sich an einem bei hoher Temperatur betriebenem Elektrofilter zur Abgasentstaubung eine katalytische Stickoxidumsetzung mit Ammoniak zu Stickstoff anschließt. Erst zum Schluß wird bei diesem Verfahren Schwefeldioxid an Aktivkoks adsorbiert (FRANKE, 1987; HILDEBRAND, 1991).

Eine Sonderstellung nimmt der Drei-Wege-Katalysator zur Reinigung von Kraftfahrzeugabgasen ein, wobei ein Mischkatalysator aus Platin und Rhodium gleichzeitig Stickoxide reduziert und Kohlenmonoxid sowie Kohlenwasserstoffe oxidiert. Dabei sollen Stickstoff, Wasser und Kohlendioxid entstehen. Um diese Umsetzungen möglichst optimal ablaufen zu lassen, bedarf es einer wohl dosierten Zufuhr von Luftsauerstoff zum Kraftstoff, damit das Verbrennungsgemisch die angestrebte Umsetzung ermöglicht. Mit Hilfe einer sog. Lambda-Sonde muß deshalb ständig der Sauerstoffgehalt im Verbrennungsgemisch gemessen werden, um die Sauerstoffzufuhr zum Verbrennungsgemisch kontinuierlich anpassen zu können. Das optimale Luft-Kraftstoff-Verhältnis (Lambda-Wert) muß außerordentlich genau eingehalten werden, nämlich zwischen 0,98 und 1,02, dem sog. Lambda-Fenster. Für eine optimale Umsetzung muß der Katalysator eine Betriebstemperatur von etwa 400-600 °C erreicht haben. Bei Temperaturen von weniger als 300 °C laufen die Umsetzungen nur sehr unvollständig ab, und oberhalb von 800 °C leidet die Katalysatorstruktur (HEINTZ und REINHARDT, 1990).

Die zweifellos großen Fortschritte, die man bei der Entgiftung von Abgasen erzielt hat, könnten den Eindruck erwecken, daß das Abgasproblem zumindest auf technischem Gebiet weitgehend gelöst ist. Dennoch werden Reste von Schadgasen weiterhin emittiert, und mit zunehmender Zahl von Emittenten kann der technische Fortschritt der Abgasreinigung wieder aufgebraucht werden. Diesem Problem steht man z. B. im Bereich der Kraftfahrzeugemissionen gegenüber, wo die Anzahl zugelassener Fahrzeuge ständig zunimmt. Daneben blieb bisher das Problem des Kohlendioxids in den Abgasen völlig ungelöst.

Kohlendioxid wird nicht nur bei der Verbrennung organischer Materialien freigesetzt, sondern auch bei der Atmung von Organismen und bei der Gärung. Das von den Lebewesen freigesetzte Kohlendioxid steht im Gleichgewicht mit der Kohlendioxidbindung durch die Photosynthese grüner Pflanzen. Doch das bei Verbrennungsprozessen zusätzlich freigesetzte Kohlendioxid reichert sich zumindest zum Teil in der Atmosphäre an und geht nicht in den Kohlenstoffkreislauf der Lebewesen ein. Deshalb nimmt der Kohlendioxidgehalt der Atmosphäre seit einigen Jahrzehnten ständig zu, wie im Abschnitt 3.1.5 noch näher besprochen wird. Technische Möglichkeiten zur wirtschaftlichen Beseitigung des Kohlendioxids sind derzeit noch nicht praktikabel. Alle bisher bekannten Möglichkeiten der dauerhaften Kohlendioxidbindung gestalten sich so teuer, daß sie großtechnisch nicht anwendbar sind. Deshalb kann eine Verminderung des Kohlendioxidgehalts der Luft nur durch Einschränkung oder Verzicht auf Energiegewinnung und Energieverbrauch erzielt werden, wofür viele Möglichkeiten existieren, die jedoch nicht voll ausgeschöpft werden, teil aus Gedankenlosigkeit, teils um dadurch nicht den gegenwärtigen Absatzmarkt für fossile Energieträger zu schmälern. Einige Beispiele sollen diesen Problemkreis näher beleuchten. Man könnte die zur Zeit gebräuchlichen Bereitschaftsschaltungen (stand by) vieler Elektrogeräte problemlos abschaffen. Nach vorsichtigen Schätzungen werden in Deutschland jährlich ca. 16 Mrd Kilowattstunden allein durch Bereitschaftsschaltungen verbraucht. Weniger vorsichtige Schätzungen gehen sogar von 32 Mrd Kilowattstunden jährlich aus. Technische Argumente zur Notwendigkeit solcher "Bequemlichkeitsschaltungen" sollte man nicht ernst nehmen, denn sie sind so wenig notwendig wie ein Warmlaufen von Kraftfahrzeugmotoren im Leerlauf.

Die Wärmedämmung der Häuser könnte noch erheblich verbessert werden, wenn man schwedische Standards auch in Deutschland und in anderen Ländern anwenden würde. Auch Altbauten sollten diesen Standards im Laufe der Zeit angenähert werden.

Kraftwerke sollte man in Kraft-Wärme-Koppelung betreiben. Normalerweise werden bei einem konventionellen Kraftwerk durchschnittlich 37 % der eingesetzten Primärenergie zur Stromerzeugung genutzt. Der Rest von 63 % geht als Abwärme und für den Eigenbedarf des Kraftwerks verloren. Gewinnt man die unvermeidliche Abwärme auf einem höheren Energieniveau, etwa bei 100 °C, dann kann man sie zu Fernwärmezwecken nutzen. Der Wirkungsgrad des Kraftwerks bezüglich der Stromerzeugung geht dann auf etwa 25 % der eingesetzten Primärenergie zurück, doch zusammen mit der zu Heizungszwecken genutzten Abwärme steigt der Gesamtwirkungsgrad des Kraftwerks auf 90 % und mehr. Die notwendigen Fernheizungsrohre erfordern zunächst eine erhebliche Kapitalinvestition, die sich jedoch mit der Zeit bezahlt macht.

Kraftfahrzeugmotoren sollten bei Personenkraftwagen nicht mehr als etwa 3-4 l Benzin auf 100 km verbrauchen. Daß dabei die Leistung gegenüber den heute üblichen Motoren sinkt, ist selbstverständlich. Durch eine angemessene, generelle Geschwindigkeitsbeschränkung könnte man jedoch die Akzeptanz der Sparmotoren beim Käufer entscheidend erhöhen. Gleichzeitig sollte der Güterfernverkehr, auch derjenige der Post, generell von der Straße auf die Schiene verlegt werden, weil hier der Transport energetisch günstiger, d. h. sparsamer abgewickelt werden kann.

Durch strukturelle Maßnahmen könnte man die verhängnisvolle Tendenz der vergangenen Jahrzehnte des Pendlerwesens auffangen d. h., man sollte dafür sorgen, daß Wohnungen und Arbeitsstätten nicht mehr räumlich weit getrennt liegen, so daß die Fahrten zum Arbeitsplatz mit dem eigenen PKW kürzer werden und zum Teil ganz entfallen können.

Hausgeräte und Beleuchtungen sollten auf ihren Stromverbrauch hin optimiert werden. Mit Verbrauchsgütern, die unter hohem Energieaufwand hergestellt werden müssen, sollte besonders sparsam umgegangen werden, wie etwa mit Gerätschaften aus Aluminium und aus Kunststoffen, denn diese Artikel sind heute nur deshalb so billig, weil die Herstellungsenergie billig angeboten wird. Billige Energie verführt jedoch zu üppigem Verbrauch und damit zu hoher Umweltbelastung. Der Energieverbrauch müßte deshalb auf jedem Artikel vermerkt sein, etwa so, wie es heute mitunter bei den chemischen Inhaltsstoffen üblich ist. Noch wichtiger wäre allerdings ein Energiepreis, der dem Umfang der Umweltbelastungen angemessen ist.

Schließlich sollte durch intensive Aufklärung der Bevölkerung jeder einzelne Verbraucher zu bewußt sparsamem Umgang mit Energie in jeder Form angeregt werden.

Neben Sparmaßnahmen bietet sich noch die Möglichkeit, Energie anders als mit Hilfe fossiler Brennstoffe zu gewinnen. Einen Weg in diese Richtung schienen Kernkraftwerke zu weisen, aber radioaktive Abfälle und die ungeklärte Frage der Beseitigung dieser Abfälle sowie gewisse Risiken beim Betrieb dieser Kraftwerke ließen diese Form der Energiegewinnung nicht unumstritten bleiben (s. Abschn. 2.2.7). Technisch nutzbare Wasserkraft ist auf der Erde nur begrenzt vorhanden und kann den Energiehunger der Menschen nicht entfernt befriedigen. Windenergie steht theoretisch in ausreichendem Maße zur Verfügung, doch ist sie erst von einer bestimmten Windgeschwindigkeit an technisch nutzbar. Außerdem ist die technisch nutzbare Windenergie nicht gleichförmig über die Erde verteilt, sondern sie konzentriert sich auf küstennahe Regionen und auf Berglagen. Vertikal-Windkraftwerke, wie man sie in warmen Gegenden mit Hilfe sonnenerwärmter Bodenluft betreiben kann, wurden bislang nicht intensiv genug weiterentwickelt. So blieb bisher die Nutzung der Windenergie im bescheidenen Rahmen stecken.

Sonnenstrahlen liefern weltweit ausreichend Energie, die sowohl solarthermisch als auch photovoltaisch genutzt werden kann. Die relativ großflächigen Sonnenkollektoren (35-80 $m^2$/KW) machen den Bau von Großkraftwerken praktisch unmöglich. Realistischer ist dagegen die Einrichtung kleiner Sonnenkollektoren auf Hausdächern. Diese Energiequelle könnte noch erheblich intensiver genutzt werden, als es gegenwärtig der Fall ist. Die Nutzung von Sonnenenergie als Antriebsmittel für Kraftfahrzeuge erscheint derzeit nicht realistisch. Dagegen könnte durch sonnenbetriebene Wasserspaltung zur Gewinnung von Wasserstoff als Brennmittel ein universell einsetzbarer Energielieferant gewonnen werden, der weder Schwefeldioxid noch Kohlendioxid freisetzt, wohl aber Stickoxide bei hohen Verbrennungstemperaturen. Doch abgesehen davon, daß eine photochemische Wasserspaltung noch nicht großtechnisch möglich ist, kann Wasserstoff gegenwärtig noch nicht so unproblematisch gehandhabt werden wie Benzin und Dieselöl.

Wenn ein universeller Ersatz fossiler Brennstoffe trotz erfolgversprechender Ansätze erst mittelfristig zu erwarten ist, bleibt gegenwärtig als wichtigstes Mittel gegen Kohlendioxidemissionen nur der sparsame Umgang mit Energie übrig, die vor allem technische Einrichtung zu größerer Effizienz der Energieerzeugung und des Energieverbrauchs erfordern. Daneben sollten schon jetzt alle verfügbaren Möglichkeiten genutzt werden, die den Ersatz fossiler Brennstoffe durch Solartechnik und andere, die Umwelt wenig belastende Techniken ermöglichen.

### 2.2.3 Halogenkohlenwasserstoffe

Im Unterschied zu den Schadgasen, die unbeabsichtigt, aber zwangsläufig bei der Energiegewinnung und bei verschiedenen Produktionsprozessen in die Atmosphäre gelangen, werden viele Stoffe gezielt hergestellt, um sie praktisch einsetzen zu können. Sowohl bei der Herstellung als auch bei deren täglichem Gebrauch haben sich viele halogenierte, meist chlorierte, Kohlenwasserstoffe bewährt, so etwa als Lösemittel, als Zwischenprodukte für die Kunststoffherstellung, als Pflanzenschutz- und Schädlingsbekämpfungsmittel, als Weichmacher für Kunststoffe, als synthetische Maschinenöle, Flammschutzmittel und vieles andere mehr. Außer durch gute technische Eigenschaften fallen solche Stoffe häufig durch lange Lebensdauer und gute Widerstandsfähigkeit gegenüber Umwelteinflüssen auf. Ein Musterbeispiel dafür bildet Polyvinylchlorid (PVC), das als Isolationsmaterial ebenso bekannt ist, wie als besonders strapazierfähiger Werkstoff. Doch trotz vieler, höchst erwünschter Eigenschaften, sind gerade Halogenkohlenwasserstoffe wachsender Kritik ausgesetzt, weil sich toxische Nebenwirkungen, und bei flüchtigen Stoffen sogar negative Auswirkungen auf die Erdatmosphäre, bemerkbar machten. Einige wichtige Stoffgruppen halogenierter Kohlenwasserstoffe sollen deshalb etwas näher betrachtet werden.

Einige organische Bromverbindungen spielen eine Rolle als sog. Bodenentseuchungs- oder Bodendesinfektionsmittel. Dabei handelt es sich um chemische Bekämpfungsmittel, die Insekten, Würmer, Algen, Pilze und andere Kleinlebewesen im Boden beseitigen sollen. Solche Mittel, die häufig Methylbromid enthalten, gelöst in einem geeigneten Lösemittel, werden nach der Ernte oder vor der Neuaussaat direkt auf den Boden aufgesprüht. Das Methylbromid verdampft leicht aus dem Anwendungsmittel und gelangt so in die Luft. Für den Menschen akut toxisch wirkende Konzentrationen werden dabei in der Regel nicht erreicht. Der MAK-Wert für diese Substanz liegt bei 20 $mg/m^3$. Beim unmittelbaren Umgang mit dieser Substanz ist jedoch Vorsicht geboten, weil sie als cancerogenverdächtig eingestuft ist. Ein ganz anderer Wirkungsbereich besteht darin, daß Methylbromid in die Stratosphäre einwandert und sich dort am Abbau des Ozongürtels beteiligt (Abschn. 3.1.6), auch wenn der anthropogene Anteil an Methylbromid in der Atmosphäre kleiner ausfällt, als derjenige, der in den Ozeanen durch die Tätigkeit von Algen freigesetzt wird und schließlich in die Atmosphäre gelangt. Einen weiteren, wichtigen Anwendungsbereich bromhaltiger, organischer Verbindungen stellen Flammschutzmittel dar, zu denen u. a. Stoffe gehören, wie polybromierte Phenole und Biphenyle. Entsteht trotz der Anwendung von Flammschutzmitteln ein Brand, dann können sich bromierte Dioxine und Furane bilden, die man für ähnlich toxisch hält, wie chlorierte Dioxine und Furane. Bedingt durch das weite Anwendungsgebiet bromierter Verbindungen können solche Stoffe auch im Abfall und im Abwasser auftreten, wenn auch in außerordentlich geringen Konzentrationen. Trotzdem sollte man bromhaltige, organische Verbindungen sehr sorgfältig beobachten, weil sie das Zentralnervensystem beeinflussen können, voraus-

gesetzt, sie wurden vom Körper resorbiert und können dort bis in das Zentralnervensystem vordringen. Prinzipiell sind die Wirkungen bromierter Verbindungen von verschiedenen, bromhaltigen Arzneimitteln gut bekannt (FORTH et al., 1987). Wenig gut bekannt ist dagegen der Bromstoffwechsel im Organismus, so daß präzise Vorhersagen über die Metabolisierung von Bromverbindungen im Körper nicht möglich sind.
Demgegenüber kennt man das Verhalten chlorhaltiger Verbindungen im Organismus in vielen Fällen wesentlich besser. Vom Körper resorbierte, chlorhaltige, organische Verbindungen können in der Leber enzymatisch Chlor abspalten und dadurch ein sehr reaktionsfreudiges, organisches Radikal bilden, das zu einer Vielzahl weiterer Reaktionen befähigt ist. Beispielsweise können solche Radikale Fettsäuren der Zellmembranen zerstören. Solche Defekte führen zu Störungen des Stoffwechsels der betroffenen Zellen, im Extremfall sogar zum Zelltod. Besitzen die resorbierten, chlorhaltigen Verbindungen Kohlenstoff-Doppelbindungen, dann können in der Leber oftmals sog. Epoxide gebildet werden, wie am Beispiel des Trichlorethens gezeigt wird (Gl. 2.4). Diese können entweder selber toxisch wir-

Gl. 2.4 $$\mathrm{Cl_2C{=}CClH} \xrightarrow{\text{Mono-oxigenase}} \mathrm{Cl_2C\overset{O}{\frown}CClH} \longrightarrow \mathrm{Cl_3C{-}CHO}$$

ken, oder sie werden zu cancerogenen Verbindungen umgewandelt. Der in Gl. 2.4 entstehende Trichloracetaldehyd kann mit DNA-Basen reagieren und dabei mutagene oder pro-mutagene Verbindungen bilden (FORTH et al., 1987).
Zu den einfach gebauten Chlorkohlenwasserstoffen, den Chloralkanen und den Chloralkenen gehören vor allem eine Reihe wichtiger Löse-, Entfettungs- und Reinigungsmittel, wie beispielsweise Tetrachlorethen, Trichlorethan, Trichlorethen, Dichlormethan und einige Zwischenprodukte für weitere Synthesen, wie beispielsweise das oben erwähnte Vinylchlorid. Da die Lösemittel relativ leicht verdampfen, gelangen sie in die Atmosphäre. Von dort können sie, feinst verteilt, mit Niederschlägen in den Boden gelangen und gegebenenfalls das Grundwasser belasten. Wie lange die Chloralkane und Chloralkene in der Umwelt erhalten bleiben, hängt nicht nur von deren chemischer Struktur, sondern auch von den herrschenden Umweltbedingungen ab. In der Regel werden diese Stoffe unter aeroben Bedingungen, d. h. unter Zutritt von Luftsauerstoff, sehr viel langsamer abgebaut als unter anaeroben Bedingungen, wie es beispielsweise im schwarz gefärbten Schlamm am Grunde von stehenden Gewässern der Fall ist. Ein Beispiel für extreme Langlebigkeit von niedermolekularen Chlorkohlenwasserstoffen liefert Tetrachlormethan, dessen Lebensdauer in der Atmosphäre auf 60-100 Jahre geschätzt wird. Demgegenüber wird dieser Stoff im (anaeroben) Faulschlamm stehender Gewässer bereits innerhalb von 14-16 Tagen durch Mikroorganismen enzymatisch umgewandelt. Der vollständige Abbau dieser Stoffe dauert allerdings auch unter anaeroben Bedingungen wesentlich länger. In aller Regel bezeichnet man die Zeitspanne bis zum Verschwinden des Ausgangsstoffes, d. h. dessen che-

mische Umwandlung zu einem anderen Stoff, als dessen Lebensdauer oder Persistenz. Für Tetrachlormethan würde das beispielsweise bedeuten, seine Lebensdauer entspricht dem Zeitraum bis zu dessen Umwandlung zu Chloroform. Die Dauer bis zum vollständigen Abbau des Kohlenstoffgerüsts zu Kohlendioxid und Wasser gibt man stets separat an, sofern dazu Untersuchungen vorliegen. Weiterhin sollten den Angaben über den Abbau eines Stoffes Angaben zu den Abbaubedingungen beigefügt werden, wie etwa aerob oder anaerob und Licht oder Dunkelheit (RIPPEN, 1987).

Chloralkane und Chloralkene können über die Atemluft, aber ebenso mit dem Trinkwasser oder mit Nahrungsmitteln, vom Menschen aufgenommen werden. Wegen ihrer guten Fettlöslichkeit treten die inkorporierten Stoffe rasch durch die Zellmembranen in die Blutbahn ein. Entsprechend ihrer dominierenden physiologischen Wirkungsweise kann man Stoffe mit hoher Lebertoxizität (z. B. Tetrachlormethan, 1,2-Dichlorethan, 1,1,2,2-Tetrachlorethan) und solche mit starker narkotischer Wirkung (z. B. Trichlorethen, Tetrachlorethen (Per), Dichlormethan) unterscheiden. Die starken Lebergifte schädigen auch die Nieren. Schwere Vergiftungen mit diesen Stoffen verlaufen sogar letal. Die stärker narkotisch wirkenden Stoffe verursachen außerdem meist Herzrhythmusstörungen. Auch diese Stoffgruppe kann tödlich verlaufende Vergiftungen auslösen (FORTH et al., 1990). Für Tetrachlorethen wurde eine cancerogene Wirkung nachgewiesen (HEINTZ und REINHARDT, 1990). Akute Vergiftungen können nur bei engem Kontakt mit diesen Stoffen, beispielsweise am Arbeitsplatz, auftreten. Abseits der Arbeitsplätze haben sich diese Stoffe so weit verdünnt, daß akute Vergiftungen nicht mehr auftreten können. Dennoch bedeutet das nicht, daß damit alle Gefahren abgewendet sind. Über mögliche Vergiftungen durch langfristig einwirkende Chloralkane und Chloralkene in geringen Konzentrationen liegen zwar keine gesicherten Erkenntnisse vor, dafür weiß man aber, daß sich diese langlebigen, fettlöslichen Stoffe im Fettgewebe von Tieren und Pflanzen anreichern und in Nahrungs- oder Freßketten weitergegeben werden, so daß in den Endgliedern weitaus höhere Konzentrationen erreicht werden, als sie zunächst in der Umwelt auftreten. Auf diese Weise kann eine Vielzahl von Lebewesen in der Natur geschädigt werden, wozu auch Mikroorganismen im Wasser und im Boden gehören. Deshalb gilt für diese Stoffe nach den Richtlinien der Europäischen Gemeinschaft (EG) ein Grenzwert von nur 1 µg pro Liter Wasser. Für Tetrachlormethan gilt in der Luft ein MAK-Wert von 65 $mg/m^3$.

Eine andere Gruppe von Chlorkohlenwasserstoffen stellen die polychlorierten Biphenyle (PCB) dar (Abb. 2.10). Diese Stoffe verwendete man zur Herstellung

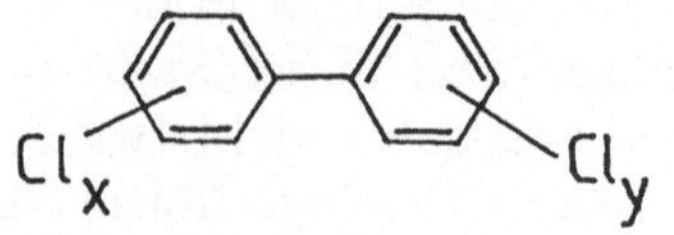

$Cl_x$ $Cl_y$

Abb. 2.10 Allgemeine Struktur von polychlorierten Biphenylen

von Getriebeölen, Sperrflüssigkeiten, Flammschutzmitteln, Weichmachern für Kunststoffe und für Kühlmittel. Im Unterschied zu den Chloralkanen und Chloralkenen zeichnen sie sich durch hohe Siedepunkte aus und lösen sich praktisch nicht in Wasser. Eine Gemeinsamkeit mit der vorherigen Gruppe bildet die hohe Persistenz in der Umwelt, die ebenfalls bis zu 100 Jahre betragen kann. Mit sinkendem Chlorgehalt dieser Verbindungen nehmen deren Lebensdauer und deren Giftigkeit ab. Wegen ihrer guten Fettlöslichkeit werden die Biphenyle bevorzugt in den Fettdepots der Lebewesen gespeichert und über Nahrungsketten weitergegeben und konzentriert. Vergiftungen sind charakterisiert durch schwer oder gar nicht heilende Hautausschläge, Leber- und Nierenfunktionsstörungen sowie Nervenschäden. Im Tierversuch erwiesen sie sich auch als krebserregend (FORTH et al., 1990). In Deutschland werden diese Stoffe zwar seit mehr als einem Jahrzehnt nicht mehr hergestellt, doch deren hohe Persistenz macht sie noch lange zum Umweltproblem.

Im Zusammenhang mit Chlorkohlenwasserstoffen muß auch Polyvinylchlorid (PVC) erwähnt werden, obwohl so ein hoch polymerer Stoff gar nicht vom Körper resorbiert werden kann. Giftig, sogar cancerogen wirkt aber das Monomer Vinylchlorid, aus dem PVC gewonnen wird. Spuren des Monomers finden sich meist auch im fertigen Polymer. Wird Vinylchlorid in den Körper aufgenommen und resorbiert, dann unterliegt es in der Leber einer enzymatischen Oxidation (Gl. 2.5).

Gl. 2.5 $$H_2C=CHCl \xrightarrow{\text{Oxigenase}} H_2C\overset{O}{—}CHCl$$

Das dabei entstehende Epoxid wird in den Zellen spontan, d. h. ohne Mitwirkung von Enzymen, zu einem Aldehyd umgelagert, der mit Nucleinsäurebasen reagieren kann. Damit findet eine Mutation statt, die man auch als Anstoß zur Krebsbildung ansieht. Wegen dieser indirekten, cancerogenen Wirkung (= procancerogene Wirkung) sollte man Vinylchlorid und PVC weitgehend aus dem Lebensbereich der Menschen fernhalten. In der Praxis beschreitet man jedoch einen anderen Weg: Durch sorgfältige Reinigung des Polymerisats versucht man, die Reste des Monomers Vinylchlorid auf winzige Spuren zu reduzieren, so daß der Benutzer von PVC-Produkten ein möglichst geringes gesundheitliches Risiko eingeht.

Zur Gruppe der Chlorkohlenwasserstoffe gehören u. a. verschiedene Insektizide und Fluor-Chlor-Kohlenwasserstofe (FCKW). Insektizide werden im Abschnitt 2.2.5 und FCKWs im Abschnitt 3.1.5 besprochen, so daß sich eine Erörterung an dieser Stelle erübrigt. Dagegen muß auf Dibenzodioxine und Dibenzofurane kurz eingegangen werden, obwohl man nicht beabsichtigt, diese Stoffe herzustellen. Sie entstehen vielmehr unbeabsichtigt bei der Verbrennung organischer Materialien in Gegenwart eines Chlor-Spenders und von Kupfer als Katalysator. Auch bei der Synthese bestimmter organischer Stoffe, wie etwa Hexachlorophen, ein bakterizid wirkender Stoff, oder von 2,4,5-Trichlorphenoxiessigsäure, ein Herbizid, können bei nicht sorgfältig eingehaltenen Reaktionsbedingungen diese giftigen Produkte als Verunreinigungen entstehen (Abb. 2.11). Eine breite Öffent-

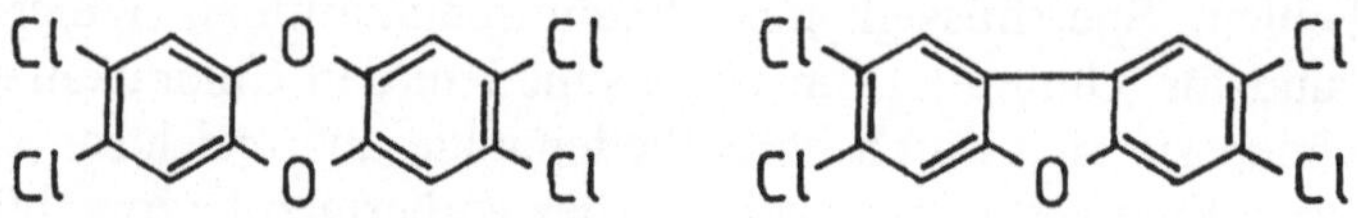

Abb. 2.11 Struktur von 2,3,7,8-Tetrachlordibenzodioxin (links) und 2,3,7,8-Tetrachlordibenzofuran (rechts)

lichkeit wurde im Jahr 1976 auf 2,3,7,8-Tetrachlordibenzodioxin (TCDD) als sog. Gift von Seveso aufmerksam, als dieser Stoff infolge einer fehlgesteuerten Synthese aus einer chemischen Fabrik in der Nähe von Mailand freigesetzt wurde. Neben TCDD kennt man weitere Dibenzodioxine und Dibenzofurane mit unterschiedlichen Halogenierungsmustern. Die Leitsubstanz 2,3,7,8-TCDD erwies sich als die am stärksten giftig wirkende Komponente dieser Stoffklassen. Sie erhielt deshalb den Toxizitätsfaktor 1, während den anderen Verbindungen experimentell ermittelte Toxizitätsfaktoren von weniger als 1 zukommen. TCDD gehört zu den lipophilen Stoffen, die in die Fettgewebe der Lebewesen einwandern und über Nahrungsketten angereichert werden. Für besonders bedenklich hält man die Tatsache, daß diese Stoffe u. a. in die Muttermilch eintreten und damit Säuglinge als Endglieder einer Nahrungskette gefährden. Die noch duldbare tägliche Aufnahme von 1 ppt (parts per trillion) wird zwar in Deutschland meist unterschritten, in einigen Fällen wurde sie jedoch erreicht (RIPPEN, 1987). Die ausgeprägte Fettlöslichkeit, verbunden mit der hohen Stabilität im Stoffwechsel bewirkt, daß diese Stoffe kaum mit dem Urin ausgeschieden werden.

Dibenzodioxine und Dibenzofurane verursachen ein breites Spektrum an Gesundheitsschäden. Dazu gehören u. a. schwer heilende Hautausschläge (Chlorakne), Ödeme, Haarausfall, Leberfunktionsstörungen und eine Inaktivierung des Immunsystems. An Feten können Mißbildungen auftreten, wie Störungen der Skelettbildung, Nierenschäden und Gaumenspalten. Außerdem wurde im Tierversuch Krebsbildung nachgewiesen (RIPPEN, 1987). TCDD gehört damit zweifellos zu den am stärksten toxisch wirkenden Stoffen, die infolge der Tätigkeit von Menschen entstehen. Für erwachsene Personen hat man eine noch duldbare, tägliche Aufnahme von 0,006 pg/kg festgelegt (BEYER und EIS, 1996). Ob dieser Grenzwert angesichts der extremen Giftigkeit dieses Stoffes beibehalten werden kann, bleibt abzuwarten.

### 2.2.4 Mutagene und cancerogene Stoffe

Mit TCDD und einigen PCBs wurden bereits Stoffe vorgestellt, die neben einer akuten Toxizität auch mutagen und cancerogen wirken. Zwar gibt es eine ganze Reihe natürlich vorkommender Stoffe, die mutagen und cancerogen wirken, aber seit Ende der 50er Jahre hat die Anzahl mutagener Stoffe in der Arbeitswelt laut

MAK-Liste nahezu exponentiell zugenommen. Dieser alarmierende Trend macht die Entwicklung geeigneter Mutagenitätstests erforderlich.
Das am häufigsten angewendete Testverfahren ist der sog. Ames-Test, der darauf beruht, daß ein Histidin-bedürftiger Bakterienstamm von *Salmonella thyphimurium* mit dem zu prüfenden Stoff behandelt wird. Treten dann in mehr als zufälliger Häufigkeit Rückmutationen auf, die die Zellen unabhängig von einer Histidin-Zufuhr machen, dann geht man davon aus, daß eine mutagene Substanz vorliegt. Der Ames-Test funktioniert allerdings nicht absolut fehlerfrei. Ein gewisser Prozentsatz (ca. 15 %) der mutagenen Stoffe wird als *nicht* mutagen angezeigt (FORTH et al., 1990).
Mutationen bestehen nicht nur in der Veränderung eines Gens (z. B. Histidin-Abhängigkeit), sie können auch in Veränderungen größerer DNA-Segmente, im Umbau von Chromosomenstrukturen und in einer Veränderung der Chromosomenzahl bestehen. Um solche Veränderungen aufspüren zu können, sind weitere Tests erforderlich. Hinzu kommt die Schwierigkeit, daß ein Stoff, der bei einer bestimmten Art mutagen wirkt, keinesfalls bei allen Lebewesen den gleichen Effekt entfalten muß. Zu den vielen, weiteren Testverfahren, die neben dem Ames-Test existieren, gehört ein Verfahren, mit dessen Hilfe Chromosomen spezifisch angefärbt werden, so daß man im Mikroskop Chromatidenstrangbrüche, Anomalien der Chromosomenpaarung oder Änderungen der Chromosomenzahlen erkennen kann. Gerade in bezug auf eine mögliche Mutagenität beim Menschen kommt man letztlich nicht um Untersuchungen an Chromosomen herum. Solche Untersuchungen werden häufig an Blutzellkulturen im Reagenzglas durchgeführt. Allerletzte Sicherheit gewährt jedoch auch dieser Test nicht, weil Zellen in vitro (im Reagenzglas) und in situ (im ganzen Lebewesen) nicht immer völlig gleichartig reagieren.
Will man die Frage klären, ob ein Stoff nach der Aufnahme in den Körper auch die Gonaden erreicht und damit die Nachkommenschaft gefährdet, muß man ein Versuchstier mit der zu prüfenden Substanz behandeln und aus den Gonaden (oder einem anderen, besonders interessierenden Organ) Zellen für einen Mutagenitätstest entnehmen. Zur Beurteilung der Cancerogenität eines Stoffes muß außerdem das ganze Versuchstier beobachtet werden, um festzustellen, ob infolge einer Mutation auch tatsächlich eine Krebsgeschwulst entsteht, denn man glaubt, daß die Krebsbildung einen mehrstufigen Prozeß darstellt, so daß keinesfalls jeder Mutation eine Krebsbildung folgen muß.
Diese wenigen Andeutungen sollen veranschaulichen, daß sich die Prüfung eines Stoffes auf Mutagenität und Cancerogenität höchst problematisch und arbeitsaufwendig gestaltet und daß am Ende nicht einmal ein absolut eindeutiges Ergebnis stehen muß. Ein positiv verlaufener Ames-Test darf also in seiner Aussagekraft nicht überbewertet werden. Andererseits wäre es ebenso falsch, einen solchen experimentellen Anhaltspunkt einfach zu ignorieren.
Chemische Mutagene gehören den unterschiedlichsten Stoffklassen an, und sie werden auf unterschiedlichen, physiologischen Wegen wirksam, wie einige Beispiele veranschaulichen sollen. Beispielsweise entsteht im sauren Milieu des Ma-

gens aus Nitriten salpetrige Säure. Diese kann Nucleinsäurebasen desaminieren und deren Paarungsverhalten bei der Nucleinsäuresynthese dadurch verändern. Starke Oxidantien wie Wasserstoffperoxid und andere Peroxide können Nucleinsäurebasen oxidativ verändern, sie können aber auch DNA-Stränge spalten und damit Chromosomen zerstückeln. Auch Radikalbildner wie organische Peroxide und Azoverbindungen (Abb. 2.12) können an verschiedenen Stellen mit dem

$$R_1-N=N-R_2 \quad \text{Azoverbindungen}$$

Abb. 2.12 Allgemeine Struktur von Azoverbindungen

DNA-Molekül reagieren und damit Mutationen hervorrufen. Alkylierende Stoffe übertragen Alkylreste, meist Methyl- oder Ethylgruppen, auf Nucleinsäurebasen und verändern damit deren Paarungsverhalten bei der Nucleinsäuresynthese. Zu dieser Gruppe gehören u. a. Stickstoff-Lost und Ethylmethansulfonat. Eine Reihe von Stoffen wird erst im Körper in alkylierend wirkende Verbindungen umgewandelt, wie etwa Nitrosamine, die nur zum Teil mit der Nahrung aufgenommen werden. Zum Teil bilden sie sich erst im Magen aus Aminen pflanzlicher oder tierischer Nahrungsmittel. Viele Mutagene verändern Nucleinsäurebasen, indem sie nach vorheriger enzymatischer Veränderung im Stoffwechsel an bestimmte Basen gebunden werden. Beispielsweise bildet Benzo(a)pyren ein Epoxid, das an Guaninreste der DNA kovalent gebunden wird (FORTH et al., 1990). Mutagen wirkende Schwermetalle können entweder nach enzymatischer Methylierung an Nucleinsäurebasen gebunden werden, wie z. B. Quecksilber, oder sie verändern die DNA durch ihr Oxidationspotential wie etwa Chrom. Sog. Antimetabolite stellen Stoffe dar, die den natürlichen Nucleinsäurebasen strukturell ähneln und deshalb fälschlicherweise in Nucleinsäuren eingebaut werden. Bei der Nucleinsäuresynthese verhalten sie sich jedoch anders, als die natürlichen Bausteine und verursachen dadurch eine fehlerhafte Weitergabe der genetischen Information. Zu dieser Gruppe von Mutagenen gehören 5-Bromuracil, 2-Aminopurin und einige andere Stoffe. Interkalierende Substanzen zeichnen sich durch eine Struktur aus, die sie dazu befähigen, sich zwischen die beiden DNA-Stränge einer DNA-Doppelhelix zu schieben. Dadurch verursachen sie Ablesefehler bei der Nucleinsäuresynthese (= Leserastermutationen) oder blockieren die Synthese vollständig. Ein markantes Beispiel dafür liefert das hufeisenförmige Molekül des Antibiotikums Actinomycin D. Wieder einem anderen Wirkungsprinzip folgen die sog. Spindelgifte. Sie stören oder blockieren den Aufbau eines geordneten Spindelfaserapparates, der die Chromosomen bei jeder Zellteilung auf die sich bildenden Tochterzellen verteilt. Dadurch entstehen Zellen mit überzähligen oder fehlenden Chromosomen (Aneuploidie), oder es bilden sich Zellen mit mehreren Chromosomensätzen (Polyploidie). Das Spindelgift mit der größten praktischen Bedeutung ist das Alkaloid Colchizin aus der Herbstzeitlosen. Mit Hilfe dieses Alkalo-

ids wurden bereits viele polyploide Nutz- und Zierpflanzen künstlich hergestellt, wie etwa bei verschiedenen Sorten der Zuckerrüben und Löwenmäulchen.
Für chemische Mutagene sind keine Schwellenkonzentrationen bekannt, unterhalb deren keine Mutationen auftreten. Deshalb können für solche Stoffe keine Grenzwerte zum Schutz der Bevölkerung angegeben werden. Technische Richtkonzentrationen (TRK-Werte) sollen lediglich am Arbeitsplatz das gesundheitliche Risiko der mit solchen Stoffen konfrontierten Personen minimieren, völlig ausschließen können sie es nicht.
Das gilt auch für cancerogene Stoffe, für die Schwellenkonzentrationen ebenso wenig bekannt sind. Diese Stoffe erzeugen mitunter erst nach einer Latenzperiode von vielen Jahren oder einigen Jahrzehnten klinisch nachweisbare Tumore. Das hängt mit dem komplexen Vorgang der Cancerogenese zusammen, die nicht in einer einfachen chemischen Reaktion besteht, wie die Mutationsauslösung. In einem Initiationsprozeß muß die genetische Steuerung des Zellwachstums umgestimmt werden, so daß ein unkontrolliertes Wachstum resultiert. Diese Umstimmung, die für sich allein bereits Jahre in Anspruch nehmen kann, wird durch chemische Mutagene oder andere Faktoren eingeleitet. Daran schließt sich eine Phase der sog. Promotion an, während der eine größere Zellpopulation der umgestimmten Zellen entsteht. Schließlich wird in der Phase der Progression durch weitere Anregung des Zellwachstums der endgültige, maligne Tumor gebildet. In die Promotions- und Progressionsphase können weitere, stimulierend wirkende Stoffe eingreifen.
Zu den wichtigsten, krebserregenden Stoffen in unserem Lebensraum gehören u. a. Benzol, polycyclische, aromatische Kohlenwasserstoffe, wie beispielsweise Benzo(a)pyren (Abb. 2.13), aromatische Amine, wie z. B. Anilin, Nitrosamine,

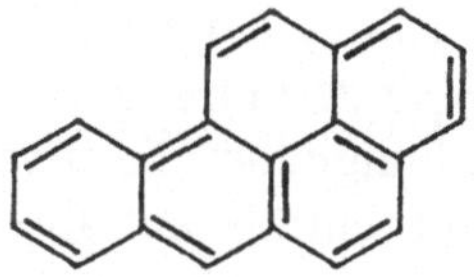

Abb. 2.13 Struktur von Benzo(a)pyren

alkylierend wirkende Stoffe und Olefine, die an der Doppelbindung Epoxide bilden können, wie Vinylchlorid (vgl. dazu Gl. 2.5). Alle diese Stoffgruppen wurden bereits bei den chemischen Mutagenen genannt. Dazu gesellen sich natürlich auftretende Toxine, wie Aflatoxine, Aristolochiasäure und viele andere mehr. Unter den Metallen wurden Arsen, Beryllium, Cadmium, Chrom und Nickel als cancerogen erkannt. Schließlich wirken Mikronadeln mit einer Länge $> 5$ µm und einem Durchmesser $< 3$ µm krebserregend, wie etwa zerbrochene Asbest- und Glasfasern. Solche Mikronadeln stellen wohl nicht selber das cancerogene Agens dar, sondern nur einen Hilfsfaktor, der das Eindringen cancerogener Stoffe in

Lungenzellen erleichtert, die durch die Nadeln verletzt wurden (Abschn. 2.2.1.2).

### 2.2.5 Pflanzenschutz- und Schädlingsbekämpfungsmittel

Ähnlich wie mutagene und cancerogene Stoffe sind auch Pflanzenschutz- und Schädlingsbekämpfungsmittel (= Pestizide oder Biozide) weit verbreitet. Sie stellen Mittel zur Bekämpfung von Lebewesen dar, die der Mensch als Schädling oder Lästling empfindet. Diese Stoffe werden deshalb in der Landwirtschaft ebenso eingesetzt, wie in Privathaushalten zum Schutz von Nahrungsmitteln, Holz und Textilien (Abb. 2.14).
Nach ihren Hauptwirkungsbereichen unterscheidet man Herbizide (gegen Pflanzen), Insektizide (gegen Insekten), Fungizide (gegen Pilze), Molluskizide (gegen Schnecken), Akarizide (gegen Milben), Rodentizide (gegen Nagetiere) und Nematizide (gegen Fadenwürmer). Daneben gibt es weitere Wirkgruppen, wie etwa Pheromone, das sind Stoffe zur Anlockung von Sexualpartnern bestimmter Arten, und Ovizide zum Abtöten von Eiern. Sogar verschiedene Regulatoren des Pflanzenwachstums rechnet man mitunter zu den Pflanzenschutzmitteln, wie beispielsweise Cycocel (Chlorcholinchlorid), das u. a. das Längenwachstum von Weizenhalmen drosseln kann. Die kürzeren und stabileren Halme knicken im Wind nicht mehr so leicht um, und damit wird eine Form des Pflanzenschutzes erzielt, wie es der Sammelbegriff dieser Stoffe fordert. Ein sehr wichtiges Anwendungsgebiet finden Pestizide außerdem in der Lagerhaltung pflanzlicher Nahrungsmittel, denn ohne diesen Schutz könnten die gelagerten Feldfrüchte durch Insekten, Pilze und Nagetiere erheblich dezimiert werden. Man schätzt die Ernteverluste bei völligem Verzicht auf Schädlingsbekämpfungsmittel in der Lagerhaltung auf 50-75 %. Die Vielzahl von Schädlingsbekämpfungsmitteln darf nicht darüber hinwegtäuschen, daß lediglich 3 Gruppen dieser Mittel am häufigsten angewendet werden: Am Weltmarkt für Pestizide sind Herbizide mit einem Anteil von fast 50 % vertreten, Insektizide mit knapp 30 % und Fungizide mit etwa 20 %. Der schmale, verbleibende Sektor von wenigen Prozent entfällt auf alle anderen Mittel (HAUG et al., 1992).
Die hier zu besprechenden Stoffe werden nicht nur zur Bekämpfung von Lebewesen eingesetzt, die die Menschen als Schädlinge und Konkurrenten um ihre Nahrungsmittel betrachten, sondern auch zur Arbeitserleichterung. Beispielsweise besprüht oder gießt man Parkwege und Bahntrassen mit Herbizidlösungen, z. B. mit Diuron, um sie unkrautfrei zu halten. Während der vergangenen Jahrzehnte verwendete man Herbizide sogar zur Beseitigung von Kräutern an Straßenbegrenzungspfählen und zur Entkrautung von Straßengräben und Straßenrändern. Im stark maschinisierten Getreidebau muß man Unkräuter besonders gründlich entfernen, um beim Mähdrusch nicht zu viele Unkrautsamen auf den Feldern auszustreuen. Die Sicherung optimaler Erträge würde keine so intensive Unkrautbekämpfung erfordern. Auch im modernen, handarbeitsarmen Rübenanbau ist

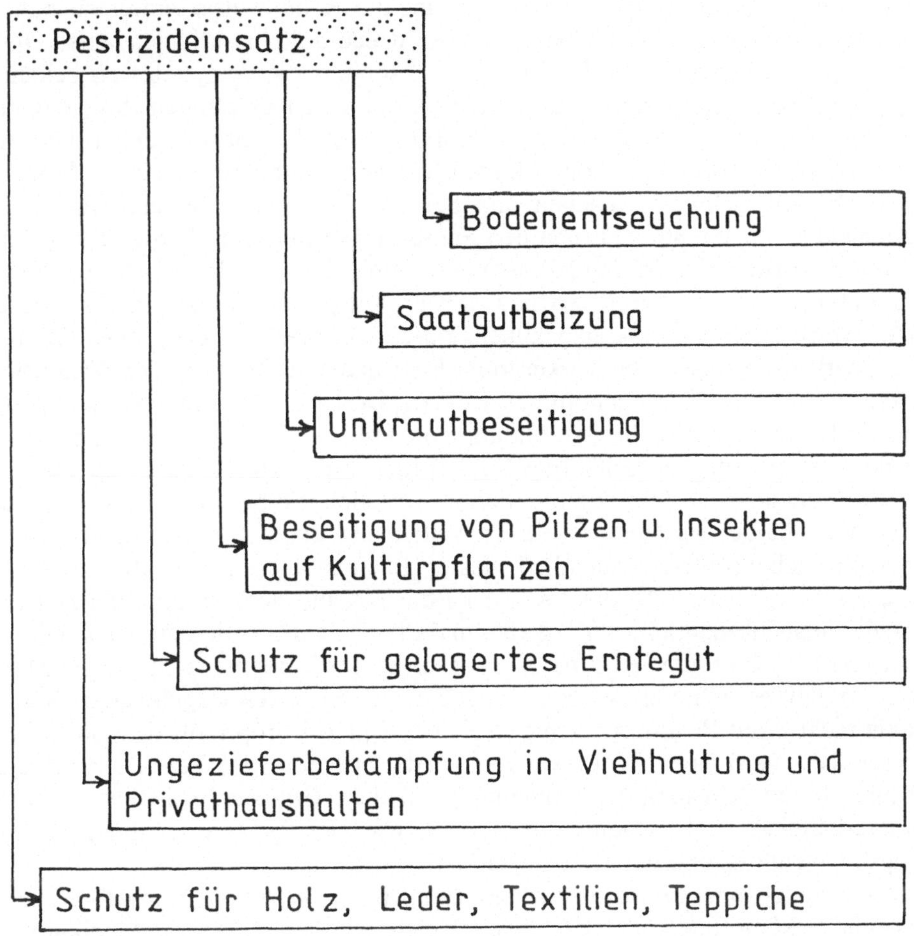


Abb. 2.14 Überblick über die wichtigsten Anwendungsgebiete von Pflanzenschutz- und Schädlingsbekämpfungsmitteln (Pestizide)

eine besonders intensive Herbizidanwendung erforderlich: Aus den normalerweise von den Pflanzen gebildeten Fruchtknäueln stellt man maschinell einzelne Früchte mit einem Samen her. Dadurch erspart man sich das früher notwendige Vereinzeln der vielen, aus einem Fruchtknäuel hervorgehenden Keimpflanzen. Das hat jedoch zur Folge, daß das früher beim Vereinzeln der Pflanzen durchgeführte Entkrauten des Ackers mit der Hacke unterbleibt. Da viele Unkräuter (Melden, Gräser) wesentlich schneller wachsen, als die Rüben, beseitigt man die störende Unkrautkonkurrenz mit Hilfe von Herbiziden, zumal die Handarbeit im Ackerbau zu teuer geworden ist. Schädlingsbekämpfungsmittel wendet man außerdem in Stallungen

an, um das Vieh von störenden Insekten zu befreien, und man setzt sie in Wohnungen und Lebensmittelgeschäften ein, um die Räume insektenfrei zu halten. Während der 40er und 50er Jahre wurden wiederholt Insektizide, meist DDT, großflächig ausgebracht, um Insekten und besonders die Anopheles zu bekämpfen, die Erreger der Malaria und anderer Krankheiten übertragen. Sogar in der Schiffahrt will man auf Schädlingsbekämpfungsmittel nicht verzichten. Um den Bewuchs des Schiffsrumpfes mit Algen, Muscheln und Schnecken zu verhindern, die die Schiffe schwerer machen und bei der Fahrt einen höheren Reibungswiderstand erzeugen, streicht man den Schiffsrumpf mit einer Farbe, die als sog. Antifouling-Mittel eine Tributyl-Zinn-Verbindung enthält, z. B. Bis-(tributylzinn)-oxid (TBTO). Gegenüber Menschen wirken solche Stoffe nur mäßig toxisch (MAK-Wert: 0,05 mg/m$^3$), gegenüber Wasserlebewesen, auch großen Wirbeltieren, wirken sie wesentlich stärker toxisch, so daß Schädigungen der Wassertiere als sehr wahrscheinlich angenommen werden. Deshalb wurde inzwischen wenigstens für kleinere Schiffe die Anwendung von Antifouling-Farben verboten.
Bei der Anwendung der Schädlingsbekämpfungsmittel im Pflanzenbau versucht man die Wirkstoffe so fein wie möglich zu verteilen. Früher mitunter verwendete Puder und Stäube wurden inzwischen weitgehend durch Sprühnebel ersetzt. Je feiner die Nebeltröpfchen ausfallen, desto gleichmäßiger werden die zu behandelnden Oberflächen, z. B. das Laub der Pflanzen, mit dem Spritzmittel bedeckt. Deshalb versucht man, die Spritzgeräte und die Spritzdüsen den zu behandelnden Pflanzenarten (Getreide, Rüben, Wein, Obstbäume) möglichst gut anzupassen. Trotzdem läßt es sich nicht vermeiden, daß bis zu 50 % des ausgebrachten Spritzmittels nicht ihren Bestimmungsort erreichen. Ein Teil tropft auf den Boden, ein anderer Teil wird vom Wind verweht. Jede Spritzung verursacht damit eine unbeabsichtigte Belastung der Umgebung, wobei die Güte der Spritzdüsen und die Windverhältnisse dafür verantwortlich sind, wie viel Spritzmittel ihren Bestimmungsort verfehlen und wie weit sie verdriftet werden.
Pflanzenschutz- und Schädlingsbekämpfungsmittel stellen in aller Regel sehr wirksame Bekämpfungsmittel dar. Aber ebenso, wie stark wirksame Medikamente beim Menschen neben der erwünschten, therapeutischen Wirkung auch unerwünschte Nebenwirkungen zeigen, sind auch die Biozide nicht frei davon. Das gilt sogar für hochspezifische Wirkstoffe, wie Dipyridyle (z. B. Paraquat), die speziell in den Photosyntheseapparat der Pflanzen eingreifen. Beim Menschen können sie Hautgeschwüre, Leber- und Nierenschäden verursachen (FORTH et al., 1990). Um mögliche Gefährdungen durch Pflanzenschutzmittel abzuschätzen, müssen Auswirkungen auf den Menschen und Auswirkungen auf andere Lebewesen (Ökotoxikologie) untersucht werden.
Zunächst wenden wir uns den Wirkungen auf Menschen zu. Wie bei anderen, toxisch wirkenden Stoffen, muß man die Lebensdauer oder Persistenz dieser Stoffe kennen. Außerdem ist von Interesse, ob die angewendeten Wirkstoffe den Menschen erreichen können, ob sie sich im Fettgewebe anreichern können und welche physiologischen Wirkungen sie beim Menschen entfalten. Schließlich kommt es darauf an, Grenzwerte zu finden, die für Menschen als akzeptabel gel-

ten, vergleichbar den Immissionsgrenzwerten bei Schadgasen. Zu den stabilsten Schädlingsbekämpfungsmitteln gehören das Fungizid Quintozen, die Herbizide 2,4-Dichlorphenoxiessigsäure und 2,4,5-Trichlorphenoxiessigsäure sowie die in Deutschland nicht mehr angewendeten Insektizide DDT und Lindan. Zu den am leichtesten abbaubaren Verbindungen gehören diejenigen, die hydrolytisch spaltbar sind, die sich also zumindest teilweise im Wasser zersetzen. Zu diesen Stoffen gehören Carbonsäuren und deren Salze, wie das Herbizid Dalapon, und Phosphorsäureester, wie die Insektizide Parathion, Systox und Malathion. Die anderen Wirkstoffgruppen liegen in ihrer Abbaugeschwindigkeit zwischen diesen Extremen. Genaue Abbauzeiten kann man nicht angeben, weil sie in Abhängigkeit von den herrschenden Umweltbedingungen in weiten Grenzen variieren. Häufig gilt jedoch, daß der enzymatische Abbau rascher erfolgt, als die Zersetzung unter abiotischen Bedingungen. Um dennoch zwei vage Zahlenangaben zu machen, seien DDT und Dalapon erwähnt. DDT, so schätzt man, wird im Boden (biotisches Medium) innerhalb von mehr als 2 Jahren zu 75-100 % abgebaut. In der Luft (abiotisches Medium) muß man mit wesentlich längeren Abbauzeiten rechnen. Demgegenüber zerfällt Dalapon im Boden innerhalb weniger Tage oder Wochen zu Brenztraubensäure, eine biologisch leicht abbaubare Substanz. Solche Zahlen dürfen jedoch nicht generalisiert werden, denn stets entscheiden mehrere Einzelfaktoren des Umweltmilieus über die Abbaugeschwindigkeit. Wird ein lipophiler Chlorkohlenwasserstoff wie DDT im Fettgewebe eines Lebewesens deponiert, dann ruht er dort, abgeschlossen von enzymatischen Angriffen und von UV-Strahlen, fast so, als würde man ihn in einer geschlossenen Dose aufbewahren. Auch pflanzliche Ölbehälter oder Harzkanäle mit ihren fetten Ölen oder Terpenen verhalten sich ganz ähnlich wie tierisches Fettgewebe. Das bedeutet beispielsweise, daß im Harz von Coniferennadeln gespeichertes DDT wesentlich länger erhalten bleibt, als wenn es auf den Waldboden abtropft. Entsprechend gilt für Stoffe, die in Wasser hydrolytisch gespalten werden, daß sie nach einer Anwendung stets dann länger als erwartet erhalten bleiben, wenn sie in oder auf ein trockenes Medium gelangen. So ist es zu verstehen, daß nach einer Anwendung von Pflanzenschutzmitteln unterschiedlich lange überdauernde Rückstände im Boden und in Pflanzenmaterialien auftreten.

Rückstände von Bioziden können den Menschen auf mehreren Wegen erreichen. Dazu gehören pflanzliche und tierische Nahrungsmittel sowie das Grundwasser. In das Grundwasser sollten Pflanzenschutz- und Schädlingsbekämpfungsmittel eigentlich nicht eintreten, weil deren Verhalten im Boden vor Zulassung des Präparates getestet wird. Aber Änderungen der üblichen Niederschlagsmengen, Varianten der Bodenzusammensetzung und nicht genau eingehaltene Vorschriften zur Aufwandmenge der Wirkstoffe können gelegentlich solche Stoffe bis zum Grundwasser vordringen lassen. Zum Schutz vor Grundwasserbelastungen muß die Anwendung von Pflanzenschutzmitteln in Wassergewinnungsgebieten gegebenenfalls eingeschränkt werden. Im Trinkwasser darf der Grenzwert von 0,1 μg/l für einen Wirkstoff oder von 0,5 μg/l für mehrere Wirkstoffe nicht überschritten werden. Beim Grundwasser verfährt man ebenso (HAUG et al., 1992).

Schwieriger als für das Medium Wasser gestaltet sich die Festlegung von Grenzwerten von Rückständen in Nahrungsmitteln. Die verschiedenartigsten Nahrungsmittel werden in sehr unterschiedlichen Mengen verzehrt und bilden deshalb sehr unterschiedliche Gefahrenpotentiale für den Menschen, wie etwa Teeblätter einerseits und Kartoffeln, Reis oder Weizen andererseits. Schließlich spielen auch die Eßgewohnheiten der verschiedenen Völker eine Rolle. Beispielsweise müßten, entsprechend ihrer unterschiedlichen Eßgewohnheiten, für Eskimos die strengsten Grenzwerte bei allen Speisefischen festgesetzt werden und für Chinesen bei Reis und Gemüse. Seriöse Grenzwerte sollten das berücksichtigen, und so müssen neben der Toxizität eines Stoffes das Körpergewicht des Menschen und der Tagesverbrauch eines Lebensmittels in die Berechnungen einbezogen werden. Als Richtgröße für die Toxizität eines Schädlingsbekämpfungsmittels gegenüber Menschen hat sich der sog. ADI-Wert (=*a*cceptable *d*aily *i*ntake) eingebürgert, d. h., diejenige Menge eines Wirkstoffes, die täglich aufgenommen werden kann, ohne daß gesundheitliche Schäden erkennbar werden. Natürlich testet man die Wirksamkeit der Biozide nicht am Menschen selber. Man bedient sich deshalb zweier Versuchstierarten, die mit den zu prüfenden Stoffen gefüttert werden. Die höchste Wirkstoffkonzentration, bei der noch keine Wirkungen erkennbar werden, bezeichnet man als "no observable effect level" (NOEL). Diesen Wert dividiert man durch den Faktor 100, womit man der unterschiedlichen Reaktionsweise von Tieren und Menschen Rechnung tragen will, und so erhält man den ADI-Wert:

$$\text{ADI} = \frac{\text{NOEL}}{\text{Sicherheitsfaktor}}$$

NOEL: no observed effect level
Sicherheitsfaktor: 100 bis 1000

Den ADI-Wert als Maß für die Toxizität eines Stoffes multipliziert man mit dem Körpergewicht (in kg), dividiert das Produkt durch die täglich aufgenommene Menge des in Frage stehenden Lebensmittels (ebenfalls in kg) und erhält so die darin noch duldbare, tägliche Aufnahmemenge, den sog. "permissible level" (PL):

$$\text{PL} = \frac{\text{ADI} \cdot \text{Körpergewicht (kg)}}{\text{Tagesverbrauch des Lebensmittels (kg)}}$$

Der PL-Wert stellt auf den ersten Blick betrachtet wiederum eine Grenzmarke dar, die dem Konsumenten optimalen Schutz zu gewähren scheint. Doch wie bereits bei den Spurengasen besprochen, wird auch bei den Schädlingsbekämpfungsmitteln jeweils nur die Wirkung eines Stoffes berücksichtigt, nicht die Kombinationswirkung mehrerer Stoffe, wie sie in der Praxis tatsächlich auf den Menschen einwirken. An mögliche Wechselwirkungen mit anderen toxischen Stoffen, wie beispielsweise mit den bereits besprochenen, toxischen Spurengasen, oder anderen Problemstoffen in den Nahrungsmitteln (Nitrate, Nitrite, Konservierungsstoffe, pflanzeneigene Toxine und vieles andere mehr), wagt man vorerst gar nicht zu denken, weil man dann vor einem kaum noch überschaubaren Netzwerk möglicher Wechselwirkungen stünde. (Weiter fortgeschritten ist bereits die Analyse möglicher Wechselwirkungen verschiedener Medikamente.)

Sieht man von diesem Mangel ab, dessen Umfang man derzeit nicht abschätzen kann, dann sollten die Menschen ausreichenden Schutz vor Pestiziden genießen, sofern die PL-Werte wirklich eingehalten werden.

Zusätzlich zu Pflanzenschutzmittelrückständen aus der Nahrung können diese Stoffe auch über die Luft und den Regen die Menschen erreichen. Dieses Risiko existiert allerdings in Deutschland kaum noch, nachdem die Anwendung von Chlorkohlenwasserstoffen verboten wurde (HAUG et al., 1992). Dieses Verbot gilt noch nicht für viele tropische Länder, in denen Pflanzenschutzmittel nicht so vielen Restriktionen unterliegen, wie bei uns. Vor dem Anwendungsverbot der Organochlorpestizide in Deutschland traten solche Verbindungen in der Muttermilch in so hohen Konzentrationen auf, daß dadurch immer wieder die für Trinkmilch geltenden Höchstmengen überschritten wurden. In Ländern ohne Anwendungsverbot der Organochlorverbindungen ist dieses Problem noch heute aktuell, und man sollte es keineswegs bagatellisieren, weil die Auswirkungen der Organochlorpestizide auf Säuglinge noch weitgehend als unbekannt gelten. Säuglinge und Kleinkinder dürfen in physiologischer Hinsicht nicht als Menschen mit geringem Körpergewicht betrachtet werden, weil sie teilweise durchaus eigenständige Stoffwechseleigenschaften besitzen. Deshalb können sie auf verschiedene Toxine anders reagieren, als Erwachsene, teils empfindlicher, teils auch widerstandsfähiger.

Die weltweit unterschiedliche Handhabung von Pflanzenschutz- und Schädlingsbekämpfungsmitteln macht noch ein anders Problem deutlich, nämlich die Einhaltung der in Deutschland geltenden Grenzwertbestimmungen bei Agrargütern, die man auf dem Weltmarkt einkauft. Zwar werden Importwaren geprüft, aber mehr als Stichprobenuntersuchungen sind in aller Regel nicht möglich. Damit bleiben Agrargüter vom Weltmarkt stets ein gesundheitlicher Risikofaktor.

Welche physiologischen Angriffspunkte der Pflanzenschutz- und Schädlingsbekämpfungsmittel sind beim Menschen tatsächlich bekannt? Organochlorverbindungen, wie DDT und Lindan, greifen besonders das Nervensystem an. Sie hemmen den Ionentransport durch die Membranen der Nervenzellen und führen damit zu einer gesteigerten Erregbarkeit besonders derjenigen Nervenbahnen, die die Muskulatur versorgen (= motorische Neuronen). Allerdings treten solche Schäden nur nach unsachgemäßem Hantieren mit diesen Stoffen auf, nicht als Folge von Rückständen in Nahrungsmitteln. Wenn auch die Toxizität dieser Stoffe als mittelstark eingestuft wird, so sind wegen deren Langlebigkeit und deren Speicherung im Körperfett Langzeitwirkungen möglich, besonders dann, wenn kleine Mengen regelmäßig aufgenommen werden. Solche im Körperfett niedergelegten Fremdstoffe können den Körper überschwemmen, wenn die Fettdepots abgebaut werden, etwa als Folge von Krankheiten oder Abmagerungskuren.

Das meist nur als Holzschutzmittel angewendete Pentachlorphenol wird ebenfalls im Körperfett deponiert. Vergiftungen äußern sich in Reizungen von Haut und Schleimhäuten, in Atemnot und Störungen der Herztätigkeit. Etwa 2 g wirken beim Menschen letal.

Phosphorsäureester, wie z. B. Parathion, und Carbamate, wie Betanal, hemmen die Erregungsleitung in bestimmten Teilen des Nervensystems (Parasympathicus und die Enervierung der Muskeln) und verursachen dadurch Verdauungsstörungen, Lungenödeme, Sehstörungen, Krämpfe und Atemlähmung. Diese Symptome treten nur bei unachtsamer Handhabung der Wirkstoffe auf, nicht durch den Verzehr von Rückständen in der Nahrung. Dipyridyle wie Paraquat können bei unsachgemäßer Handhabung Hautgeschwüre sowie Nieren- und Leberschäden verursachen. Bei Phenoxiessigsäuren wie 2,4,5-Trichlorphenoxiessigsäure treten besonders dann Vergiftungen auf, wenn das Mittel nach ungenügender Reinigung noch Reste von TCDD enthält (FORTH et al., 1990; DAUNDERER, 1990).

Da Pflanzenschutz- und Schädlingsbekämpfungsmittel entweder durch ihre Akkumulationsfähigkeit im Körper oder zumindest bei unsachgemäßer Handhabung sehr ernste Vergiftungen verursachen können, versucht man diesem Dilemma zu entgehen, indem man sie zumindest zum Teil durch Naturstoffe zu ersetzen versucht. Das bekannteste Beispiel dafür stellen die Pyrethroide dar, die dem in Chrysanthemen vorkommenden Pyrethrin nachempfunden sind. Da sich diese Stoffe nach der Isolierung aus den Pflanzen als recht unbeständig erwiesen, hat man sie chemisch modifiziert, um ihnen die notwendige Haltbarkeit zu verleihen. Die stabilisierten und inzwischen auch synthetisch hergestellten Stoffe lassen sich ebenso handhaben, wie die nicht von Naturstoffen abgeleiteten Pflanzenschutzmittel (Abb. 2.15).

In der Hoffnung, nunmehr für Menschen ungefährliche Insektizide zu besitzen, wurden Pyrethroide in großem Stil zum Schutz von Teppichen und diversen Bau- und Einrichtungsmaterialien eingesetzt. Doch nach wenigen Jahren machten sich unerwünschte Nebenwirkungen bemerkbar. Beispielweise reagieren Fische auf viele dieser Verbindungen außerordentlich empfindlich und ebenso Bienen (ALLOWAY und AYRES, 1996). Offenbar sind auch Menschen nicht völlig unempfindlich gegenüber dieser Stoffgruppe, denn inzwischen werden Pyrethroide als Ursache für verschiedene neurologische Schäden bei dafür empfindlichen Personen verantwortlich gemacht. Sollten sich die geäußerten Beschwerden im physiologischen Experiment bestätigen lassen, dann drohen auch diesen Insektiziden erhebliche Anwendungsbeschränkungen.

Neben den toxischen Nebenwirkungen auf Menschen und Nutztiere zeigen Pflanzenschutz- und Schädlingsbekämpfungsmittel noch eine ganz andere, unangenehme Eigenschaft, die bereits wenige Jahre nach Einführung des DDT, des ersten synthetischen Insektizids, beobachtet wurde: Die Organismen entwickelten unerwartet rasch zunehmende Resistenz gegen die eingesetzten Bekämpfungs-

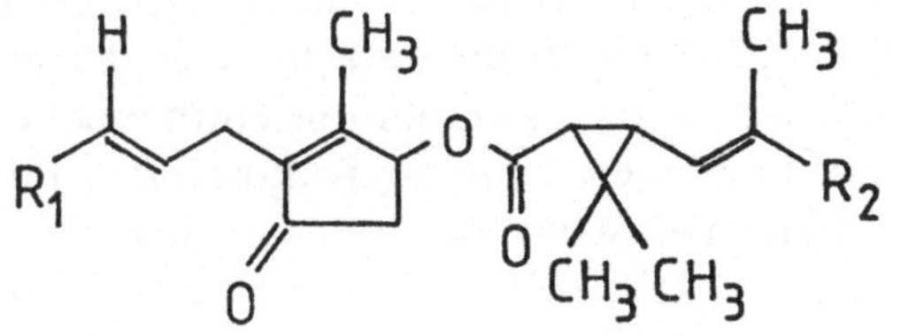

| | | | |
|---|---|---|---|
| Pyrethrin I | : | $R_1: CH=CH_2$ | $R_2: CH_3$ |
| Pyrethrin II | : | $R_1: CH=CH_2$ | $R_2: COOCH_3$ |
| Cinerin I | : | $R_1: CH_3$ | $R_2: CH_3$ |
| Cinerin II | : | $R_1: CH_3$ | $R_2: COOCH_3$ |
| Jasmolin I | : | $R_1: C_2H_5$ | $R_2: CH_3$ |
| Jasmolin II | : | $R_1: C_2H_5$ | $R_2: COOCH_3$ |
| Allethrin | : | $R_1: H$ | $R_2: CH_3$ |

Abb. 2.15 Struktur wichtiger Pyrethroide

mittel. Die Resistenz kann auf zwei verschiedenen Wegen erworben werden.
Ein Weg besteht darin, daß die Individuen einer Art nicht alle völlig gleich sind. Beispielsweise können in einer Insektenpopulation einige Individuen vorkommen, deren Außengerüst aus Cutin weniger durchlässig für einen Wirkstoff ist als das Außengerüst der anderen Insekten. Bei einer Insektizidbehandlung sterben demzufolge nur Individuen ab, deren Panzer das Insektizid in den Körper eindringen läßt. Alle anderen Individuen überleben und können sich nun umso besser vermehren, weil die Konkurrenz durch die abgetöteten Tiere fehlt. Damit baut sich eine resistente Population auf, die sich entweder gar nicht oder nur durch wesentlich erhöhte Aufwandmengen des Insektizids bekämpfen lassen.
Die zweite Möglichkeit der Resistenzbildung besteht darin, daß in Gegenwart nicht völlig letal wirkender Konzentrationen eines Wirkstoffes Mutationen, d. h. Erbveränderungen stattfinden können, die ihren Trägern eine weniger durchlässige Cutinschicht bescheren oder die ihren Besitzern die Fähigkeit zum Abbau oder zur Ausscheidung des aufgenommenen Insektizids verleihen. Auch die durch Erbveränderungen erworbene Resistenz versetzt ihre Träger in die Lage, sich nunmehr besonders rasch vermehren zu können, weil Konkurrenz durch die getöteten Tiere fehlt. Die Resistenzbildung zwingt die Menschen dazu, ständig nach neuen Wirkstoffen zu suchen oder die Aufwandmengen der vorhandenen Wirkstoffe zu erhöhen. Da bisher keine gut wirksamen Schädlingsbekämpfungsmittel ohne unerwünschte Nebenwirkungen bekannt sind, wächst im Laufe der Jahre die Gefahr, die zu schützenden Kulturpflanzen durch die erhöhten Aufwandmengen in Mitlei-

denschaft zu ziehen. Deshalb stellt man inzwischen mit Hilfe gentechnischer Methoden Kulturpflanzensorten her, die gegen mindestens eines der angewendeten Pflanzenschutzmittel weitgehend resistent sind, um mit Hilfe erhöhter Aufwandmengen Schädlinge vernichten zu können, ohne die Kulturpflanzen zu gefährden. Dieses sehr vernünftig erscheinende Konzept offenbart jedoch bei näherem Hinschauen die entscheidende Schwäche, daß Wildtiere und Wildpflanzen durch unerwünschte Nebenwirkungen geschädigt werden können. Die sog. ökotoxikologischen Effekte (KORTE, 1992) des in erhöhten Aufwandmengen eingesetzten Pflanzenschutzmittels müssen also zunehmen. Zur Ökotoxikologie gehören sowohl die Weitergabe und Anreicherung langlebiger, fettlöslicher Schadstoffe in Nahrungsketten als auch die Schädigung von empfindlichen Pflanzen- und Tierarten einschließlich des Menschen. Zu den bekannten Beispielen für ökotoxikologische Schäden durch Pflanzenschutz- und Schädlingsbekämpfungsmittel gehören u. a. die Reduktion von Regenwürmern, Springschwänzen und bestimmten Bakterienarten im Boden, die Verminderung des Bruterfolgs verschiedener Vogelarten und die Akkumulation fettlöslicher Wirkstoffe in Nahrungsketten in wasserbewohnenden und anderen Tieren (ALLOWAY und AYRES, 1996). So führt die Resistenzzüchtung von Kulturpflanzen gegenüber Pflanzenschutzmitteln nicht aus dem Dilemma toxischer Nebenwirkungen solcher Xenobiotika (= künstlich hergestellte Stoffe in der Biosphäre) heraus, sondern immer tiefer hinein.

Ein Ausweg aus dem Problemkreis der Pestizide und ihrer Nebenwirkungen kann nur in der Verminderung ihrer Anwendung gesucht werden. Im Pflanzenschutz bieten sich verschiedene Methoden des sog. integrierten Pflanzenschutzes sowie geeignete Formen des Fruchtwechsels an, um die Aufwandmengen der prinzipiell unverzichtbaren Pflanzenschutzmittel reduzieren zu können.

Fruchtwechsel bedeutet für Ackerschädlinge, daß ihnen für ein oder mehrere Jahre diejenigen Pflanzen entzogen werden, die sie als Lebensgrundlage unbedingt benötigen. Wird nach ein, zwei oder drei Jahren des Anbaus unterschiedlicher Feldfrüchte wieder die ursprüngliche Kulturpflanzenart angebaut, dann ist auf diesem Acker die ursprüngliche Schädlingspopulation für diese Art nahezu ausgestorben. Als geeigneten Fruchtwechsel sieht man einen Wechsel von einkeimblättrigen und zweikeimblättrigen Pflanzen oder von Winter- und Sommergetreide an. Mitunter können auch im Spätsommer oder im Herbst angebaute Zwischenfrüchte bestimmte, auf dem Acker angesiedelte Schädlinge dezimieren. Beispielsweise vermindern Gelbsenf und die sog. Studentenblume (*Tagetes*) verschiedene Arten von Fadenwürmern beträchtlich (HAUG et al., 1992).

Daneben versucht man, andere Formen natürlicher Schädlingsbekämpfung mit dem Einsatz von Bioziden zu kombinieren. In einigen Fällen kann man durch Aussetzen natürlicher "Feinde" Schädlingspopulationen reduzieren, wie etwa Blattläuse durch Marienkäfer oder Milben durch Raubmilben. Schmetterlingsraupen und andere Insektenlarven werden seit vielen Jahren erfolgreich durch das Ausbringen der Sporen von *Bacillus thuringiensis* bekämpft. Diese Sporen keimen im Darm der Insekten aus und bilden dabei ein toxisches Protein, das die Insekten absterben läßt. Menschen werden durch die Sporen nicht gefährdet. Als etwas unsicher in der Anwendung erwiesen sich Sexuallockstoffe oder Pheromone, mit deren Hilfe man beispielsweise Borkenkäfer anlocken kann, um sie in einer geeigneten Falle zu vernichten. Wichtig ist ferner die sorgfältige Beobachtung der Entwicklung von Schädlingspopulationen, denn nennenswerte Schäden werden erst bei einer Massenentwicklung angerichtet. Wo immer ein gut funktionierendes Beobachtungssystem existiert, kann der Einsatz von Pflanzenschutzmitteln auf den Zeitraum der Massenentwicklung beschränkt werden, d. h. auf den Zeitraum, während dessen die Schädlingspopulation in die logarithmische Vermehrungsphase eintritt (Abschn. 4.4.2).

Nach wie vor steht außerdem die Resistenzzüchtung der Kulturpflanzen gegenüber den wichtigsten Schädlingen im Zentrum des Interesses, denn je widerstandsfähiger eine Kulturpflanze ist, desto weniger muß man sie mit chemischen Bekämpfungsmitteln schützen. Die durchaus erfolgreich betriebene Resistenzzüchtung mit konventionellen Mitteln, d. h. durch Kreuzungen, erfordert viele Jahre oder sogar ein bis zwei Jahrzehnte, bis ein Resistenzmerkmal in einer Kultursorte ohne Ertragseinbuße etabliert werden kann.

In wesentlich kürzerer Zeit gelingt die Übertragung eines Resistenzmerkmals in das Genom einer Kulturpflanze mit Hilfe gentechnischer Methoden. Wenn dieses Verfahren derzeit dennoch höchst kontrovers diskutiert wird, dann deshalb, weil bei der künstlichen Genübertragung in der Regel nicht nur die Erbinformation für ein einziges Merkmal übertragen wird, sondern ein größerer DNA-Bereich, der deshalb in der Regel einen größeren Informationsgehalt besitzt. Außerdem kann der Einbau von DNA in das Genom eines Organismus im Reagenzglas auch Aktivierungen oder Inaktivierungen bereits vorhandener Gene verursachen. In jedem Fall bedeutet das, daß man gegebenenfalls mit größeren genetischen Veränderungen in der gentechnisch bearbeiteten Pflanze rechnen muß, als man ursprünglich anstrebte. Das gesamte genetische Verhalten eines gentechnisch veränderten Organismus kann man deshalb nicht mit Sicherheit vorhersagen, und das bedeutet, daß man auch das ökologische Verhalten der bearbeiteten Organismen nicht genau kennt. Auch die Frage nach einer möglichen Existenz unverträglicher Proteine für Menschen oder Tiere kann man erst nach sehr umfangreichen Tests beantworten. Derartige Unwägbarkeiten haben gentechnische Verfahren bei der Bevölkerung in einem zwiespältigen Licht erscheinen lassen. Wissenschaftlich formuliert müßte man sagen, daß gentechnisch hergestellten Lebewesen eine längere Entwicklungsphase fehlt, die zur Einpassung in ein bestehendes Ökosystem führt. Das gilt jedoch auch für einige Organismen, bei denen natürliche Kreuzungsbarrieren durch gewisse Kunstgriffe überwunden wurden.

Trotz der unbestreitbaren Vorzüge der Resistenzzüchtung kann letzten Endes auch sie nicht die perfekte Sicherung der Ernte garantieren, weil es kaum gelingen dürfte, Resistenzeigenschaften gegen *alle* Schädlinge in einer Pflanze zu vereinen. Deshalb wurde vorgeschlagen, Sortenmischungen zu kultivieren, weil durch die so erzielte genetische Vielfalt (Diversität) eine epidemische Ausbreitung von Schadorganismen am besten zu verhindern ist, ähnlich wie in hochdiversen, natürlichen Ökosystemen (KNOLLE, 1989). Wahrscheinlich muß jedoch ein solcher, öko-

logisch sinnvoller Vorschlag an Vorschriften zur Sortenreinheit von Feldprodukten scheitern.
In der Vorratshaltung der Feldfrüchte setzt sich immer mehr die Praxis durch, Getreide in hermetisch geschlossenen Silos zu lagern, in die weder Insekten noch Nagetiere eindringen können. Leicht verderbliches Obst und Gemüse werden gekühlt gelagert. Durch diese Maßnahmen kann der Einsatz von Schädlingsbekämpfungsmitteln in der Lagerhaltung erheblich vermindert werden.
Die Unkrautbeseitigung im maschinell betriebenen Feldbau bleibt weiterhin problematisch, da ungiftige und billige Ersatzmethoden kaum zur Verfügung stehen. Dagegen könnte man auf Gehwegen und Bahntrassen Unkraut mechanisch, durch Abflammen oder durch Erhitzen mit Infrarotstrahlen beseitigen. Problematisch bleiben weiterhin auch der Holz- und Textilschutz sowie die Beseitigung von Ungeziefer in Stallungen, Wohnräumen und Lebensmittelgeschäften. In diesen Fällen versucht man nach Möglichkeit auf Naturstoffe umzusteigen, doch damit hat man nicht weniger toxisch wirkende Stoffe in der Hand, als mit synthetischen Bekämpfungsmitteln. Ebenso bleibt die großflächige Bekämpfung von Krankheitserregern und deren Überträgern eine höchst zwiespältige Angelegenheit. Einerseits stellen Malaria, Bilharziose und andere parasitäre Erkrankungen große gesundheitliche Gefahren für die Menschen dar, andererseits haben großflächige Bekämpfungsmaßnahmen in der Vergangenheit zur weltweiten Verbreitung der Schädlingsbekämpfungsmittel beigetragen. Um die angesprochenen Seuchen einzudämmen, muß man sich verstärkt darum bemühen, hygienisch einwandfreies Trinkwasser in ausreichendem Maße zur Verfügung zu stellen, das Baden in tropischen und subtropischen Gewässern zu vermeiden, die Menschen selber gegen stechende Insekten zu schützen sowie im Rahmen des Möglichen Immunisierungen vorzunehmen.
Mit Schädlingsbekämpfungsmitteln nahe verwandt sind Antibiotika, die sowohl in der Veterinärmedizin als auch in der Humanmedizin zur Therapie und zur Prophylaxe bakterieller Erkrankungen herangezogen werden. Definitionsgemäß handelt es sich bei Antibiotika um Stoffe, die von niederen Organismen erzeugt werden und andere, niedere Organismen in ihrer Entwicklung hemmen oder ganz abtöten. Praktisch handelt es sich also um eine Gruppe von natürlichen Schädlingsbekämpfungsmitteln, die vor allem gegen Bakterien wirksam werden (= Bakterizide). Ohne die gesamte Problematik dieser Stoffe hier darzulegen, soll kurz auf die Resistenzbildung der Mikroorganismen gegenüber diesen Stoffen hingewiesen werden.
Seit erstmals im Jahr 1940 in England Penicillin in größerer Menge aus Schimmelpilzkulturen (*Penicillium notatum*) gewonnen werden konnte, erlebte die Behandlung bakterieller Infektionen mit Antibiotika einen ungeahnten Aufschwung. Sowohl in der Human- als auch in der Veterinärmedizin ging man bald dazu über, nicht nur lebensbedrohliche Infektionskrankheiten zu behandeln, sondern auch kleine, harmlosere Infektionen. So konnten nicht nur viele Menschenleben gerettet werden, man konnte auch Arbeitsausfälle durch Erkrankungen drastisch reduzieren. In der Massentierhaltung erwiesen sich Antibiotika ebenso

unentbehrlich, weil erst mit deren Hilfe das Vieh in so dichten Beständen gemästet werden konnte, wie wir es heute kennen, und Antibiotika erwiesen sich in geringen Konzentrationen als wirksame Mittel zur Mastbeschleunigung und zur Streßminderung beim Ortswechsel des Viehs.

Die allzu großzügige und sorglose Anwendung von Antibiotika führte bald zum gleichen Ergebnis wie der sorglose Umgang mit den bereits besprochenen Schädlingsbekämpfungsmitteln: Die zu bekämpfenden Organismen entwickelten bald Resistenzeigenschaften gegen die eingesetzten Wirkstoffe. Als Folge davon mußte man die therapeutischen Dosen ständig erhöhen. Bei Penicillin mußte man seit den 60er Jahren die Dosis etwa um den Faktor 1000 erhöhen, um Infektionen weiterhin erfolgreich bekämpfen zu können. Außerdem setzte eine fieberhafte Suche nach neuen Antibiotika ein, um in ernsten Fällen ein mit Sicherheit wirksames Medikament zur Hand zu haben. Gegenwärtig mehren sich die Berichte, daß man nicht immer rechtzeitig ein geeignetes Antibiotikum findet, um eine Infektionskrankheit (z. B. Lungenentzündung) heilen zu können. Diese Entwicklung konnte man seit Jahrzehnten vorhersehen, denn schon während der 70er Jahre waren viele wichtige Daten über die Resistenzbilung der Bakterien gegen Antibiotika wohlbekannt (FELLENBERG, 1977). Doch auch die Verschreibungspflicht konnte die allzu großzügige und oftmals nachlässige Anwendung der Antibiotika nicht eindämmen. Ein solches Verhalten läßt mitunter Sorgen über die Ernsthaftigkeit des Willens der Menschen zur Verhinderung von Umweltschäden aufkommen.

Die Antibiotikumresistenz bei Bakterien macht eine sehr interessante genetische Differenzierung erkennbar. Man kann eine "chromosomale" und eine "episomale" Resistenz unterscheiden, die sich durch unterschiedliche Erbgänge auszeichnen (Abb. 2.16). Bei der chromosomalen Resistenz (linke Seite der Abbildung) wird das durch Mutation erworbene Resistenzmerkmal bei jeder Zellteilung an die Tochterzellen weitergegeben, niemals aber an Zellen eines anderen Bakterienstammes oder einer anderen Bakterienart. Episomale Resistenz (rechte Seite der Abbildung) können nur Bakterien entwickeln, die neben dem stets vorhandenen DNA-Ring (= Bakterienchromosom) zusätzlich ein sehr kleines DNA-Segment besitzen, das Episom oder Plasmid. Träger eines Episoms sind zur Kopulation befähigt, d. h., sie bilden kurzfristig eine Plasmabrücke zwischen benachbarten Zellen, durch die ein DNA-Austausch stattfindet. Eine episomale Resistenz kann bei jeder Kopulation auf andere Bakterienzellen übertragen werden, auch über Stammes- und Artgrenzen hinweg. Diese Fähigkeit führt dazu, daß beispielsweise im Abwasser, in Abfällen oder an anderen Orten, an denen sich lebende Bakterienzellen begegnen, ein solcher DNA-Austausch stattfinden kann. Dadurch können Bakterienstämme Resistenz gegen Antibiotika erwerben, die niemals mit Antibiotika in Berührung kamen. Episomale Resistenz hat in ganz besonderem Maße zur Ausbreitung der Antibiotikumresistenz im Reich der Bakterien beigetragen (SCHMITT, 1982).

Der Vollständigkeit halber sei noch erwähnt, daß sowohl auf dem Bakterienchromosom als auch auf dem Episom Resistenz gegen mehrere Antibiotika fixiert

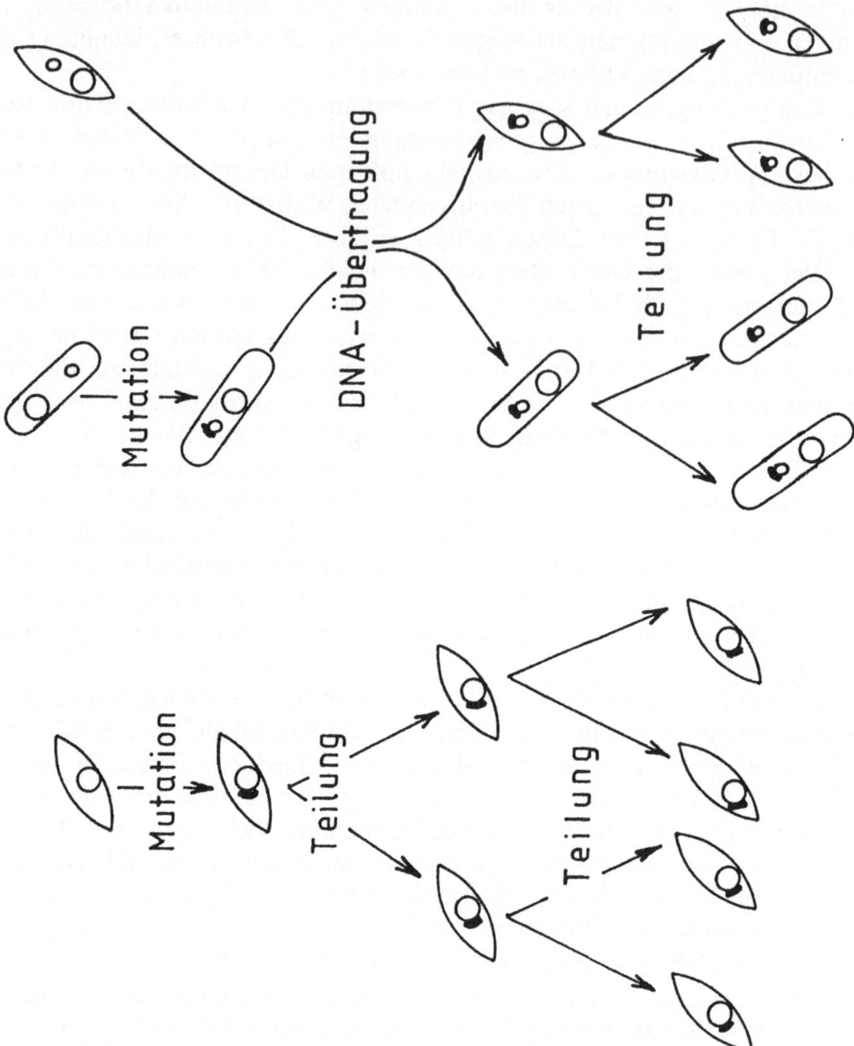


Abb. 2.16 Überblick über den Erbgang der Antibiotikumresistenz bei Bakterien. Links: Bei der chromosomalen Resistenz ist das Resistenzmerkmal auf dem ringförmigen Bakterienchromosom lokalisiert (schwarzer Sektor). Bei jeder Zellteilung wird es an beide Tochterzellen weitergegeben: Es entsteht ein antibiotikumresistenter Bakterienstamm. Rechts: Das Resistenzmerkmal ist auf einem separaten DNA-Segment (Episom oder Plasmid) lokalisiert (schwarzer Sektor). Zellen mit einem Episom sind zum DNA-Austausch zwischen zwei Zellen befähigt. Bei dieser DNA-Übertragung (nicht ganz korrekt auch als "Kreuzung" bezeichnet) kann das Resistenzmerkmal auch auf andere Stämme und Arten übertragen werden

sein kann (= Multiresistenz). Angesichts der umfangreichen Weitergabemöglichkeiten von Antibiotikumresistenzen kann der Patient auch bei größtmöglicher Vorsicht nicht mehr ausschließen, daß er mit antibiotikumresistenten Bakterien infiziert wurde. Deshalb stellt sich die Frage, ob heute noch Zurückhaltung bei der Anwendung von Antibiotika sinnvoll erscheint, wann immer der allgemeine Gesundheitszustand des Patienten es erlauben würde. Zur Beantwortung dieser Frage muß man noch einen weiteren Gesichtspunkt berücksichtigen. Wenn bei jeder kleinen Bakterieninfektion sofort hochdosierte Antibiotika angewendet werden, dann verhindert man damit, daß das körpereigene Immunsystem Abwehrstoffe gegen die Eindringlinge bildet, so daß für einige Zeit ein körpereigener Infektionsschutz vorhanden wäre. Mit häufigen Antibiotikumanwendungen verdammt man das körpereigene Immunsystem zur Inaktivität, und man wird dadurch empfindlicher für Folgeinfektionen. Ferner können Antibiotika unerwünschte Nebenwirkungen verursachen, zu denen u. a. allergische Reaktionen gehören, die umso stärker in Erscheinung treten, je höher man die Antibiotika dosiert. Es lohnt sich also auch heute noch, Antibiotikumbehandlungen mit Vorsicht und mit Augenmaß durchzuführen, d. h. daß man sie nur bei wirklich ernsten Bakterieninfektionen einsetzt.

### 2.2.6 Metalle

Schon sehr viel länger als Antibiotika und Schädlingsbekämpfungsmittel wirken Metalle auf die Menschen ein, nämlich seit der Einführung der Erzgewinnung und Erzverarbeitung in der Kupfer- und Bronzezeit vor etwa 4000-5000 Jahren. Die Erzverhüttung und der regelmäßige Gebrauch der Metalle ließen zunächst Kupfer und Zinn sowie einige im Erz stets vorhandene Begleitmetalle in das Alltagsleben der Menschen eintreten. Erzgewinnung und Erzverhüttung wurden in der Folgezeit bekanntlich stark ausgeweitet, so daß moderne Menschen inzwischen mit einer großen Fülle von Metallen in Berührung kommen. Resorbierbare Metalle erreichen die Menschen über die Atemluft, das Wasser und die Nahrung, denn Metalle werden auch von Tieren und Pflanzen, die als Nahrung dienen, aufgenommen und mitunter sogar angereichert. Besonders gegenüber Schwermetallen verhalten sich viele Pflanzen widerstandsfähiger als Menschen. Die Ursachen dafür sind einerseits stark cysteinhaltige Proteine der Pflanzen, sog. Phytochelatine (KAIM und SCHWEDERSKI, 1991), die Schwermetalle binden, und andererseits der Besitz von Zellwänden, in denen Schwermetalle deponiert werden, die dadurch nicht in das Innere der Zellen vordringen können. Menschen verfügen zwar mit Metallothioneinen ebenfalls über schwermetallbindende Proteine, aber eine dauerhafte Deponierung außerhalb der Zellen ist nicht möglich, weil Menschen und Tiere keine Zellwände sondern nur Zellmembranen besitzen.
Wenn sich feinst verteilte Metalle im Sekret der Schleimhäute lösen oder wenn sie in Form von organischen Verbindungen vorliegen, etwa in methylierter Form,

dann können sie resorbiert werden. Die Löslichkeit der Metalle wird mit sinkendem pH-Wert verbessert. Methylierungen können von einigen Mikroorganismen unter anaeroben Bedingungen durchgeführt werden. Sicher nachgewiesen wurde eine mikrobielle Alkylierung für Arsen, Quecksilber und Zinn. Bei einigen anderen Schwermetallen hält man sie zumindest für wahrscheinlich. Alkylierte Bleiverbindungen, bes. Bleitetraethyl, wurden in der Vergangenheit generell als Klopfschutzmittel den Otto-Kraftstoffen zugesetzt und deshalb in großer Menge industriell hergestellt. Inzwischen wurde die Herstellung von Bleitetraethyl drastisch eingeschränkt (KAIM und SCHWEDERSKI, 1991).

Die verschiedenen Metalle, die in die Umwelt der Menschen gelangen, zeigen recht unterschiedliche Wirkungscharakteristika, wie an Hand einiger Beispiele gezeigt werden soll. Entsprechend einer allgemein üblichen Gliederung sollen dabei sog. Schwermetalle mit einer Dichte von mehr als 6 g/cm$^3$ (außer Edelmetallen) getrennt von Leicht- und Hartmetallen betrachtet werden.

Obwohl Kupfer und Zinn unsere ältesten Gebrauchsmetalle darstellen, erwies sich Blei als das älteste, besonders giftig wirkende Schwermetall im Lebensraum der Menschen. Die Anwendung von Blei hat zwar seit der Antike einen erheblichen Wandel erfahren, aber auch heute noch ist der Bleibedarf groß, wenngleich die Bleigewinnung in den letzten Jahren etwas zurückgegangen ist. Blei wird u. a. zu verschiedenen Metallegierungen verwendet, zur Herstellung von Rostschutzfarben, Bleiakkumulatoren, Bleiglas, Keramikglasuren, Additiven für Kunststoffe und von Bleitetraethyl, das im sog. verbleiten Benzin enthalten ist. Blei wird nicht nur bei der Herstellung und Weiterverarbeitung freigesetzt, sondern auch bei der Gewinnung vieler anderer Schwermetalle, weil die betreffenden Erze in der Regel Blei als Begleitmetall enthalten. Schließlich werden bei der Verbrennung von Holz und Kohle sehr kleine Mengen von Blei in die Luft abgegeben. Obwohl Blei wegen seiner schwer löslichen Oxidhaut zunächst weitgehend ungiftig ist, kann dessen Löslichkeit bereits durch schwache Säuren erheblich verbessert werden. Damit wird das Metall leichter resorbierbar und kann durch Beeinträchtigungen des Stoffwechsels giftig wirken. Der MIK-Wert für 24 Std liegt bei 0,003 mg/m$^3$ und der Jahreswert bei 0,0014 mg/m$^3$. Der für den Arbeitsbereich gültige MAK-Wert beträgt 0,1 mg/m$^3$ und derjenige für das wesentlich leichter resorbierbare Tetraethylblei dagegen 0,075 mg/m$^3$. Werden im Körper toxische Bleikonzentrationen erreicht, dann äußert sich das u. a. in einer Hemmung der Synthese des Blutfarbstoffes im Knochenmark, d. h., es kommt zur sog. Bleianämie. Außerdem werden diejenigen Nervenbahnen in Mitleidenschaft gezogen, die die Muskulatur versorgen, besonders die Eingeweidemuskulatur. Bei langanhaltenden Belastungen des Körpers mit Blei können sich auch geistige Minderleistungen vor allem bei Kindern einstellen (JÄNICKE et al., 1985). Bei Pflanzen hemmt Blei das Wachstum und die Photosynthese. Bei Bohnen und Gerste treten diese Symptome bei einer Konzentration von 0,001 M Bleinitrat auf, das entspricht einer Konzentration von etwa 330 mg Bleinitrat pro Liter Wasser (HOCK und ELSTNER, 1995).

Seit der Antike erregte neben seiner flüssigen Konsistenz die Toxizität des Quecksilbers besondere Aufmerksamkeit. Technisch wird dieses Metall in Thermometern, in Manometern, in elektrischen Schaltrelais, als Kathodenmaterial bei der Elektrolyse und als Pigment von Farben in Form von Quecksilberoxid angewendet. Daneben benutzt man es schon seit vielen Jahrhunderten als bakterizid wirkendes Mittel in der Medizin. Organische Quecksilberverbindungen (z. B. Methyl-Phenyl-Quecksilber) setzte man eine Zeit lang als Saatgutbeizmittel ein. Der Gebrauch von Quecksilber hat eine Reihe von Vergiftungskatastrophen nach sich gezogen, so etwa die Minamatakrankheit (Abb. 2.17), die durch Einleiten von Quecksilber in die Minamatabucht in Japan verursacht wurde, Vergiftungen im Irak infolge des Verzehrs von Saatgutgetreide, das mit quecksilberhaltigen Beiz-

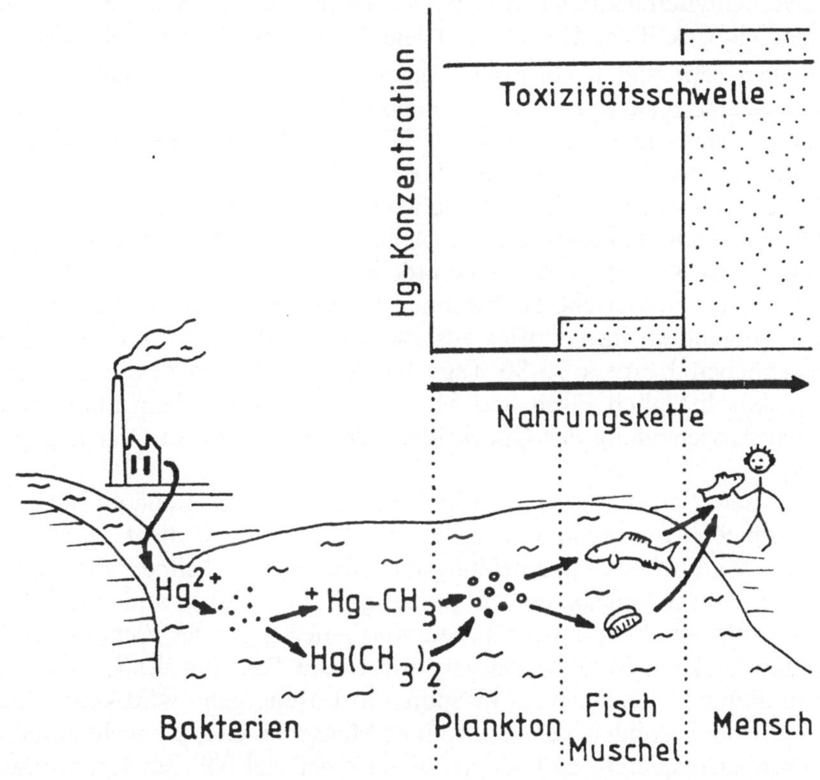


Abb. 2.17 Der Weg von Quecksilber in Nahrungsketten. Quecksilber-Ionen werden mikrobiell methyliert und gelangen so über Plankton, Muscheln und Fische zum Menschen, wo sie toxische Konzentrationen aufbauen. Dadurch stellen sich eine Reihe von Krankheitssymptomen ein, wie Nierenschäden, Muskelzittern, Reizbarkeit, Sprechstörungen, Gedächtnisschwäche, Lähmungen der Sinnesorgane, Schlafstörungen und Konzentrationsschwäche (FELLENBERG, 1997 a)

mitteln behandelt worden war, und Vergiftungen in der ältesten Quecksilberfabrik Deutschlands, in Marktredwitz in Oberfranken.
Sehr gut untersucht und beschrieben wurde die sog. Minamatakrankheit (ANONYMUS, 1976; FORTH et al., 1990; DAUNDERER, 1994). Sie äußert sich in Taubheitsgefühlen in Händen und Füßen, Einengung des Gesichtsfeldes beider Augen und Einschränkungen der Hörfähigkeit, besonders im oberen und unteren, hörbaren Frequenzbereich. Bei etwa einem Drittel der Patienten führte diese Krankheit zum Tod. Als Ursache für diesen aufsehenerregenden Fall erkannte man Quecksilberabfälle, die in einem Fluß deponiert wurden. Von dort aus gelangte das Quecksilber in die Minamata-Bucht der südjapanischen Insel Kyushu. Nach dem Wissensstand der 50er Jahre sollte das Quecksilber im Wasser sicher deponiert sein, doch es stellte sich heraus, daß Mikroorganismen Quecksilberionen methylieren können. Wegen der lipophilen Eigenschaften von Methyl- und Dimethylquecksilber($^{+}HgCH_3$ und $Hg(CH_3)_2$) resorbieren Lebewesen diese Verbindungen sehr viel leichter als elementares Quecksilber und Quecksilberionen und speichern sie in Fett- und Öldepots. Über die Nahrungsketten Plankton > Muscheln > Menschen und Plankton > Fische > Menschen gelangte das Quecksilber schließlich zu jenen Küstenbewohnern, die sich vorzugsweise durch Fischerei ernährten. Im Körper dieser Endglieder der Nahrungsketten erreichte das Quecksilber toxische Konzentrationen (Abb. 2.17). Verantwortlich für die starke Anreicherung im Körper ist die außerordentlich langsame Ausscheidung dieses Elements, dessen biologische Halbwertzeit (= Zeitspanne die verstreicht, bis die Hälfte des aufgenommenen Stoffes ausgeschieden ist) bei den meisten Geweben des menschlichen Körpers 70-80 Tage beträgt. Geht man davon aus, daß die Fischer praktisch täglich Fisch und Muscheln verzehrten, dann muß bei dieser zögerlichen Ausscheidung des Quecksilbers dessen Gehalt im Organismus rasch zunehmen.
Angesichts der Toxizität des Quecksilbers, seiner Akkumulationstendenz im Körper, besonders wenn es in organisch gebundener Form vorliegt, und angesichts seiner sehr zögerlichen Ausscheidungsrate wurde Quecksilber aus vielen ursprünglichen Anwendungsbereichen verdrängt. Gegenwärtig wird es in Deutschland noch zur Herstellung einiger Typen von Batterien, in der Elektrotechnik und im Amalgam vieler Zahnfüllungen verwendet. Die Toxizität des Quecksilbers in Amalgamfüllungen, aus denen es in Spuren in Lösung geht, wird kontrovers diskutiert, vielleicht besonders deshalb, weil es Menschen gibt, die recht empfindlich auf Quecksilber reagieren, und solche, die erst bei viel höheren Konzentrationen Krankheitssymptome erkennen lassen. Die zur Zeit wichtigsten Emissionsquellen für Quecksilber sind Hüttenwerke und die Verbrennung fossiler Brennstoffe, besonders Steinkohle. Immissionsgrenzwerte für Quecksilber existieren nicht, weil es aus dem Alltagsleben weitgehend ferngehalten werden sollte. Der MAK-Wert für elementares Quecksilber liegt bei 0,1 $mg/m^3$ und für organische Quecksilberverbindungen bei 0,01 $mg/m^3$. Bei empfindlichen Personen können Giftwirkungen bereits bei 0,2 $\mu g$ Methylquecksilber pro ml Blut auftreten.

Doch nicht nur Quecksilber verursachte in Japan eine die Öffentlichkeit alarmierende Massenvergiftung, sondern auch Cadmium. Ein Personenkreis, der sich jahrelang von Cadmium-belastetem Reis ernährte, litt an Nierenfunktionsstörungen und an Osteoporose, dem sog. Knochenschwund. Unter dem Einfluß fortgesetzter Cadmiumaufnahme wurde Calcium aus den Knochen ausgeschwemmt und über die Nieren ausgeschieden. Die Knochen verformten sich und schrumpften in einem langjährigen Prozeß, der mit großen Schmerzen verbunden ist. Daher rührt der Name Itai-Itai-Krankheit, was soviel bedeutet, wie Aua Aua. Einige erkrankte Frauen verloren bis zu 30 cm an Körpergröße. Begleitet wird das Krankheitsbild von einer Anämie oder Blutarmut. Da Cadmium im Körper besonders gut an Proteine gebunden wird, kann es in Leber und Nieren einwandern und dort auch deponiert werden. Daneben reichert sich Cadmium in den Knochen an. Das Nervengewebe wird dagegen weniger beeinträchtigt als beispielsweise durch Quecksilber. Die biologische Halbwertzeit von Cadmium kann 10 Jahre und mehr erreichen. Deshalb gelten bereits kleinste Spuren dieses Metalls als gesundheitsbedrohlich, wenn sie jahrelang auf den Organismus einwirken. Die extrem hohe Halbwertzeit macht es verständlich, daß Cadmium auch in anderen Organismen und in Nahrungsketten angereichert wird.

Cadmium gehört nicht zu den technisch besonders oft verwendeten Metallen. Dennoch wird es in der Metallurgie für einige Legierungen benötigt, ferner zur Herstellung von Nickel-Cadmium-Akkumulatoren und in galvanischen Betrieben. Als Begleitstoff findet es sich in Phosphatdüngemitteln, besonders nordafrikanischer Herkunft, und tritt in Spuren im Klärschlamm auf. Zu den wichtigsten Emissionsquellen gehört die Verbrennung fossiler Brennstoffe und von Holz und Abfällen. Da Cadmium zu den krebserregenden Metallen gehört, gibt es dafür keinen MAK-Wert. Die WHO (World Health Organization) hält eine tägliche Aufnahme von 0,07 mg für den kritischen Grenzwert, der nicht überschritten werden sollte. In Deutschland schätzt man die tägliche Aufnahme mit der Nahrung normalerweise auf etwa 0,03 mg. Da Cadmium besonders in Leber und Nieren des Schlachtviehs sowie im sporogenen Gewebe (= Lamellen) von Freilandchampignons gespeichert wird, empfiehlt man, diese Lebensmittel nur gelegentlich zu essen ( BELITZ und GROSCH, 1987; KAIM und SCHWEDERSKI, 1991).

Cadmium und Quecksilber schädigen auch Pflanzen, jedoch werden die dazu erforderlichen Mengen normalerweise in Mitteleuropa nicht erreicht. Quecksilber wird von Pflanzen offenbar nur schwer aufgenommen, wesentlich leichter dagegen Cadmium, so daß man bei cadmiumexponierten Pflanzen darauf achten muß, daß sie nicht mehr als 10 ppm Cadmium enthalten. Oberhalb dieser kritischen Grenzkonzentration kann deren Wachstum gehemmt werden (HOCK und ELSTNER, 1995).

Neben Cadmium, Quecksilber und Blei sollen einige weitere Schwermetalle wenigstens kurz erwähnt werden. Zu den häufig verwendeten Schwermetallen gehört Kupfer. Dieses Metall ist unentbehrlich in der Elektrotechnik, und man verwendet es für Rohrleitungen und als Legierungsmetall. Seine Toxizität gegenüber Menschen und höheren Pflanzen ist in der Regel relativ gering. Auch hierbei sollte man die individuell unterschiedliche Empfindlichkeit der Menschen berücksichtigen. Stark toxisch wirken dagegen Kupfer-Ionen gegenüber Algen, Schimmelpilzen und Bakterien. Bei Tieren, Menschen und Pflanzen ist Kupfer in einigen Enzymen (z. B. in Redoxenzymen) enthalten. In kleinen Mengen gehört es deshalb zu den sog. essentiellen Schwermetallen. Neben Kupfer wird Zink häufig verwendet, und zwar als Korrosionsschutz für Eisen, zur Herstellung von Zink-Kohle-Batterien und als Legierungsmetall. Auch dieses Schwermetall ist in geringer Konzentration für Lebewesen essentiell, d. h., es wird in einige Enzyme (z. B. in Dehydrogenasen) eingebaut. In größeren Mengen kann es jedoch Brechreiz, Durchfall und Fieber hervorrufen. Für Zinkoxid wurde deshalb ein MAK-Wert von 5 $mg/m^3$ festgesetzt. Empfindliche Pflanzen können mit Verfärbungen und Minderwuchs reagieren, wenn der Boden mehr als 300 mg Zink pro Kilogramm enthält. Ebenfalls als Korrosionsschuz dient Zinn, das hauptsächlich zur Herstellung von Weißblech verwendet wird. Daneben dient es als Legierungsmetall. Als reines Metall benötigt man es in der Elektrotechnik und zur Herstellung von Zinngeschirr. Das reine Metall wirkt wenig toxisch, aber in Organo-Zinn-Verbindungen nimmt dessen Giftigkeit stark zu. Organisch gebundenes Zinn entsteht in der Natur unter dem Einfluß methylierender Bakterien, und technisch stellt man es für Antifoulingfarben her (Absch. 2.2.5). Für organische Zinnverbindungen gilt ein MAK-Wert von 2 $mg/m^3$. Gleichermaßen für unedle Metalle als Schutzüberzug wie für Legierungen verwendet man Chrom und Nickel, und außerdem dienten früher Chromsalze zum Gerben von Leder und zur Herstellung von Farben. Nickel verursacht bei empfindlichen Personen nach Kontakt mit der Haut Allergien (Abschn. 2.1.6). Vom Körper resorbiertes Nickel kann krebserregend wirken, und als besonders stark toxisch hat sich die Verbindung Nickeltetracarbonyl herausgestellt. Für einatembaren Nickelstaub gilt ein TRK-Wert von 0,5 $mg/m^3$. Auch Chrom gehört in Form von löslichen Verbindungen zu den cancerogenen und mutagenen Metallen. Akute Vergiftungen äußern sich in Schädigungen verschiedener Organe und Gewebe, wie Magen, Darm, Leber, Nieren und Knochenmark. Trotz seiner Giftigkeit in höheren Konzentrationen gelten sehr geringe Dosen von Chrom als essentiell, weil dieses Metall für den Glucose-Stoffwechsel erforderlich ist. Man nimmt an, daß eine tägliche Aufnahme von etwa 50-200 µg erforderlich ist. Bei höheren Pflanzen verursachen lösliche Chrom-VI-Verbindungen Chlorosen, und bei niederen Planzen wirken sie allgemein stark toxisch. Im Boden werden lösliche Chromverbindungen im Laufe der Zeit in schwerlösliche Chrom-III-Verbindungen umgewandelt und damit praktisch entgiftet.

Gegenwärtig von geringer praktischer Bedeutung ist Arsen. Man verwendet es nur noch bei der Herstellung von Halbleitern und von Schrotkugeln. Früher fand es umfangreichen Einsatz als Schädlingsbekämpfungsmittel, als illegaler Futtermittelzusatz zur Mastbeschleunigung von Schlachtvieh, und es wurde gelegentlich in der Humanmedizin eingesetzt. Akute Vergiftungen bei Überdosierung oder bei der in vergangenen Epochen praktizierten Anwendung als Giftmordmittel führen zu Brechdurchfällen, Krämpfen, Kreislaufkollaps und Atemlähmung. Da auch Arsen zu den cancerogenen Metalloiden gehört, gilt ein TRK-Wert von 0,1 $mg/m^3$

(FORTH et al., 1990; KAIM und SCHWEDERSKI, 1991; HULPKE et al., 1993). Auch beim Arsen steht man vor der erstaunlichen Tatsache, daß ein in bestimmten Konzentrationen cancerogen wirkendes Metall in sehr geringen Konzentrationen essentiell ist, wenngleich dessen physiologische Funktionen noch sehr unvollständig bekannt sind (ELMADFA und LEITZMANN, 1988).

Der kurze Überblick über einige wichtige Schwermetalle und Metalloide sollte zeigen, daß diese Gruppe von Elementen ein sehr differenziertes Wirkungsmuster auf Lebewesen zeigt. Häufig zu beobachtende Umwandlungen im Freiland zu schwerlöslichen Verbindungen sollten zu einer Entgiftung beitragen. In der Regel kann jedoch Säureeinwirkung, auch in Form von sauren Niederschlägen, die Schwermetalle erneut mobilisieren. Deshalb ist es notwendig, möglichen Eintritt von Schwermetallen in die Nahrung der Menschen, in die Atemluft und in das Trinkwasser ständig sorgfältig zu kontrollieren, zumal präzise Vorschriften über höchstzulässige Konzentrationen von Schwermetallen in Lebensmitteln (BELITZ und GROSCH, 1987), in Böden und im Klärschlamm (BLUME, 1990; ANONYMUS, 1997) existieren. Eine Verminderung der technischen Anwendung von besonders giftigen Schwermetallen bildet nur eine Voraussetzung, das Schwermetallproblem künftig besser zu beherrschen. Eine andere wichtige Emissionsquelle stellt die Verbrennung fossiler Brennstoffe und von Holz dar, wobei alle wichtigen Schwermetalle in kleinen Mengen und in feinster Verteilung in die Luft emittiert werden. Für diese Quellen sind jedoch Einschränkungen noch lange nicht in Sicht. Obwohl Schwermetalle ein sehr umfangreiches Umweltproblem darstellen, können auch andere Metalle toxisch wirken. Beispielsweise verursacht Aluminiumstaub Entzündungen der Luftwege beim Menschen. Jahrelang eingeatmeter Aluminiumstaub kann sogar Lungenfibrose verursachen, eine bindegewebige Veränderung des Lungengewebes, das dadurch seine Fähigkeit zum Gasaustausch weitgehend einbüßt. Die Aufnahme größerer Mengen löslicher Aluminiumverbindungen soll Arteriosklerose fördern. Ob auch die Alzheimersche Krankheit mit der Resorption von Aluminium in Beziehung steht, ist noch ungewiß. Durch Pflanzenwurzeln aufgenommene Aluminiumionen hemmen Sproß- und Wurzelwachstum und verhindern die Bildung von Seitenwurzeln. Auch Regenwürmer und andere Kleinlebewesen im Boden werden durch Aluminiumionen geschädigt. Normalerweise sollte in den Böden Aluminium in unlöslicher Form vorliegen. In stark angesäuerten, pufferungsarmen Böden können jedoch Aluminiumionen freigesetzt werden und dann toxisch wirken (BLUME, 1990; FORTH et al., 1990; GISI, 1990).

Ähnlich wie Aluminiumstaub führt auch Berylliumstaub zu Entzündungen der Luftwege. Berylliumstäuben sind jedoch nur Personen in der Metallindustrie ausgesetzt, wo dieses Metall zur Legierung mit anderen Leichtmetallen verwendet wird. Ferner benutzt man es in Form von Beryllium-Aluminium-Silikat in der Schleifmittelindustrie. Ebenfalls nur in der metallverarbeitenden Industrie können Stäube verschiedener Hartmetalle auftreten, zu denen man u. a. Wolfram, Titan und Molybdän zählt. Stäube dieser Metalle lassen die Lunge anfälliger gegenüber Bakterieninfektionen werden. In gleicher Weise wirkt auch Thomasmehl, das bei der Stahlgewinnung nach dem Thomas-Verfahren anfällt (ALLOWAY und AYRES, 1996).

## 2.2.7 Radionuklide

Die bisher besprochenen, giftigen Stoffe greifen in verschiedene Reaktionsabläufe des Zellstoffwechsels ein, steuern die natürlicherweise ablaufenden Reaktionen um und wirken damit "giftig". Wesentlich härter greifen radioaktive Elemente in das Stoffwechselgeschehen ein. Sie sind in der Lage, bestehende chemische Bindungen aufzubrechen oder Stoffe zu ionisieren. Dabei können sich die Eigenschaften der Ursprungssubstanzen ändern, was sich stets dann nachhaltig bemerkbar macht, wenn die betreffenden Stoffe Träger von Erbeigenschaften sind, also Nucleinsäuren. Bevor diese Konsequenzen näher erörtert werden, soll zunächst kurz das Wesen der Radioaktivität vorgestellt werden.

Einige natürlich vorkommende Elemente sind so schwer (Kernladungszahl > 83), daß sie von selber zerfallen, wobei aus dem Atomkern ein Heliumkern, Alpha-Teilchen (2 Protonen und 2 Neutronen) oder Beta-Teilchen (Elektronen) freigesetzt werden. Man nennt diese Teilchen Alpha- und Beta-Strahlen. Bei dem Zerfall werden die Atomkerne in einen angeregten Zustand versetzt. Zum Abbau dieses Zustands können die Kerne sehr kurzwellige Gamma-Strahlen (Wellenlänge ca. 0,1 nm) oder die etwas längerwelligen Röntgenstrahlen (Wellenlänge zwischen UV-Strahlen und Gamma-Strahlen) abgeben. Beim Alpha-Zerfall entsteht ein Element mit einer geringeren Kernmasse (Abb. 2.19), beim Beta-Zerfall entsteht ein Element mit einer zusätzlichen positiven Kernladung bei gleichbleibender Kernmasse.

Neben Alpha-, Beta- und Gamma-Strahlen gibt es Neutronenstrahlen. Neutronen können beispielsweise aus Isotopen des spontan spaltenden Curiums freigesetzt werden, oder aus den durch sog. thermische Neutronen leicht spaltbaren Elementen Uran 235 und Plutonium 239. Obwohl Neutronen im Atomkern stabil sind, können sie sich in seltenen Fällen im freien Zustand als Beta-Strahler verhalten. Die stärkste, künstliche Strahlenquelle für Neutronen stellen die Brennstäbe der Kernkraftwerke dar (SCHINDEWOLF, 1995; BROCKHAUS, 1993; BERTRAM, 1998).

Radioaktive Elemente entstehen nicht nur auf natürlichem Wege, sie können auch künstlich hergestellt werden, beispielsweise durch Beschießen von Atomkernen mit genügend energiereichen Neutronen. Die getroffenen Kerne zerfallen dann zu kleineren Bruchstücken und bilden damit neue Elemente. Die aus dem Atomkern dabei austretende Strahlung ist außerordentlich energiereich, im Vergleich mit der Energiefreisetzung bei chemischen Prozessen. Während bei der Wasserbildung aus Wasserstoff und Sauerstoff (Knallgasreaktion) pro Molekül ein Energiebetrag von etwa 3 Elektronenvolt (eV) freigesetzt wird, liegt der Energiegehalt von Gammastrahlen bei durchschnittlich etwa 1 Mio Elektronenvolt (MeV) und derjenige von Alphastrahlen bei etwa 4-9 MeV (HOLLEMANN und WIBERG, 1985). Die Energie freigesetzter Neutronen kann in weiten Grenzen variieren, je nachdem, ob es sich um sog. thermische Neutronen (0,01-0,1 eV) oder um schnelle Neutronen (100 KeV-50 MeV) handelt.

Die Kernstrahlen natürlicher und künstlich hergestellter radioaktiver Elemente oder Radionuklide verlieren ihre Energie bei Zusammenstößen mit Molekülen des Mediums, in dem sich die Strahlen fortbewegen. Alphastrahlen stellen verhältnismäßig große Partikel dar, die dementsprechend häufig mit Molekülen des durchstrahlten Mediums kollidieren. In Luft haben sie ihre Energie nach einer Strecke von 2,5-9 cm eingebüßt. In weiche Gewebe dringen sie nicht einmal einen Millimeter tief ein. Da bei jedem Zusammenstoß mit einem Molekül ein Ionenpaar zurückbleibt, hinterlassen sie auf ihrem Weg eine dichte Spur von Ionenpaaren. Man spricht deshalb von einer hohen Ionisationsdichte, die Alphastrahlen auf ihrem kurzen Weg durch das durchstrahlte Medium erzeugen. Betastrahlen als ungleich kleinere Partikel kollidieren entsprechend seltener mit Molekülen des Mediums, d. h., sie erzeugen eine wesentlich geringere Ionisationsdichte. Dafür pflanzen sich Betastrahlen in Luft etwa 150-850 cm weit fort, bis ihre Energie verbraucht ist. In weiche Gewebe von Lebewesen dringen sie wenige Zentimeter tief ein. Gamma- und Röntgenstrahlen als elektromagnetische Wellen haben die geringste Ionisationsdichte und können deshalb in Luft etliche Meter weit vordringen. Weiche Gewebe von Organismen werden völlig durchstrahlt. Wenn Neutronen mit Atomkernen kollidieren und das Neutron dabei in einen Atomkern integriert wird (Neutroneneinfang), dann zerfällt der Kern unter Abgabe von Gamma-Strahlen, und es können neue, radioaktive Elemente entstehen. Die biologische Wirkung von Neutronen wurde bisher kaum untersucht. Dennoch kann man davon ausgehen, daß sie für Lebewesen äußerst gefährlich sind, weil bei jedem Neutroneneinfang Gamma-Strahlen freigesetzt werden und weil dabei radioaktive Elemente entstehen. Auch die Durchdringungsfähigkeit von Materialien ist offenbar außerordentlich groß. Der Umgang mit Neutronenstrahlern muß deshalb als besonders riskant angesehen werden (BERTRAM, 1998).

Die Kollisionen von Alpha-, Beta- und Gamma-Strahlen mit Molekülen des durchstrahlten Mediums bedürfen einer etwas genaueren Betrachtung, um die Auswirkungen der Strahlen auf lebende Gewebe besser verstehen zu können. In den meisten Fällen ergeben sich aus solchen Zusammenstößen zwei verschiedene Folgen: Entweder werden Elektronen aus der Atomhülle herausgeschleudert, oder es wird ein Elektron lediglich auf ein höheres Energieniveau angehoben. Wird ein Elektron aus einer Atomhülle freigesetzt, dann entsteht ein Ionenpaar, bestehend aus dem freigesetzten Elektron und dem um ein Elektron ärmeren Restatom. Beide Ionen besitzen nun andere chemische Eigenschaften als das Molekül vor dem Zusammenstoß. Wird bei der Kollision ein Elektron lediglich auf ein höheres Energieniveau angehoben, dann kann es von da aus später wieder in seine ursprüngliche Position zurückfallen. Trotzdem wird damit nicht unbedingt der ursprüngliche Zustand des Atoms oder des Moleküls wieder hergestellt, denn beim Zurückfallen des Elektrons wird die durch die Kollision zugeführte Energie wieder freigesetzt. Sie kann das betreffende Atom oder Molekül dazu befähigen, eine chemische Reaktion mit anderen Stoffen einzugehen. In jedem der beiden geschilderten Fälle können die getroffenen Moleküle oder Atome Reaktionen eingehen, die zuvor nicht unbedingt möglich waren. Damit können fehlerhafte Vorgänge im Stoffwechsel ablaufen. Bei einmaliger Bestrahlung werden solche Fehler häufig nur eine kurze Episode im Stoffwechsel darstellen, weil viele Stoffe in der Zelle selber nur eine kurze Lebensdauer besitzen, um anschließend durch neu gebildete, gleichartige Stoffe ersetzt zu werden. Dennoch können solche Störungen ernste Erkrankungen oder den Tod des betroffenen Lebewesens verursachen, wenn sie in zu großer Zahl auftreten und dadurch den normalen Stoffwechsel völlig entgleisen lassen.

Besonders nachhaltig wirken sich jedoch alle Strahlenschäden aus, die an der Erbsubstanz ablaufen. Solche Schäden bleiben nicht nur erhalten, sie werden auch bei der Zellteilung an die Tochterzellen weitergegeben, und wenn sich Strahlenschäden an der DNA der Fortpflanzungszellen in den Gonaden ereignen, dann werden sie sogar an alle Nachkommen weitergereicht. Wie Strahlenschäden an der DNA aussehen können, zeigt Abb. 2.18. Danach wird die Veränderung eines

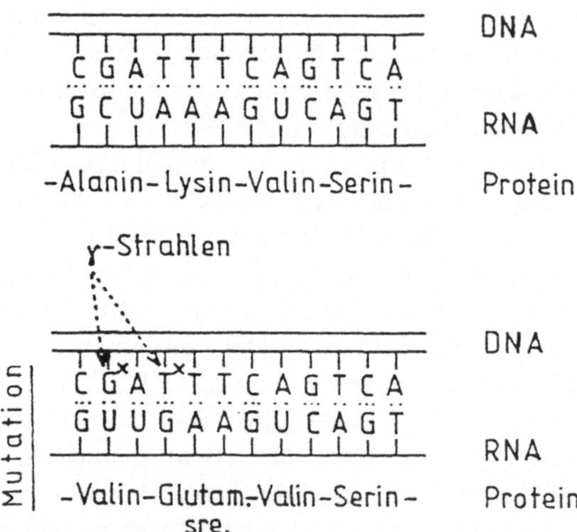


Abb. 2.18 Weg der Übertragung der Erbinformation in einer Zelle mit und ohne Mutation. An der DNA (Doppelstrang) wird eine komplementäre RNA gebildet (einfacher Strang), und deren Information wird in den Aufbau von Proteinen umgesetzt. Dabei codieren drei Basen eine Aminosäure. In der Abbildung unten haben Gamma-Strahlen einen Guanin-Rest und einen Thymin-Rest ionisiert (x). Diese zeigen ein verändertes Verhalten bei der RNA-Synthese, so daß anstelle von Cytosin (oben) Uracil steht (unten) und statt Adenin (oben) Guanin (unten). Das hat zur Folge, daß im Protein anstelle der Aminosäure Alanin (oben) die Aminosäure Valin (unten) eingebaut wird und anstelle von Lysin (oben) die Aminosäure Glutaminsäure (unten) (FELLENBERG, 1977; verändert)

DNA-Bausteins zur Bildung eines veränderten Proteins führen. Ob die Veränderung der Aminosäure eines Proteins negative Auswirkungen auf dessen biologische Funktionen ausübt, hängt davon ab, ob die Veränderung eine für die Proteinfunktion wichtige oder unwichtige Position betrifft. Grundsätzlich gilt jedoch, daß mit zunehmender Zahl von Defekten auf der DNA bzw. an den Proteinen die Wahrscheinlichkeit zunimmt, daß das veränderte Protein funktionsunfähig wird. Die praktischen Auswirkungen kann man sich unschwer vorstellen: Wird z. B. ein wichtiges Atmungsenzym funktionsuntüchtig, dann kann die Atmung zusammenbrechen, ist ein Enzym für die Bildung des roten Blutfarbstoffs betroffen, dann wird die Bildung dieses Farbstoffs unterbunden, oder er kann nicht mehr exakt arbeiten.
Eine Komplikation der Strahlenwirkung besteht darin, daß an der DNA nicht nur direkte Strahlentreffer Veränderungen oder Mutationen auslösen können, sondern daß zusätzlich indirekte Effekte die DNA verändern. Da eine Zelle zu 80-90 % aus Wasser besteht, werden notwendigerweise Wassermoleküle am häufigsten von Kernstrahlen getroffen. Dieses, auf den ersten Blick so harmlos anmutende Ereignis zieht außerordentlich ernste Folgen nach sich. Das durch energiereiche Strahlen getroffene Wassermolekül setzt ein Elektron frei, das sich mit einer Lösungsmittelhülle umgibt (aq), und zerfällt dabei in ein Wasserstoffatom und und in ein Hydroxylradikal (Gl. 2.6). Die Spaltprodukte können sofort wieder zu Wasser

Gl. 2.6 $$H_2O \xrightarrow[e^-_{aq}]{\text{Radiolyse}} (H) + OH^\bullet$$

zusammentreten, sie können aber auch mit dem Sauerstoff in der Zelle weitere Radikale und Peroxiradikale bilden, die teils in viele weitere Reaktionen eingreifen oder Wasserstoffperoxid bilden. Wasserstoffperoxid beteiligt sich an vielen Oxidationsprozessen in der Zelle und beeinträchtigt damit deren normale Funktionen. Beispielsweise führt man die nach intensiver Strahlenbelastung oft auftretenden Blutungen darauf zurück, daß Zellmembranen geschädigt wurden. Diese Schädigungen gehen auf meist oxidative Veränderungen ungesättigter Fettsäuren in den Zellmembranen zurück. Ähnliches hatten wir bereits bei der Ödembildung nach Ozoneinwirkung kennengelernt (Abschn. 2.2.2.4). Radikale und Wasserstoffperoxid reagieren auch mit der DNA und verursachen Mutationen in Form von oxidativen Veränderungen der DNA-Basen oder in Form von Strangbrüchen der DNA-Moleküle (WEISH und GRUBER, 1986; PETZOLD und KRIEGER, 1988; HOCK und ELSTNER, 1995), die wiederum vielfältige genetische Veränderungen zur Folge haben können. Die genetischen Veränderungen durch Sekundäreffekte der energiereichen Strahlen hält man für wesentlich umfangreicher als diejenigen, die durch direkte Treffer der DNA hervorgerufen werden. Wegen der großen Bedeutung der Peroxide und Radikale wird es verständlich, daß sog. Strahlenschutzstoffe die Anzahl strahleninduzierter Veränderungen reduzieren können. Als Strahlenschutzstoffe haben sich Reduktionsmittel wie Ascorbinsäure und Glutathion ebenso bewährt wie das als "Radikalfänger" bezeichnete Vitamin E. Solche Stoffe können allerdings nur wirksam werden, wenn sie unmittelbar *vor* einer Strahlenexposition eingenommen werden.

Die hier kurz vorgestellten biologischen Strahlenschäden werden noch in vielfältiger Weise modifiziert. Neben Strahlenschutzstoffen kann ein zelleigenes DNA-Reparatursystem die Anzahl der strahleninduzierten Mutationen vermindern. Das funktioniert allerdings nur dann, wenn die Mutation nur auf einem der beiden DNA-Stränge der Doppelhelix stattgefunden hat. Nur in diesem Fall kann das Reparatursystem die fehlerhafte Stelle herausschneiden und am Vorbild des intakt gebliebenen Strangs wieder herstellen. Die Mutation ist dann für immer beseitigt. Dieses Reparatursystem altert jedoch mit zunehmendem Lebensalter eines Individuums und ist deshalb nur bei jungen Lebewesen voll aktiv. Die Mutationsrate nimmt stets zu, wenn ein teilungsaktives Gewebe bestrahlt wird, wie z. B. Knochenmark, Haarbälge oder das Bildungsgewebe der Haut, denn vor jeder Zellteilung wird die DNA verdoppelt und dabei zu zwei Einzelsträngen gespalten. In diesem einsträngigen Zustand reichen bereits geringere Strahlendosen für eine Mutationsbildung aus, als im Doppelstrangzustand. Deshalb sind auch jugendliche, noch wachsende Individuen strahlenempfindlicher, als ausgewachsene Lebewesen mit ihrer nur noch vergleichsweise geringen Teilungsaktivität.

Die Doppelsträngigkeit der DNA wird durch Wasserstoffbrücken zwischen einander gegenüberliegenden DNA-Basen aufrechterhalten. Es gibt Basenpaare mit zwei Wasserstoffbrücken (Adenin und Thymin) und solche mit drei Wasserstoffbrücken (Cytosin und Guanin). Da die weniger stabilen, doppelten Wasserstoffbrücken schon bei geringeren Strahlenintensitäten Mutationen zulassen als die stabileren dreifachen Wasserstoffbrücken, spielt auch die Zusammensetzung der DNA oder verschiedener DNA-Abschnitte eine gewisse Rolle bei der Mutationsbildung.

Neben den hier angedeuteten Komplikationen bei der strahleninduzierten Mutationsauslösung sind weitere Strahleneffekte bekannt, die alle zusammen dazu führen, daß in der Regel keine linearen Beziehungen zwischen Strahlendosis und Mutationsrate gefunden werden, obwohl man rein theroretisch eine solche Beziehung erwarten sollte.

Es gestaltet sich sehr schwierig, die tatsächlich auftretende Mutationsrate bei einer bestimmten Strahlendosis zu bestimmen oder vorherzusagen. Unser Vorstellungsvermögen versagt jedoch weitgehend, wenn wir uns nach den Auswirkungen der künstlich erzeugten Mutationen auf die Weiterentwicklung der Menschen oder anderer Lebewesen fragen. Für Schwierigkeiten sorgt nicht zuletzt die Tatsache, daß die Mehrzahl der Mutationen vitalitätsmindernd wirken. Zwar ist von Untersuchungen an Tierpopulationen bekannt, daß eine Population viele vitalitätsmindernde Mutationen ansammeln kann, ohne daß sich das nachteilig auf deren Lebensfähigkeit auswirkt. Doch während Tiere und Pflanzen unter dem Einfluß vieler Umwelteinflüsse stehen, die *stark* vitalitätsmindernde Erbanlagen im Laufe der Zeit durch den vorzeitigen Tod ihrer Träger ausselektionieren, hat sich der Mensch diesem natürlichen Selektionsdruck weitgehend entzogen und dürfte deshalb stärker als Tier- und Pflanzenpopulationen vitalitätsmindernde Mutationen anreichern. Nach wie vor ist es völlig unbekannt, wie viele vitalitätsmindernde Mutationen eine Population anreichern kann, ohne dadurch Degenerationserscheinungen zu erleiden. Solche Unwägbarkeiten sollten dazu mahnen, mit mutagenen Agentien wie energiereichen Strahlen und Chemikalien ganz besonders sorgfältig umzugehen, um nicht kommende Generationen mit dem Problem angereicherter vitalitätsmindernder Mutationen zu konfrontieren.

Mit der Mutationsauslösung energiereicher Strahlen steht auch deren Einfluß auf die Krebsbildung in Beziehung, denn nicht nur chemische Mutagene sind in den Vorgang der Krebsbildung eingebunden (Abschn. 2.2.4), sondern ebenso mutagen wirkende Strahlen. Ein Schwellenwert existiert offenbar nicht, oberhalb dessen Krebsbildung einsetzt. Geringe Strahlendosen verursachen lediglich so geringe Krebsbildungsraten, daß sie statistisch schwer nachweisbar sind. Das kann deshalb mitunter so schwierig sein, weil neben künstlich induziertem Krebs stets eine gewisse, spontane Krebsbildung stattfindet und die künstlich erzeugte Krebsrate überlagert. Da man für die strahleninduzierte Krebsentstehung ebenso wie für die durch Chemikalien ausgelöste Krebsentstehung einen langandauernden, mehrstufigen Entwicklungsprozeß annehmen muß (Abschn. 2.2.4), gehört die strahleninduzierte Krebsbildung zu den Spätschäden, die erst Jahre nach der Strahlenwirkung auftreten. Dieses Phänomen wird besonders in Weißrußland sichtbar, das dem frühen "fall out" nach dem Reaktorunglück von Tschernobyl in besonderem Maße ausgesetzt war. Die Kalkulation der zu erwartenden Krebsrate nach dem Einwirken einer bestimmten Strahlendosis wird erschwert, weil man nicht genau weiß, welche Strahlendosis eine Verdoppelung der natürlichen Krebsrate hervorruft (WEISH und GRUBER, 1986).

Schließlich existiert neben Mutationsauslösung und Krebsbildung noch ein drittes, strahleninduziertes Krankheitsbild, das sog. akute Strahlensyndrom. Darunter versteht man eine ganze Reihe von Krankheitssymptomen, die sich sofort oder wenige Tage nach einer Bestrahlung einstellen. Dazu gehören unspezifische Merkmale, wie Unwohlsein, Übelkeit und Erbrechen, sowie allgemeine Mattigkeit. Später können sich dazu Haarausfall, Blutungen und allgemeiner Kräfteverfall gesellen, und bei hohen Strahlendosen kann schließlich der Tod eintreten. Grundsätzlich geht man davon aus, daß die Heilungschancen nach einer Strahlenexposition umso größer sind, je später die beschriebenen Symptome nach der Strahlenwirkung auftreten. Das "akute Strahlensyndrom" ist von der einwirkenden Strahlendosis abhängig (Tab. 2.12) (GLOEBEL et al., 1980; ENGELHARDT, 1983).

Was bedeutet jedoch der Begriff "Dosisabhängigkeit" konkret? Dazu müssen wir die gebräuchlichsten Dosismeßwerte kennen. Ein Maß für die Strahlendosis oder die Strahlenmenge liefert die Anzahl der Ionenpaare, die energiereiche Strahlen erzeugen. Die Einheit dafür bildet das Röntgen (R), das diejenige Strahlenmenge darstellt, die in einem $cm^3$ Luft 2,082 Mrd Ionenpaare erzeugt. Biologisch ist es durchaus bedeutsam, in welcher Zeitspanne sich Atomkernzerfälle ereignen und Kernstrahlen freisetzen. Die Zerfälle pro Zeiteinheit mißt man in Becquerel (Bq), wobei 1 Bq 1 Zerfall pro Sekunde bedeutet. Will man die Schädigung eines leben-

Tabelle 2.12 Symptome des akuten Strahlensyndroms nach Einwirkung verschiedener Dosen von Gammastrahlen, angegeben in Röntgen (R), bei kurzzeitiger Ganzkörper-Bestrahlung (MARQUARDT und SCHUBERT, 1959)

| Zeitraum nach Bestrahlung | 700 R | 400 R | 100 R |
|---|---|---|---|
| 1. Woche | Übelkeit und Erbrechen nach 1-2 Std, Durchfall, Fieber, Kräfteverfall | Übelkeit und Erbrechen | keine deutlichen Symptome |
| 2. Woche | Tod in ca. 100 % der Fälle | keine deutlichen Symptome | keine deutlichen Symptome |
| 3. Woche | | Unwohlsein, Haarausfall, Mattigkeit, Fieber, Entzündungen in Mund und Rachen, kleine Blutungen | Übelkeit, Mattigkeit, Haarausfall, Entzündungen in Mund und Rachen, kleine Blutungen, Durchfall |
| 4. Woche | | Kräfteverfall, Tod in ca. 50 % der Fälle | mäßiger Kräfteverfall, später in der Regel Erholung |

den Gewebes durch energiereiche Strahlen genau erfassen, dann muß man streng genommen nur die vom Gewebe tatsächlich absorbierte Strahlendosis berücksichtigen. Das Maß hierfür bildet das Gray (Gy), das als 1 Joule pro Kilogramm Gewebe definiert ist. In der Literatur findet man häufig noch die Größenordnung rad (*r*adiation *a*bsorbed *d*ose), die 0,01 Gy entspricht. Demzufolge ist 1 Gy = 100 rad. Eine Komplikation besteht darin, daß verschiedene Strahlenarten unterschiedliche Ionisationsdichten erzeugen. Man ermittelt also die biologische Wirksamkeit jeder Strahlenart und bezieht sie auf die Energie von Photonen (100-200 keV). Den so erzielten Faktor multipliziert man mit der Strahlendosis und erhält damit das Sievert (Sv), das ebenfalls 1 J/kg entspricht. In der Literatur begegnet man noch häufig der älteren Größe rem (*r*adiation *a*bsorbed *m*en), die 0,01 Sv entspricht. Das Sievert gilt allerdings streng genommen nur für weiche Gewebe, nicht für Knochen. Für eine grobe Abschätzung der Strahlenwirkung kann man die

Größen Röntgen, Gray und Sievert gleichsetzen, aber man sollte nie vergessen, daß tatsächlich wesentlich kompliziertere Verhältnisse vorliegen, die vor allem durch die unterschiedlichen Strahlenarten und die unterschiedlichen, bestrahlten Gewebetypen gekennzeichnet sind.

Will man versuchen, sich einen Überblick über die Belastungen der Lebewesen mit energiereichen Strahlen zu verschaffen, dann muß man zunächst berücksichtigen, daß solche Strahlen natürlichen Ursprungs existieren, denen man praktisch immer ausgesetzt ist. Diese natürliche Strahlung stammt zum kleineren Teil aus dem Kosmos, zum größeren Teil aus der Erde, zumindest solange man sich etwa in Meeresniveau aufhält. Mit zunehmender Höhe nimmt die kosmische Strahlung zu, und zwar um ca. 0,01 mSv pro 50 m Höhenzunahme (WEISH und GRUBER, 1986). Die Strahlenbelastung aus dem Gesteinsuntergrund ändert sich mit der Art des vorliegenden Gesteins. Sedimentgestein gibt höchstens ein Drittel der Strahlung von Urgestein (Granit, Gneis usw.) ab. Somit kann die natürliche Strahlenexposition in Abhängigkeit von der geographischen Lage erheblich variieren. Lediglich die Gammastrahlung aus dem natürlichen Radioisotop Kalium-40, das mit der Nahrung regelmäßig aufgenommen wird, ist überall etwa gleich groß. So ergibt sich in Meeresspiegelniveau auf Sedimentuntergrund eine natürliche Strahlenbelastung von etwa 0,73 mSv pro Jahr und auf Urgesteinsuntergrund von etwa 1,40 mSv pro Jahr (WEISH und GRUBER, 1986). Bei der natürlichen Strahlenbelastung der Menschen kommt noch eine weitere Komplikation in Form des radioaktiven Edelgases Radon dazu, das im Boden durch Zerfall von Radium freigesetzt wird. Eigentlich sollte dieses Gas keine nennenswerte Bedeutung für die Gesundheit der Menschen besitzen, weil es sich beim Einatmen praktisch nicht im Bronchialschleim löst und deshalb sofort wieder ausgeatmet wird. Radon zerfällt jedoch sehr schnell. Seine Halbwertzeit beträgt nur 3,8 Tage (Abb. 2.19), doch beim Zerfall entstehen radioaktive Metalle (Polonium, Blei, Bismut), die an Staubpartikel adsorbiert werden und auch mit diesen in die Lunge gelangen. Dort werden die Metalle von der Bronchialschleimhaut festgehalten und bestrahlen dieses besonders empfindliche Gewebe aus nächster Nähe, wobei besonders die Alpha-Strahler Polonium-218 und Polonium-214 für eine hohe Ionisationsdichte sorgen. Als Folge davon kann Bronchialkrebs entstehen. Dieses Problem ist seit Jahrhunderten vom Bergbau bekannt, wo die Bergleute in schlecht belüfteten Stollen dem aus der Erde ausströmenden Radon und seinen Zerfallsprodukten ausgesetzt sind. Inzwischen kennt man dieses Problem auch von Wohn- und Geschäftshäusern. Dabei sind es weniger die verschiedenen Baustoffe, die zu große Mengen von Radon abgeben, als vielmehr der Untergrund, auf dem die Häuser stehen. Durch Fugen und Ritzen im Mauerwerk tritt Radon zunächst in die Kellerräume ein und verteilt sich von dort aus im ganzen Haus. Auf Grund von Messungen in mehreren tausend Wohnungen hat man errechnet, daß sich daraus eine durchschnittliche Belastung des Bronchialepithels bis zu 20 mSv pro Jahr ergibt (Abb. 2.19). Das ist ein Vielfaches dessen, was auf die Bronchien aus kosmischer und terrestrischer Strahlung sowie aus Radionukliden in der Nahrung einwirkt (ANONYMUS, 1991 a; 1991 b; JACOBI, 1986). Zur Verminderung

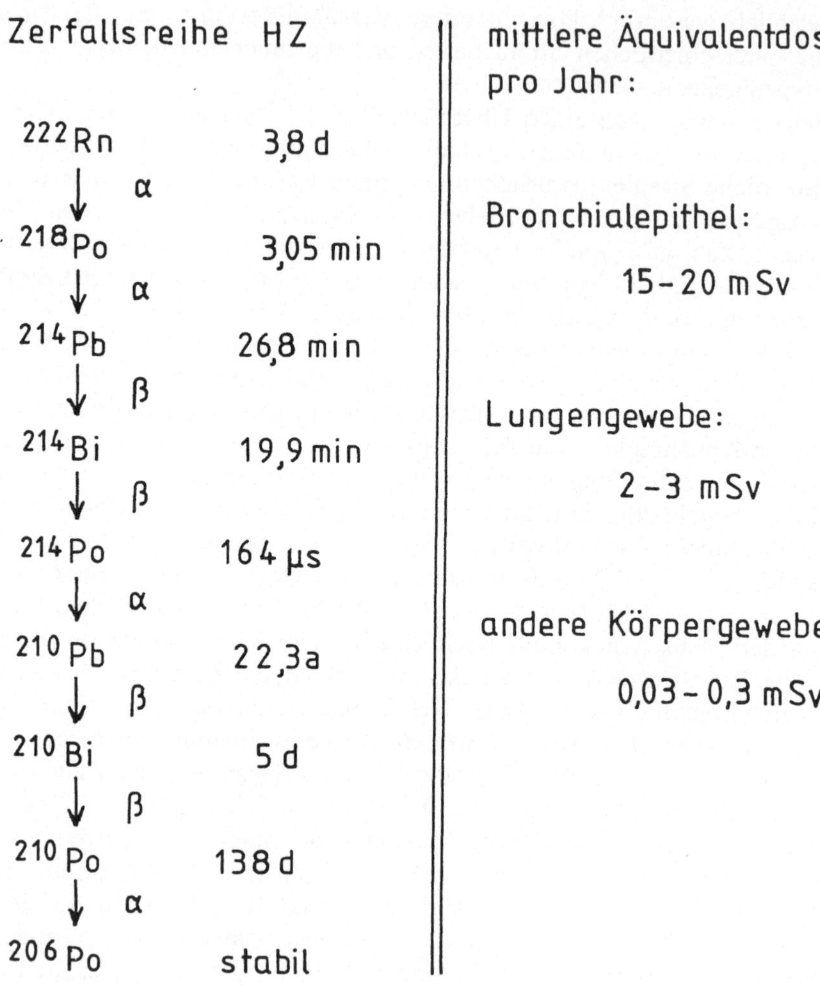


Abb. 2.19 Zerfallsreihe des Edelgases Radon-222 über verschiedene Radioisotope bis zum stabilen Polonium-206. Dabei laufen sowohl Alpha- als auch Beta-Zerfälle ab. Die Halbwertzeiten (HZ) geben an, welche Zeitspanne verstreicht, bis die Anzahl der radioaktiven Atome eines Elements um die Hälfte abgenommen hat. Aus der rechten Spalte wird ersichtlich, welcher Strahlenbelastung verschiedene Körpergewebe des Menschen jährlich durch Radon und seine Zerfallsprodukte ausgesetzt sind

des Bronchialkrebsrisikos wird empfohlen, die Kellerräume gegen den Untergrund bestmöglich abzudichten und Keller- wie Wohnräume stets ausreichend zu lüften. Die gesundheitlichen Gefährdungen, die sich aus der Radioaktivität ergeben, werfen die Frage nach höchstzulässigen Grenzwerten auf, wie wir es inzwischen von anderen Giftstoffen kennen. Doch mit dieser Frage stößt man auf eine entscheidende Schwierigkeit: Zwar kennt man Grenzwerte für das akute Strahlensyndrom, doch für die Krebsentstehung und für die Mutationsauslösung kennt man solche Grenzwerte nicht. Dennoch existieren neben der natürlichen Radioaktivität verschiedene Formen der künstlich erzeugten Radioaktivität und der Anreicherung natürlicher radioaktiver Elemente, die uns die Frage nach Grenzwerten immer wieder aufdrängen. Für Personen, die beruflich mit energiereichen Strahlen umgehen müssen, hat man solche Werte geschaffen, wie beispielsweise 0,05 Sv pro Jahr für die Gonaden und 0,3 Sv pro Jahr für Haut und Knochen. Für die allgemeine Bevölkerung gelten diese Werte jedoch nicht, und sie sollten keinesfalls als allgemein gültige Richtlinie angesehen werden. Geht man von der Annahme aus, daß eine Strahlendosis von 30 rad die Krebsrate beim Menschen um durchschnittlich etwa 15 % steigert, und setzt man grob vereinfachend 1 rad = 0,01 Sv, dann würde eine Belastung von Haut und Knochen mit 0,3 Sv jährlich die Krebsrate um 15 % zunehmen lassen. Wenngleich diese Überlegung im Detail viele Mängel aufweist, so verschafft sie uns trotzdem eine grobe Orientierungshilfe, die uns eine gewisse Vorstellung vermittelt, was solche Zahlen bedeuten. Die Mutationsrate bleibt weitgehend unbekannt. Seit den 80er Jahren hält man sich an den Grundsatz, die Belastung der Bevölkerung mit künstlich erzeugter Radioaktivität so gering zu halten, wie mit vernünftigem Aufwand realisiert werden kann. Diese Regelung spornt nicht nur dazu an, für eine geringstmögliche Strahlenbelastung zu sorgen, sie läßt leider auch die Möglichkeit offen, bei Bedarf Technologien zu entwickeln, die der Bevölkerung höhere Strahlenbelastungen zumuten, als es gegenwärtig der Fall ist.

Welchen künstlichen Strahlenquellen ist die Bevölkerung tatsächlich ausgesetzt? Die wichtigste Quelle stellt nach wie vor die Medizin dar, mit Röntgendiagnostik und Strahlentherapie. Für diese Belastungsquellen einen Durchschnittswert anzugeben, erscheint jedoch wenig sinnvoll, weil die medizinische Strahlenbelastung individuell außerordentlich unterschiedlich ausfällt. Ein Fortschritt bei den Bemühungen um Begrenzung dieser Quellen besteht darin, daß moderne Geräte deutlich dosissparender arbeiten, als ältere Geräte, die noch vor Mitte der 80er Jahre gebaut wurden. Trotzdem hängt die diagnostische Strahlenbelastung erheblich von der Meinung des Röntgenarztes über die Gesundheitsgefährdungen durch Röntgenstrahlen ab, ob er die Diagnostik nur auf das allernotwendigste Minimum beschränkt oder ob er großzügiger verfährt. Gegenüber der medizinischen Anwendung energiereicher Strahlen treten andere Quellen in den Hintergrund, wie beispielsweise Bildschirme von Fernsehgeräten und Monitoren, Leuchtstofflampen, Leuchtziffern, Keramik und Glas mit Uranfarben, Ionisationsrauchmelder, Röntgengeräte zur Gepäckdurchleuchtung, Kohlekraftwerke und andere Quellen. Die Belastungen durch alle diese Emittenten fallen mindestens um den Faktor 100 geringer aus, als Belastungen durch die Medizin.

Besonders kontrovers wird die Gewinnung von Energie aus Kernkraftwerken diskutiert. Setzt man voraus, daß ein Kernkraftwerk störungsfrei arbeitet, dann scheint die Belastung der Bevölkerung nicht viel größer zu sein, als durch andere, verbreitete strahlenemittierende Techniken. Zumindest geht dieser Befund aus

Messungen im Umland von Kernkraftwerken hervor. Dennoch werden gelegentlich Zweifel an der Harmlosigkeit von Kernkraftwerken geäußert, was vermutlich in Zukunft noch zu weiteren Untersuchungen führen wird.
Erkennbare Schwierigkeiten entstehen beim Austausch der sog. Brennstäbe eines Kernkraftwerks. Verbrauchte Brennstäbe, die das radioaktive Material enthalten, werden zunächst zur Abkühlung im Kernkraftwerk zwischengelagert, um sie später einer Wiederaufarbeitungsanlage zuzuführen. Im Transport der Brennstäbe kann man eine gewisse Gefährdung der Umwelt erblicken, weil ein Transport trotz aller Sicherheitsmaßnahmen verunglücken kann, wie es bereits der Fall war, auch wenn dabei keine Radioaktivität freigesetzt wurde. Transporte verbrauchter Brennstäbe werden außerdem nicht nur auf dem Festland abgewickelt, sondern auch per Schiff auf dem Meer. Ebenso wie der Transport hochradioaktiver Materialien wird die Aufarbeitung ausgedienter Brennstäbe kontrovers diskutiert. Der sinnvollen und wünschenswerten Rückgewinnung noch vorhandenen, spaltbaren Materials aus alten Brennstäben steht die erhöhte Emission radioaktiver Materialien aus Wiederaufarbeitungsanlagen gegenüber, wobei Radioisotope auch mit dem Abwasser in das Meer gelangen. Zu den großen Problemen gehört die Endlagerung radioaktiver Restmaterialien. Die radioaktiven Spaltprodukte aus den Kernbrennstoffen (Uran-233, Uran-235, Plutonium-239), nicht die Brennstoffe selber, muß man etwa 1000 Jahre lagern, ehe deren Radioaktivität etwa auf das Maß natürlicher Pechblende abgesunken ist. Zur Veranschaulichung einer solchen Zeitspanne sollten wir in der Geschichte zurückblicken. Im Jahr 1000 n. Chr. befinden wir uns noch in der Zeit der Romanik. Die Siedlungen in Mitteleuropa hatten eher dörflichen Charakter mit Einwohnerzahlen, die meist zwischen 100 und 1000 lagen, und die Häuser bestanden überwiegend aus Holz. Von den Verwüstungen Mitteleuropas im 30jährigen Krieg konnte man noch nicht einmal etwas ahnen, denn sie sollten erst etwa 600 Jahre später beginnen. Ebenso wie im vergangenen Jahrtausend wird sich die Welt auch künftig verändern, doch wir können nicht voraussagen, in welcher Weise. Dementsprechend muß man es als kühn bezeichnen, gefährliche Stoffe wie Radioisotope so lange wirklich sicher aufbewahren zu wollen. Noch sehr viel brisanter gestaltet sich die Lagerung von Uran- und Plutoniumresten, weil diese Elemente über eine ungleich längere physikalische Halbwertzeit verfügen: Bei Plutonium hat sich die heute meßbare Radioaktivität erst in etwa 23000 Jahren halbiert, und bei verschiedenen Uranisotopen dauert es 100000 Jahre und länger. Schauen wir wieder in der Geschichte zurück, dann stellen wir fest, daß wir uns vor 20000 Jahren (Halbwertzeit von Pu) in der mittleren Steinzeit befanden. Hätte man bereits damals angereichertes Plutonium deponiert, dann wäre es heute, nach Ablauf einer einzigen Halbwertzeit noch immer hoch radioaktiv. Nicht nur die erforderlichen, langen Lagerungszeiten machen die Situation bei der Endlagerung radioaktiver Reststoffe so kritisch. Es existiert bis heute außerdem noch kein weltweit anerkanntes Konzept zur sicheren Lagerung solch hochaktiver Abfälle, damit sie weder durch Kriege, Erdbeben oder sonstige Ereignisse in das Grundwasser und in die Biosphäre eintreten können. Doch trotz aller dieser Unsicherheiten produziert man diese gefährlichen Abfälle

bereits seit mehreren Jahrzehnten in der Annahme, daß man eines Tages eine sichere Form der Endlagerung finden wird. Nach derzeitiger Kenntnis ist anzunehmen, daß jegliche, zum Einschluß der hochaktiven Reststoffe verwendeten Materialien, derzeit werden Glaskokillen besonders favorisiert, bei jahrhunderte- oder jahrtausendelanger Strahlenexposition Umwandlungen und Versprödungen unterliegen dürften. Als Ursache für diese Versprödungs- und Umwandlungsprozesse der Einschlußmaterialien sind nicht nur Alpha-, Beta- und Gammastrahlen zu berücksichtigen, sondern auch Neutronen, die weiterhin aus einigen Radionukliden freigesetzt werden (BERTRAM, 1998).

Ein weiteres großes Problem stellen mögliche Unfälle von Kernkraftwerken dar, bei denen radioaktives Material in die Umwelt gelangt. Man hielt einen so großen Störfall bis in die Mitte der 80er Jahre für höchst unwahrscheinlich. Seit dem Reaktorunglück von Tschernobyl im Jahr 1986 versichert man der Bevölkerung nur noch, daß ein solcher Störfall nach westlichen Sicherheitsstandards kaum möglich ist. Die Schäden, die das Unglück von Tschernobyl verursacht hat, wurden offiziell nicht systematisch erfaßt (TSCHERNOUSENKO, 1992). Man weiß nur, daß eine Fläche von etwa 100000 km$^2$ für unbestimmte Zeit nicht mehr land- und forstwirtschaftlich genutzt werden darf. Man weiß aber nicht, wie viele Menschenleben das Unglück bis heute forderte, und wie viele Krebserkrankungen und Erbschäden auf Strahlung aus dem geborstenen Reaktor zurückgehen, denn die mit den Aufräumungsarbeiten betrauten Kräfte stammten nicht nur aus der näheren Umgebung des Kernkraftwerks. Nicht zuletzt deshalb schwanken die Angaben über Todesfälle zwischen 38 und 135000 und räumen damit für Spekulationen ein extrem weites Feld ein. Man muß sicher davon ausgehen, daß viele Schilddrüsenerkrankungen in Weißrußland und anderen Teilen Osteuropas auf diesen Unglücksfall zurückgehen, doch Beweise dafür lassen sich höchstens über epidemiologische Studien erbringen, die jedoch für das Einzelindividuum wenig Aussagekraft besitzen. Unter den Folgen des Unglücks von Tschernobyl hat mit Sicherheit nicht nur unsere Generation zu leiden, sondern auch eine unbekannte Zahl von Folgegenerationen.

Ganz andere Probleme ergeben sich aus der relativ kurzen Betriebsdauer der Kernkraftwerke von ungefähr 30 Jahren. Bislang ist es unklar, wie man die verstrahlten Gebäude eines stillgelegten Kernkraftwerks abreißen und entsorgen soll. Ebenso ist die Frage nach dem Verbleib des tritiumhaltigen Kühlwassers nicht befriedigend geklärt.

Ähnlich große Probleme bereiten die Entsorgung alter, kernkraftgetriebener Unterseeboote sowie die Beseitigung der nuklearen Sprengköpfe nicht mehr benötigter Kernwaffen, denn das radioaktive Material kann nicht unschädlich gemacht werden, man kann es nur in Kernkraftwerken weiterverwenden oder endlagern, wobei sich die gleichen ungelösten Probleme ergeben, wie bei der Endlagerung radioaktiver Reststoffe aus Kernkraftwerken.

Modellvorstellungen existieren dagegen über mögliche Auswirkungen kriegerischer Auseinandersetzungen mit Kernwaffen. Neben deren großer Sprengkraft ergeben sich drei weitere Schadwirkungen. Die erste besteht in der Freisetzung von radioaktiven Elementen, wie Uran und Plutonium. Diese Radionuklide werden durch die Detonation hoch aufgewirbelt und umrunden zum Teil die Erde. Erst im Verlauf von Jahren kehren die radioaktiven Aerosole als sog. "fall out" zur Erde zurück. Auch nicht in den Krieg einbezogene Staaten können dadurch geschädigt werden. Der radioaktive Niederschlag würde in die Nahrungsketten eintreten (z. B. durch Aufnahme in Pflanzen) und auf diesem Wege auch die Menschen erreichen, auch wenn sie sich zunächst vor den unmittelbaren Folgen der Detonation in Sicherheit bringen konnten.

Das zweite Problem besteht darin, daß die Detonation eine viele Kilometer Durchmesser erreichende Feuerkugel erzeugt, die die Vegetation und andere organische Materialien verkohlt. Der Ruß könnte, ähnlich wie die radioaktive Wolke, die Erde umrunden und die Sonneneinstrahlung schwächen, so daß die Temperatur unter der Rußwolke sinkt, etwa so, wie nach einem großen Vulkanausbruch. Vorübergehende Klimaänderungen und Mißernten wären die notwendige Folge. Man spricht in diesem Zusammenhang vom "nuklearen Winter".

Die dritte Schwierigkeit ergäbe sich aus der starken Stickoxidbildung unter der hohen Detonationshitze. Über die Toxizität der Stickoxide wurde bereits in Abschn. 2.2.2.2 berichtet. Sofern die Stickoxide bei der Detonation bis in die Stratosphäre gelangen, würden sie sich dort am Abbau des Ozongürtels beteiligen (Abschn. 3.1.6) (LAND- UND HAUSWIRTSCHAFTLICHER INFORMATIONSDIENST, 1966; THOMSON, 1985; BERGER, 1986).

Bei militärischer wie bei ziviler Nutzung der Kernenergie und bei der Nutzung künstlich hergestellter, energiereicher Strahlen (z. B. Röntgenstrahlen) treten nur die akuten Schäden, wie das akute Strahlensyndrom, rasch in Erscheinung. Alle anderen Schäden manifestieren sich erst nach Jahren, Jahrzehnten oder mehreren Menschengenerationen. Deshalb kann man Strahlenschäden ungleich schwerer abschätzen als andere Umweltschäden. Diese einzigartige Eigenschaft verleitet nur allzu leicht dazu, die Gefährlichkeit der Radioaktivität zu unterschätzen, zumal wir über die Anreicherung vitalitätsmindernder Mutationen bei den sich dem natürlichen Selektionsdruck weitgehend entziehenden Menschen keine Kenntnis besitzen.

### 2.2.8 Abwärme

Ebenso unsichtbar wie die Radioaktivität, aber mit völlig anderer Wirkungsweise ausgestattet, ist die Wärmeenergie. Als Wärmeenergie bezeichnet man die Bewegungsenergie der ungeordneten Atome oder Moleküle eines Körpers. Unsere Hauptwärmeenergiequelle ist die Sonne. Von ihr erhalten wir die Energie in Form von elektromagnetischen Wellen. Die an der Erdoberfläche eintreffende solare Strahlungsenergie ist mit $7{,}1 \times 10^{17}$ kWh/Jahr ca. 7000mal so groß wie der jährliche Primärenergieverbrauch der gesamten Erdbevölkerung (BROCKHAUS, 1993). Damit nehmen Energiegewinnung und Abwärmeproduktion durch die

Menschen einen recht bescheidenen Anteil am Gesamtenergieumsatz der Erde ein. Bisher gibt es keine Hinweise darauf, daß die vom Menschen gewonnene Energie einen nachweisbaren Einfluß auf das globale Klima ausübt. Man nimmt an, daß vom Menschen freigesetzte Energie erst dann klimawirksam wird, wenn sie mehr als ein Zehntel der eingestrahlten Sonnenenergie ausmacht. Ob dieser Betrag eines Tages erreicht wird, läßt sich nicht sicher vorhersagen (KORFF, 1978). Dagegen können sich an Orten konzentrierter Wärmefreisetzung, wie in der Nähe von Kühltürmen, in Städten und in der Nähe von Großindustrieanlagen, die freigesetzten Wärmemengen durchaus auf die unmittelbar benachbarten Ökosysteme auswirken.

Besonders Städte bilden Wärmeinseln in ihrer Umgebung. In Bereichen dichter Bebauung steigt die Temperatur um mehrere Grad Celsius über das Temperaturniveau der Umgebung. Dadurch bildet sich ein kleines Wärmetief, das bodennahe Flurwinde in Richtung auf das Wärmetief in Gang setzt. Die Baumaterialien in der Stadt speichern die Wärme bis in die Nacht, so daß die Überwärmung der Stadtzentren auch die Taubildung in den frühen Morgenstunden verhindert, worunter viele Pflanzenarten in der Stadt leiden. Das erhöhte Temperaturniveau in den Städten verkürzt die Zeitspanne der winterlichen Schneebedeckung und läßt den Knospenaustrieb der Pflanzen früher zu, als es im Stadtumland der Fall ist. Wie stark sich eine Stadt über das Temperaturniveau der Umgebung erwärmt, hängt von mehreren Faktoren ab, wie der Bebauungsdichte, der Strahlungsintensität der Sonne, von der Gebäudeheizung, von der Verkehrsdichte und von der Luftbelastung mit wärmespeichernden Gasen (MEYER, 1982; SUKOPP und WITTIG, 1993).

Neben Städten produzieren Großkraftwerke viel Abwärme. Sie kann durch Einleitung des erwärmten Kühlwassers in Flüsse oder in Kühltürme an die Umgebung abgeben werden. Bei der Einleitung in Flüsse erwärmt sich deren Wasser entsprechend der zugeführten Wärmemenge. Die Temperaturzunahme sollte jedoch nicht 2,5 °C übersteigen. Wenn mehrere Kraftwerke oder andere Großbetriebe Kühlwasser in denselben Fluß leiten, dann können sich dadurch kräftigere Temperatursteigerungen ergeben, beispielsweise von 10 °C und mehr. Das muß jedoch vermieden werden, weil sich sonst erhebliche ökologische Störungen für das Gewässer ergeben. Mit steigender Temperatur nimmt die Löslichkeit von Luftsauerstoff im Wasser ab: Während sich bei 0 °C in einem Liter Wasser bis zu 14,1 mg Sauerstoff lösen, sind es bei 20 °C nur noch 8,8 mg. Stark sauerstoffbedürftige Lebewesen, wie beispielsweise Forellen, mit einem Sauerstoffbedarf von ca. 10-11 mg/l sind dann nicht mehr lebensfähig. Das Temperaturniveau bestimmt also die Artenzusammensetzung in dem Gewässer. Daneben regelt die Temperatur das sog. Selbstreinigungsvermögen des Wassers, oder genauer gesagt, Art und Geschwindigkeit des mikrobiellen Abbaus organischer Stoffe. Die Abbaugeschwindigkeit hängt von der Stoffwechselgeschwindigkeit der Mikroorganismen ab. Da die meisten Stoffwechselreaktionen bei einer Temperaturzunahme von 10 °C etwa 2-3mal rascher ablaufen, nimmt auch die Abbaugeschwindigkeit organischer Stoffe um den gleichen Faktor zu, und damit verbunden, der Verbrauch des im

Wasser gelösten Sauerstoffs. Da gleichzeitig die Löslichkeit des Sauerstoffs im Wasser abnimmt, schmilzt das Sauerstoffreservoir eines sich erwärmenden Wassers schnell dahin, und je stärker das Wasser mit organischen Stoffen belastet ist, desto schneller wird es bei einer Erwärmung seinen Sauerstoff völlig verlieren, das bedeutet es geht in den sauerstofflosen, anaeroben Zustand über (Abb. 2.20).

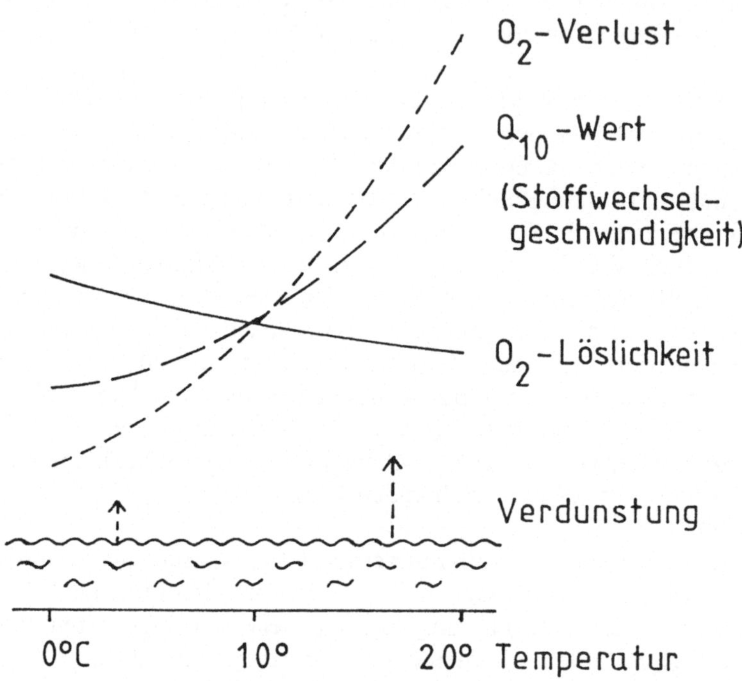


Abb. 2.20 Schematischer Überblick über wichtige Eigenschaftsänderungen des Wassers bei unterschiedlichen Temperaturen: Mit steigender Temperatur nehmen Verdunstung, Sauerstoffverlust und Stoffwechselgeschwindigkeit der Mikroorganismen ($Q_{10}$-Wert) zu, während die Sauerstofflöslichkeit abnimmt

Die sauerstoffbedürftigen Lebewesen im Wasser sterben ab, und es vermehren sich anaerob lebende Mikroorganismen, die organisches Material, auch die Leichen der abgestorbenen Lebewesen, durch Gärung abbauen, wobei neben Kohlendioxid vor allem Methan, Schwefelwasserstoff und Ammoniak freigesetzt werden. Dieses übel riechende Gasgemisch wird gewöhnlich als Faulgas oder Biogas bezeichnet. Schwefelwasserstoff und Ammoniak wirken stark toxisch. Neben diesen biologischen Konsequenzen verdunstet das erwärmte Wasser schneller. In der warmen Jahreszeit können sich dadurch so niedrige Wasserstände einstellen, daß darunter die Schiffahrt leidet und die Kühlkapazität des Flusses zu stark abnimmt.

Alle diese negativen Auswirkungen eines sich zu stark erwärmenden Flußlaufes versucht man zu umgehen, indem man industrielle Abwärme an die Luft abgibt. Dazu bedient man sich vorzugsweise sog. Naßkühltürme. In diesen Türmen verrieselt man das warme Abwasser, so daß eine Wärmeübertragung vom Wasser zur Luft stattfinden kann. Das abgekühlte Wasser kann man erneut zu Kühlzwecken einsetzen, und die erwärmte Luft verläßt zusammen mit verdampftem Kühlwasser den Turm nach oben. Beim Wärmeaustausch gehen etwa 2 % des Kühlwassers durch Verdunstung verloren, die aus dem Fluß ersetzt werden müssen. Nachteile der Naßkühltürme bestehen darin, daß sie durch ihre Größe und die charakteristische Dunstfahne das Landschaftsbild prägen und daß die Dunstfahne in unmittelbarer Umgebung des Kühlturms die Luft befeuchtet und die Sonneneinstrahlung etwas dämpft. Diese Nachteile sind jedoch sehr gering, verglichen mit jenen, die ein erwärmter Flußlauf mit sich bringt.
Eine andere Alternative der Beseitigung von Abwärme durch Trockenkühltürme wird bisher nur selten praktiziert. In Trockenkühltürmen erfolgt der Wärmeaustausch über Kühlkörper, die von einem Kühlmittel durchflossen werden, so daß kein direkter Kontakt des Kühlwassers mit der Luft möglich ist. Dadurch kann kein Kühlwasser verdunsten, und die Luft im Umkreis der Anlage wird nicht angefeuchtet. Trockenkühltürme müssen jedoch bei gleicher Kühlleistung um etwa 50 % größer dimensioniert werden, als die ohnehin schon voluminösen Naßkühltürme, und so beeinträchtigen sie das Landschaftsbild noch stärker. Außerdem steigen die Bau- und Unterhaltskosten für Trockenkühltürme gegenüber Naßkühltürmen erheblich an.
Eine dritte Alternative, sich der Abwärme zu entledigen, bilden sog. Hybridkraftwerke, bei denen die Energiegewinnung mit einer Fernheizungsanlage gekoppelt wird (Abschn. 2.2.2.5). Zunächst erfordert die Kraft-Wärmekoppelung hohe finanzielle Investitionen für ein gut isoliertes Rohrleitungsnetz, aber angesichts der großen Ersparnisse auf Seiten der eingesetzten Primärenergie lohnt sich dieses Verfahren. Die gleichzeitig erforderliche Nähe des Kraftwerks zu einer Stadt erfordert eine besonders sorgfältige Abgasreinigung (ENZYKLOPÄDIE NATURWISSENSCHAFT und TECHNIK, 1980; KRAFT, 1982; HULPKE et al., 1993).

### 2.2.9 Elektromagnetische Felder

Energie begegnet uns auch in Form von elektrischem Strom, von Magnetismus oder elektromagnetischen Wellen. Sie treten auf, wenn elektrischer Strom fließt. Es bilden sich senkrecht zueinanderstehende elektrische und magnetische Felder, die sich wellenförmig ausbreiten (Abb. 2.21). Dabei handelt es sich um Photonen, d. h. um masselose Teilchen, die sich mit Lichtgeschwindigkeit fortbewegen. Die Ausbreitung dieser Wellen ist nicht an ein bestimmtes Medium gebunden, wie Luft oder Wasser. Bis zu einer Frequenz von 30 kHz bezeichnet man die elektromagnetischen Wellen als niederfrequent, und oberhalb dieser Grenze bis zu 1 GHz

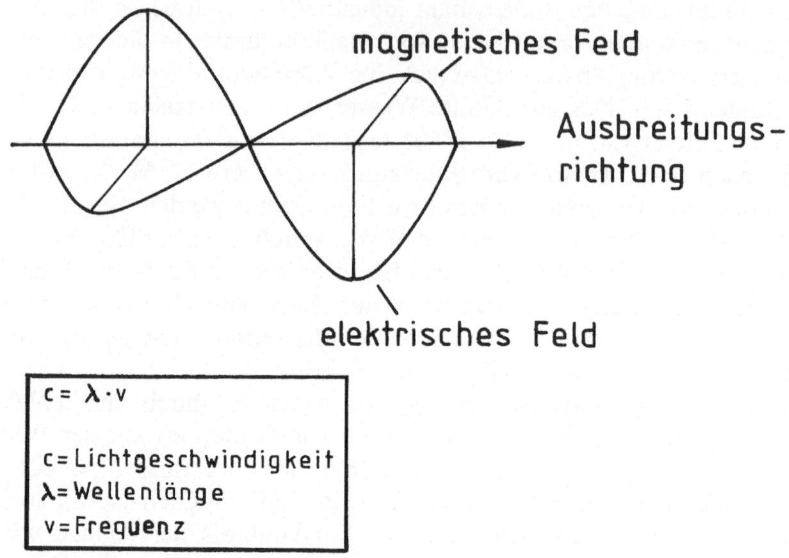


Abb. 2.21 Darstellung der Natur elektromagnetischer Wellen

als hochfrequent. Im Alltagsleben werden wir am häufigsten mit elektromagnetischen Wellen der Frequenz um 50 Hz konfrontiert, nämlich denjenigen die vom öffentlichen Stromnetz ausgehen. Hochfrequente elektromagnetische Wellen oder Strahlen gehen dagegen von Sendeanlagen und Radargeräten aus.

Neben den elektromagnetischen Wechselfeldern kennt man Gleichfelder, die bei der Verwendung von Gleichstrom auftreten. Sie sind für das Alltagsleben weniger bedeutend. Lediglich das natürliche Magnetfeld der Erde, dem alle Lebewesen ausgesetzt sind, ist ein Gleichfeld. Ein wichtiger Unterschied zwischen Gleich- und Wechselfeldern besteht darin, daß sich im Falle von Wechselstrom der Stromleiter mit einem elektromagnetischen Feld umgibt, während sich im Falle von Gleichstrom elektrisches und magnetisches Feld unabhängig voneinander aufbauen (BRINKMANN und SCHAEFER, 1991).

Als Maß für die Stärke elektrischer Felder gilt die Größe Volt pro Meter (V/m). Magnetische Felder mißt man in Tesla (T), wobei 1 T definiert ist als 1 $Vs/m^2$. Wenngleich wir uns hauptsächlich mit elektromagnetischen Wechselfeldern befassen werden, soll die Feldstärke des Erdmagnetfeldes als Orientierungsgröße angegeben werden. Es variiert, je nach geographischer Breite, etwa zwischen 33 und 67 µT. In unseren Breiten liegt sie ungefähr bei 40 µT (BRINKMANN und SCHAEFER, 1992). Für die uns besonders interessierenden Wechselfelder gibt es keinen natürlichen Vergleichsmaßstab wie für Gleichfelder. Für Wechselfelder versucht man auf anderem Wege einen für Menschen zugeschnittenen Vergleichswert zu gewinnen: Man geht von der Überlegung aus, daß durch die Einwirkung

elektromagnetischer Felder im Körper des Menschen eine Stromdichte von ca. 1 Milliampere (mA) pro Quadratmeter nicht überschritten werden darf, denn Stromdichten dieser Größenordnung produziert der Körper selbst im Nervensystem und in der Muskulatur (BERNHARDT, 1991).
1 mA/m$^2$ werden durch exogene Feldstärken von etwa 2,5-5 kV/m induziert. Von den natürlichen Feldstärken im Körper leiten sich magnetische Feldstärken von etwa 50-100 µT ab, bezogen auf eine Frequenz von 50 Hz. Die in Tabelle 2.13 aufgeführten Beispiele der Feldstärken einiger elektrischer Haushaltgeräte zeigen, daß solche alltäglichen Quellen elektromagnetischer Wechselfelder weit unter dem als kritisch angenommenen Wert exogener Stromquellen liegen. Erst unter

Tabelle 2.13 Feldstärken einiger Haushalts-Elektrogeräte im Abstand von 30 cm (BERNHARDT, 1991, verändert)

| Elektrogerät | Feldstärke in V/m |
|---|---|
| Elektroherd | 8 |
| Heizdecke | 500 |
| Bügeleisen | 120 |
| elektrischer Haartrockner | 80 |
| Kühlschrank | 120 |
| Farbfernsehgerät | 60 |
| Stereo-Rundfunkempfänger | 180 |
| Kaffeemaschine | 60 |
| Staubsauger | 50 |
| Glühlampe | 5 |
| Steckdose | 1 |

Starkstromleitungen von 220 kV werden 1 m über dem Erdboden Feldstärken von 2,5-6 kV/m erreicht, die die kritische Stromdichte von 1 mA/m$^2$ im Körper erzeugen können. Aussagekräftiger werden diese Daten erst dann, wenn man die bisher sicher nachgewiesenen gesundheitlichen Beeinträchtigungen durch elektromagnetische Felder zum Vergleich heranzieht (Tab. 2.14). Danach ist im Bereich üblicher elektrischer Hausgeräte ein erkennbarer, die Gesundheit beeinträchtigender Effekt auszuschließen.
Den Befürchtungen, daß elektromagnetische Felder langfristig Krebs erzeugen können, widmete man umfangreiche Experimente mit Kulturen menschlicher Zellen. Dabei konnten keine Mutationen nachgewiesen werden, die einer Krebsentstehung vorausgehen müßten (Abschn. 2.2.4). Nur eine Beschleunigung der Zell-

Tabelle 2.14 Übersicht über die Induktion verschiedener Stromdichten im Körper des Menschen (linke Spalte) durch exogene, magnetische Wechselfelder (rechte Spalte) und deren Einflüsse auf physiologische Effekte (mittlere Spalte) (BERNHARDT, 1991, verändert)

| Stromdichte in mA/m² | physiologische Effekte | erforderliche magnetische Flußdichte für 50 Hz, in mT |
|---|---|---|
| > 1000 | Extrasystolen und Kammerflimmern möglich, akute Gesundheitsschäden | > 500 |
| 100-1000 | Reizwirkungen an erregbaren Geweben; Gesundheitsgefährdungen möglich | 50-500 |
| 10-100 | Visuelle und nervöse Effekte; beschleunigte Knochenbruchheilung | 5-50 |
| 1-10 | subtile biologische Wirkungen | 0,5-5 |
| < 1 | keine gesicherten Befunde | <0,5 |

teilungsrate war unter bestimmten Bedingungen erkennbar (BRINKMANN und SCHAEFER, 1991; 1992). Auch lokale Erwärmungen des Körpergewebes durch elektromagnetische Wellen, beispielsweise bei der Verwendung schnurloser Telefone, wollte man als Anzeichen krankhafter Veränderungen ansehen, doch solche durchaus nachweisbaren Effekte stellen noch keine krankhaften Veränderungen dar, sofern es sich nicht um extreme Erhitzungen handelt. Es fragt sich also, ob die ganze Diskussion um elektromagnetische Felder grundlos geführt wurde, zumindest so weit es sich um Feldstärken handelt, denen die Allgemeinheit im außerberuflichen Bereich ausgesetzt ist. Doch zu sorglos sollte man noch nicht mit elektromagnetischen Feldern umgehen, denn trotz umfangreicher Untersuchungen während der vergangenen Jahre blieben noch immer einige Fagen offen. Werfen wir nochmals einen Blick auf die Krebsentstehung, dann erinnern wir uns (Abschn. 2.2.4) an die komplizierte, mehrstufige Genese dieser Erkrankung. Wenn an isolierten Zellen des Menschen keine Mutationsauslösung mit Wechsel- und Gleichfeldern möglich war, dann heißt das nur, daß keine Krebsinduktion

stattfand. Das bedeutet jedoch nicht, daß die nachfolgende Proliferations- und Wachstumsphase unbeeinflußt bleiben. Würde beispielsweise in einem vollständigen Organismus durch elektromagnetische Felder eine hormonsezernierende Drüse angeregt, ein wachstumsanregendes Hormon vermehrt auszuschütten, oder würde das Immunsystem beeinträchtigt, so daß entartete Zellen nicht mehr erkannt oder vernichtet werden können, dann würden die elektromagnetischen Felder zumindest indirekt in die Krebsbildung eingreifen.
Ein ganz anderer Aspekt, der zur Vorsicht mahnt, ergibt sich aus dem Befund, daß elektromagnetische Felder elektrische Stromflüsse im Körper induzieren (Tabelle 2.14), die nervale Steuerungsprozesse überlagern können. In solchen Fällen wäre es vorstellbar, daß Wechselwirkungen mit chemischen Agentien (z. B. Transmittersubstanzen) auftreten können, die ebenfalls die nervale Reizleitung beeinflussen können und vieles andere mehr. Es sollen hier keinesfalls unbegründete Ängste geweckt werden, es muß aber darauf hingewiesen werden, wie vielfältig ein vollständiger Organismus auf einen nicht natürlichen Außenreiz reagieren kann, und deshalb soll davor gewarnt werden, allzu sorglos mit Umweltfaktoren umzugehen, bevor intensive Untersuchungen über deren biologische Auswirkungen vorliegen. Dabei gilt es, stets individuelle Unterschiede der Empfindlichkeit gegenüber den Umwelteinflüssen zu berücksichtigen. Gegenwärtig herrscht jedoch meist die Ideologie vor, möglichst rasch technische Neuerungen zu entwickeln, um daraus schnellstmöglich wirtschaftlichen Nutzen ziehen zu können. Bezogen auf das Problem der elektromagnetischen Felder bedeutet das, daß man akute Schäden unter den gegenwärtigen Verhältnissen mit hoher Wahrscheinlichkeit nicht zu befürchten hat. Von einer ungezügelten Ausweitung der Anwendung elektromagnetischer Felder sollte man jedoch Abstand nehmen, so lange offenstehende Fragen, wie sie soeben angesprochen wurden, bezüglich möglicher Langzeitwirkungen und bezüglich möglicher Wechselwirkungen mit anderen Umwelteinflüssen nicht gründlicher geklärt wurden.
Zum Schluß sei noch eine Anmerkung zu dem häufig verwendeten Ausdruck "Elektrosmog" angefügt, mit dem man die zunehmende Dichte elektromagnetischer Felder zu charakterisieren versucht. Unter Smog (Abschn. 2.1.3) versteht man nicht nur die Anreicherung von Abgasen, sondern außerdem photochemische Umsetzungen einiger Komponenten der Abgase, die zur Bildung neuer, charakteristischer Stoffe führen. Da eine Parallelität zu immer dichter werdenden elektromagnetischen Feldern nicht erkennbar ist, sollte man den Begriff "Elektrosmog" vermeiden.

### 2.2.10 Schall

Im Unterschied zu den elektromagnetischen Wellen, die sich unabhängig vom Medium mit Lichtgeschwindigkeit ausbreiten, treffen wir beim Schall auf Wellen, die sich sehr viel langsamer fortpflanzen und die stets ein Transportmedium benötigen. Schallwellen stellen Druckwellen dar, die durch Frequenz und Amplitude charakterisiert sind. Unter Frequenz versteht man die Anzahl der Schwingungen pro Sekunde. Man gibt sie in Hertz (Hz) an, wobei 1 Hz als eine Schwingung pro Sekunde definiert ist. Das Ohr des Menschen kann nur Schwingungen von etwa 16 bis maximal 20000 Hz wahrnehmen. Mit zunehmendem Alter nimmt die Hörfähigkeit des oberen Frequenzbereichs immer mehr ab. Die Amplitude der Schallwellen registriert das Ohr als Schalldruck. Der geringste vom Ohr des Menschen noch wahrnehmbare Schalldruck liegt bei $2 x 10^{-5}$ Pascal (Pa) oder 20 µPa. Man bezeichnet diese Untergrenze des hörbaren Schalldrucks auch als Hörschwelle ($p_o$). Die Obergrenze des noch erträglichen Schalldrucks ist bei der sog. Schmerzschwelle erreicht, die bei ungefähr 20 Pa liegt. Der Bereich zwischen Hörschwelle und Schmerzschwelle umfaßt eine Spanne von sechs Zehnerpotenzen. Diese gewaltige Spanne drückt man übersichtlich in einer logarithmischen Größe, dem sog. Schalldruckpegel aus.

### 2.2.10.1 Schallpegel und Lautstärke

Der Schalldruckpegel wird in Bel (B) oder in Dezibel (dB) angegeben, und er ist definiert als zwanzigfacher, dekadischer Logarithmus des Quotienten aus dem aktuellen Schalldruckpegel (p) und dem Schalldruck der Hörschwelle ($p_o$):

$$20 \log \frac{p}{p_o} \text{ (dB)}$$

$$\text{(Hörschwelle } p_o = 2 \cdot 10^{-5} \text{ Pa)}$$

Leider entspricht das Dezibel nicht dem subjektiven Lautstärkeempfinden des Ohrs. Bei gleichem Schalldruck empfindet das Ohr die niedrigen und hohen, hörbaren Frequenzen leiser als den mittleren Frequenzbereich zwischen 1 und 4 kHz. Deshalb mißt man zur Feststellung der Lautstärke nicht den wahren Schallpegel, sondern man dämpft mittels eines Filters (Filter A) die hohen und vor allem die tiefen Frequenzen, so daß die gemessenen Schallpegel zumindest näherungsweise dem Empfinden des Ohrs der Menschen entsprechen. Alle mit dem Filter A durchgeführten Messungen werden als dB(A) angegeben. Da das Dezibel eine logarithmische Größe darstellt, wird bei einer Verdoppelung der Schallquellen der Wert des Schallpegels nicht ebenfalls verdoppelt, vielmehr nimmt er um 3 dB(A) zu (Abb. 2.22). Das entspricht einer Zunahme der Lautstärke, die man noch mit Sicherheit wahrnimmt, aber nicht als doppelt so laut empfindet. Dieses Beispiel zeigt, warum ein Sinfonieorchester so viele Streicher benötigt, damit ein klangliches Gleichgewicht zu den als laut empfundenen Bläsern hergestellt wird.

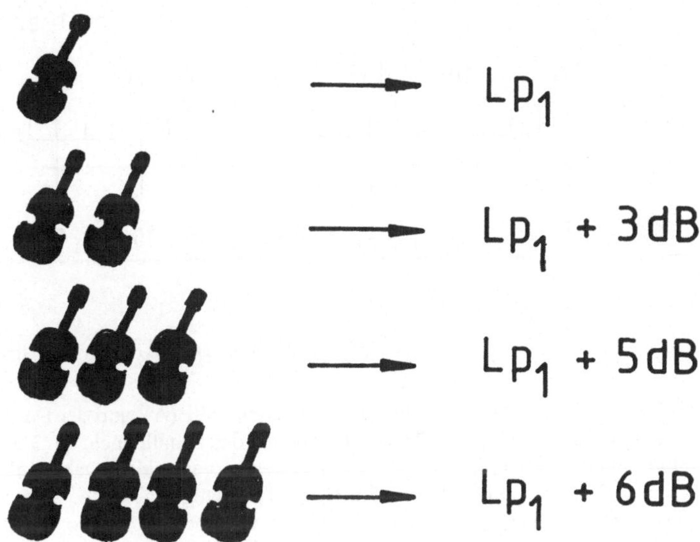


Abb. 2.22 Beziehung zwischen der Anzahl gleichlauter Schallquellen und dem Anstieg des Schallpegels

Häufiger als dem neutralen Begriff Schall begegnet man im Bereich der Umweltbelastungen dem Begriff Lärm. Dabei handelt es sich nicht um eine physikalisch definierte Größe, sondern um die subjektive Bewertung eines Schallereignisses durch Menschen. Nahezu jeder, momentan als unangenehm empfundene, Schall kann als Lärm bezeichnet werden, wobei der Schallpegel in weiten Grenzen variieren darf.

Gesundheitlich relevant sind nicht nur erhöhte Schallpegel, sondern auch die Dauer der Schalleinwirkung. Zur Ermittlung der über einen längeren Zeitraum hinweg einwirkenden Schallpegel darf man die einzelnen Schallimpulse nicht addieren, weil es sich um logarithmische Größen handelt. Eine Addition ist erst nach vorheriger Delogarithmierung möglich. Für physiologische Belange gilt, daß mit jeder Verdoppelung des Schallpegels, d. h. bei jeder Zunahme um 3 dB(A), dessen Einwirkungsdauer halbiert werden muß, wenn das Risiko einer Gesundheitsschädigung nicht zunehmen soll. Diesen Sachverhalt soll die Abbildung 2.23 veranschaulichen. Dabei geht man davon aus, daß ein Schallpegel von 87 dB(A) 40 Stunden lang wöchentlich ertragen werden kann, ohne daß der Mensch vorzeitig Hörschäden erleidet. Bei lautem Musikhören mit einem Schallpegel von 96 dB(A) sind danach pro Woche nur 5 Stunden zulässig, und bei 99 dB (A) sind nur noch 2,5 Std wöchentlich erlaubt (SCHWEIZERISCHE VERSICHERUNGS-ANSTALT, 1986). Diese Relation von Schallpegel zu Expositionsdauer berücksichtigt allerdings nicht, daß erhöhte, weitgehend gleichförmige Dauerschallpegel

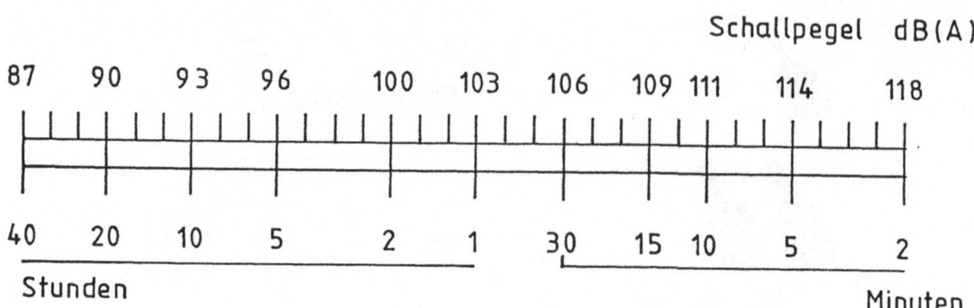


Abb. 2.23 Beziehungen zwischen dem Schallpegel, angegeben in dB(A), und der Dauer der Einwirkung auf den Menschen. Bei jedem Anstieg des Schallpegels um 3 dB(A) muß die Einwirkdauer halbiert werden, um Hörschäden zu vermeiden. Dabei geht man davon aus, daß ein Schallpegel von 87 dB(A) 40 Std lang pro Woche einwirken darf, ohne das Gehör zu schädigen. Bei 90 dB(A) sind nur noch 20 Std pro Woche zulässig usw. (SCHWEIZERISCHE UNFALLVERSICHERUNGSANSTALT, 1986; verändert)

vom Ohr besser ertragen werden, als plötzlich auftretende, hohe Schallpegel. Die Zahlen in der Abb. 2.23 werfen die Frage auf, welchen Schallquellen die Menschen normalerweise ausgesetzt sind, wie lästig sie empfunden werden und welche Schallpegel von ihnen ausgehen.

### 2.2.10.2 Schallquellen

Unter den vielen Schallquellen, die auf die Menschen gegenwärtig einwirken, wird der Straßenverkehr als besonders belästigend angesehen, dann folgt der Fluglärm und an dritter Stelle der Schienenverkehr. Das ist sicher nicht verwunderlich, denn in hochindustrialisierten Ländern spielen Verkehrsmittel eine dominierende Rolle im Alltagsleben. Erst in einigem Abstand zu verkehrsbedingten Schallquellen werden Lärmstörungen durch Baustellen, Industrie, Spiel- und Sportplätze sowie Wohnungsnachbarn genannt. Diese Schallquellen sind räumlich sehr viel enger begrenzt, als Verkehrswege und können deshalb sehr viel weniger Menschen betreffen. Dessen ungeachtet können auch Baustellen und Sportplätze durchaus hohe Schallpegel aussenden und Anlieger erheblich belästigen. Eine oftmals schwer zu bewertende Geräuschquelle stellen Wohnnachbarn in hellhörigen Häusern und in Gärten dar. Dabei ist nicht nur der absolute Schallpegel entscheidend, sondern auch die Stetigkeit, mit der diese Geräusche erzeugt werden. Gegebenenfalls spielen Unterschiede des Lebensrhythmus von Wohnnachbarn eine entscheidende Rolle, d. h., daß eine Familie Geräusche erzeugt, wenn die

Nachbarn gerade Ruhe erwarten. Es darf aber auch nicht übersehen werden, daß ständiges Bemühen, Geräusche zu vermeiden, um Nachbarn nicht zu stören, fortdauernde Anspannung oder Streß bedeuten, die zwar keine Hörschäden verursachen, aber ebenfalls gesundheitsgefährdend wirken, wie später noch besprochen wird.

Tabelle 2.15 Einige Beispiele für übliche Schallpegel, die von verschiedenen Schallquellen erzeugt werden (nach ENZYKLOPÄDIE NATURWISSENSCHAFT und TECHNIK, 1980; SCHWEIZERISCHE UNFALLVERSICHERUNGSANSTALT, 1986)

| Schallpegel in dB(A) | Schallquelle |
|---|---|
| 0 | Hörschwelle (bei 1000 Hz) |
| 0- 10 | wird als vollkommene Stille empfunden |
| 10- 20 | Rundfunkstudio, Blätterrauschen |
| 20- 30 | Schlafzimmer |
| 30- 40 | Leseraum |
| 40- 50 | leise Radiomusik, Wohnräume |
| 50- 60 | Büro |
| 65 | elektrische Schreibmaschine |
| 60- 70 | normale Unterhaltung |
| 70 | mittlere Lautstärke beim Fernsehen |
| 70- 80 | Straßenverkehr |
| 70-100 | Stereoanlage mit Lautsprechern |
| 80 | stark befahrene Autobahn in 25 m Entfernung |
| 80- 90 | Montageband, laute Radiomusik |
| 80-110 | tragbarer Cassettenrekorder mit Kopfhörer |
| 85-100 | Diskothek (Tanzfläche) |
| 85-120 | Stereoanlage mit Kopfhörer |
| 95-115 | Rockkonzert (Zuhörerbereich) |
| 100 | Autohupe |
| 100-110 | Preßlufthammer |
| 120 | Schmerzschwelle |
| 130 | Niethammer |
| 140 | Düsentriebwerk |

Zunächst kommt jedoch den absoluten Schallpegeln eine bedeutende Rolle als Umweltbelastungsfaktor zu. Üblicherweise werden etwa 87 dB(A) als Grenze angesehen, bei deren langfristiger Überschreitung Hörschäden verursacht werden (Abb. 2.23). Sieht man sich unter diesem Gesichtspunkt Tabelle 2.15 an, dann fällt auf, daß nicht nur bei Arbeiten an Montagebändern und beim Arbeiten mit lärmerzeugenden Geräten diese Grenze langfristig überschritten wird, sondern daß auch moderne Formen der Freizeitbeschäftigung gehörschädigend wirken können, wenn Musik über Kopfhörer gehört wird oder wenn Musik mit sehr starker elektronischer Verstärkung zur häufig gepflegten Freizeitbeschäftigung gehört. Allerdings bleibt die Frage offen, ob lärmempfindliche Personen gegebenenfalls durch geringere Schallpegel gesundheitlich gefährdet werden können. Andererseits wurde auch ein gewisser Gewöhnungseffekt der Ohren an ständiges, lautes Musikhören beobachtet.

### 2.2.10.3 Physiologische Schallwirkungen

Will man die gesundheitlichen Auswirkungen von Schallereignissen untersuchen, dann stellt sich zunächst die Frage, welche Lebewesen durch Schall beeinflußt werden können. Mitunter wird die Behauptung geäußert, daß Pflanzen bei Musik besser wachsen. Pflanzen besitzen jedoch keine spezifischen Schallrezeptoren, vergleichbar denjenigen bei Tieren, und deshalb können sie auf den Umweltfaktor Schall nicht reagieren. Lediglich Ultraschall (Frequenzen >20kHz) kann in sehr hohen Schallpegeln gewebszerstörend wirken. Das gilt jedoch ebenso für Tiere und Menschen. Im Tierreich sind Hörorgane weit verbreitet, aber deren wahrgenommener Frequenzbereich deckt sich nicht immer mit demjenigen, den Menschen hören. Wie sich die von Menschen erzeugten Schallpegel auf Tiere auswirken, ist nicht genau bekannt. Man weiß lediglich, daß sich einige Tierarten recht lärmscheu verhalten, während sich andere offenbar daran gewöhnen, wie etwa Vögel, die sogar in lauten Bereichen der Städte brüten.

Auch Menschen haben sich offenbar an hohe Dauerschallpegel gewöhnt, so sollte man annehmen, weil sie sich ebenfalls in Großstädten niederlassen und dort den größten Teil ihres Lebens verbringen. Bei genauerer Analyse erkennt man jedoch, daß sie zumindest zum Teil Gesundheits- und Verhaltensstörungen erleiden. So muß man auch für Tiere die Frage offenlassen, ob sie durch hohe Dauerschallpegel gesundheitlich beeinträchtigt werden, auch wenn sie sich anscheinend an Lärm gewöhnt haben.

Langjährige Dauerbelastungen mit Schallpegeln von 87 dB(A) und mehr führen beim Menschen zu frühzeitiger Schwerhörigkeit. Dabei nimmt die Hörfähigkeit im gesamten, hörbaren Frequenzbereich ab, besonders stark jedoch im Frequenzbereich oberhalb von etwa 2000 Hz (SCHWEIZERISCHE VERSICHERUNGSANSTALT, 1986). Die schwindende Hörfähigkeit geht auf Schäden im Innenohr zurück, wo feine Haarzellen die mechanischen Schwingungen des eintreffenden Schalls aufnehmen und in einen elektrischen Impuls umwandeln, der von angeschlossenen Nervenzellen in das Gehirn weitergeleitet wird. Diese Umformung

verbraucht Stoffwechselenergie, und der Energieverbrauch nimmt mit steigendem Schallpegel zu. Wird durch Dauerbeschallung die physiologische Leistungsfähigkeit der Haarzellen überschritten, dann stellt sich Taubheit ein, die zunächst noch in Ruhephasen reversibel ist. Bei langanhaltender Überlastung sterben jedoch die Haarzellen ab, und eine Erholung des Gehörs ist nicht mehr möglich. Bei langanhaltender, starker Lärmbelastung kann der Hörverlust bereits in jungen Jahren Ausmaße annehmen, wie sie normalerweise erst nach vielen Jahrzehnten auftreten. Die Unsitte, Musik in extrem hohen Schallpegeln, d. h. elektronisch verstärkt, stundenlang auf sich einwirken zu lassen, kann die Hörfähigkeit der betroffenen Personen vorzeitig einschränken.
Von diesen sog. auralen Schallschäden sind die extraauralen Schallschäden zu unterscheiden, die auch bei Schallpegeln von weniger als 87 dB(A) verursacht werden. Diese Gesundheitsbeeinträchtigungen betreffen nicht das Ohr selber, vielmehr äußern sie sich in psychosomatischen Störungen, wie Nervosität, Schlafstörungen, Konzentrationsschwäche, nervösen Verdauungsbeschwerden und Herz-Kreislaufbeschwerden. Alle diese Krankheitsbilder werden nur indirekt durch Schalleinwirkung ausgelöst. Ihre Entstehung wird verständlich, wenn man berücksichtigt, daß unerwünschter Schall einen Streßfaktor darstellt (NESTMANN, 1982). Häufig wiederholte und langanhaltende Einwirkungen von unerwünschtem Schall, denen man sich nicht entziehen kann, führen wie andere, chronisch einwirkende Streßfaktoren, zu einer dauerhaften psychischen Anspannung. Dadurch wird im Körper eine Reaktionskette in Gang gesetzt, wie sie in Abb. 2.24 schematisch skizziert ist: Einerseits wird das sympathische oder vegetative Nervensystem angeregt, und andererseits wird über die Hypophyse das Nebennierenmark zu verstärkter Adrenalinausschüttung angeregt. Das Adrenalin unterstützt die vom Sympathicus angeregten, physiologischen Veränderungen im Körper, zu denen u. a. Blutdruckerhöhung, Gefäßverengung, Erhöhung des Cholesterinspiegels, erhöhte Blutviskosität, Magen- und Darmerschlaffung und einige weitere Effekte gehören. Alle diese physiologischen Veränderungen sind zunächst noch reversibel, sobald die Belastung verschwindet. Bleibt die Schallbelastung jedoch dauerhaft bestehen, dann können sich aus der daraus resultierenden Dauerdominanz des Sympathicus die oben genannten Erkrankungen entwickeln. In Abhängigkeit von der Persönlichkeitsstruktur der unter Streß stehenden Menschen können sich anstelle von Bluthochdruck erniedrigter Blutdruck und Lethargie einstellen. Im Einzelfall fällt es oft schwer, streßbedingte Gesundheitsstörungen auf Schalleinwirkungen zurückzuführen, weil auch andere Streßfaktoren die gleichen Symptome hervorrufen können, wie etwa ständiger Ärger oder Hetze und Zeitnot (ISING, 1978; KLOSTERKÖTTER und GONO, 1978).
Schließlich gehören zu den extraauralen Schallschäden sog. Belästigungen, die sich noch nicht in physischen Krankheitsbildern manifestieren, sondern als Beeinträchtigungen des psychischen Wohlbefindens äußern. Beispielsweise gehören zu dieser dritten Gruppe von Lärmauswirkungen die Beeinträchtigung von Gesprächen, Konzentrationsschwächen und Einschlafschwierigkeiten durch Störgeräusche. Grundsätzlich gilt für alle extraauralen Schallwirkungen, daß sie nicht aus-

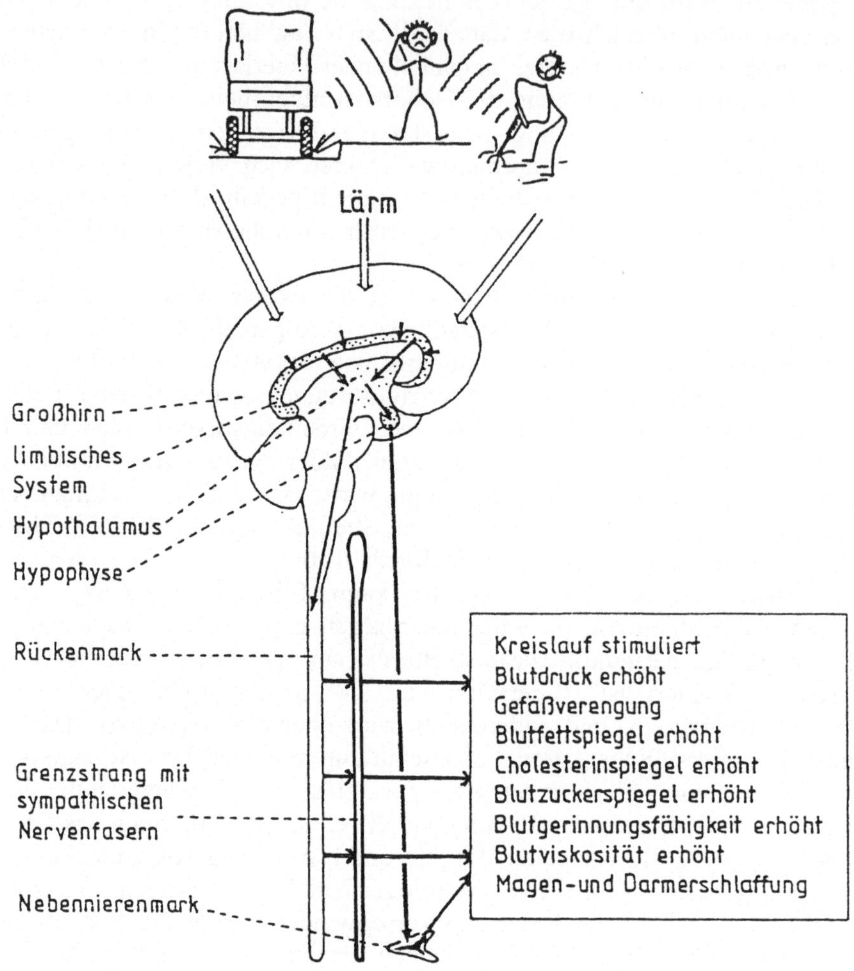


Abb. 2.24 Schematische Darstellung der Wirkungskaskade von unerwünschtem Schall (und anderen Streßfaktoren). Die Anregung des Sympathicus und des Nebennierenmarks wirken synergistisch (FELLENBERG, 1991)

schließlich auf eine bestimmte Schallpegelhöhe zurückzuführen sind, sondern von der inneren Einstellung der betroffenen Personen zu den Schallereignissen maßgeblich mitgeprägt werden. Dadurch wird es schwierig, allgemeingültige Regeln zu erstellen, wann Lärmstörungen auftreten und wann nicht. Die vom Verein Deutscher Ingenieure (VDI) und von der Technischen Anleitung Lärm (TA Lärm) empfohlenen Grenzwerte der Schallimmissionen in verschiedenen Bereichen des Arbeits- und Privatlebens können deshalb nur als Richtwerte für ein statistisches Mittel der Bevölkerung angesehen werden. Nach diesen Empfehlungen soll beispielsweise bei Schallpegeln unterhalb von 40 dB(A) die Schlafqualität nicht beeinträchtigt werden (HULPKE et al. 1993). Für die meisten Menschen wird das zweifellos zutreffen, lärmempfindliche Personen werden bei diesem Schallpegel dennoch über Belästigungen klagen.

### 2.2.10.4 Schallschutz

Trotz dieser Schwierigkeiten gilt es heute als unbestreitbar, daß Schallschutzmaßnahmen auf möglichst vielen Ebenen angestrebt werden müssen, um die Schallbelastungen der Bevölkerung im Rahmen des Möglichen zu reduzieren. Auf der ersten Ebene versucht man Maßnahmen zu ergreifen, um die Schallentstehung zu vermindern, auf der zweiten will man die Schallausbreitung eindämmen und auf der dritten Ebene bemüht man sich, den Menschen selber vor Schalleinwirkungen zu schützen. Einige Beispiele sollen veranschaulichen, was darunter zu verstehen ist.
Beginnt man beim letzten Punkt, dann bleibt nur der Schutz der Ohren vor zu hohen Schallpegeln mit Hilfe von Ohrstöpseln oder mit Kapsel-Gehörschützern. Die ähnlich wie Kopfhörer zu tragenden Hörschutzkapseln können bei sachgerechter Anwendung den Schall um 30-40 dB(A) dämpfen (ENGELHARDT, 1983). Im Laufe der Zeit kann man jedoch darunter schwitzen, und sie eignen sich nicht als Hörschutz beim Schlafen. Wann immer die Kapsel-Hörschützer nicht getragen werden können, muß man auf Ohrstöpsel zurückgreifen, die den Schallpegel nicht so stark dämpfen. Zum Hören sehr lauter Musik empfehlen sich unbehandelte Wattestöpsel. Zwar dämpfen sie den Schall weniger stark als Wachs- oder Gummistöpsel, sie senken aber den hörbaren Frequenzbereich einigermaßen linear, so daß keine Klangverfärbungen auftreten, wie es bei anderen Mitteln zur Schalldämpfung häufig der Fall ist (SCHWEIZERISCHE UNFALLVERSICHERUNGSANSTALT, 1986). Die einfachste Form des Schallschutzes bietet ein größtmöglicher Abstand von der Schallquelle. Bei jeder Abstandsverdoppelung sinkt der beim Hörer eintreffende Schallpegel um ca. 5 dB(A), vorausgesetzt das Gelände ist eben, und es stehen keine Hindernisse zwischen Schallquelle und dem Immissionsort. Herrscht also ein Schallpegel von 70 dB(A) 10 m von einer Schallquelle entfernt, dann sind es im Abstand von 20 m nur noch etwa 65 dB(A), in 40 m Entfernung 60 dB(A) usw. In der Praxis kann man größtmögliche Abstände zwischen Emissions- und Immissionsort erreichen, wenn man beispielsweise Verkehrswege bündelt und nicht netzartig über das Land verteilt. Das gilt für Flugwege ebenso wie für Eisenbahntrassen und Autostraßen. Am wirksamsten, wenngleich derzeit außerordentlich unbeliebt, ist die Einschränkung des Verkehrs bzw. die Verlagerung vor allem des Fernverkehrs auf die Schiene anstatt auf viele einzelne Lastkraftwagen. Allerdings geht die Post in Deutschland mit schlechtem Beispiel voran und beschreitet den umgekehrten Weg, mit dem höchstens in

Ausnahmefällen zutreffenden Argument, auf diese Weise etwas schneller sein zu können. Ein großes Problem stellt auch der sog. "just-in-time" Verkehr dar, der es erforderlich macht, stets nur so viele Rohstoffe oder Halbfertigwaren anzuliefern, wie aktuell verarbeitet werden können, so daß eine Lagerhaltung entfällt. Auch diese Organisationsform verteilt wenige, schallemissionssparende Großtransporte über die Schiene auf viele, emissionsträchtige Kleintransporte über Straßen.
Damit ist bereits die nächste Ebene des Schallschutzes erreicht, die Verhinderung der Schallausbreitung. Um den Verkehrslärm zu mindern, baut man heute in zunehmendem Maße Schallschutzwände an Straßenrändern. Bei der Dimensionierung der Schallschutzwände muß berücksichtigt werden, daß Schallwellen an Kanten gebeugt werden (Abb. 2.25), so daß sich neben dem direkten Schallfeld

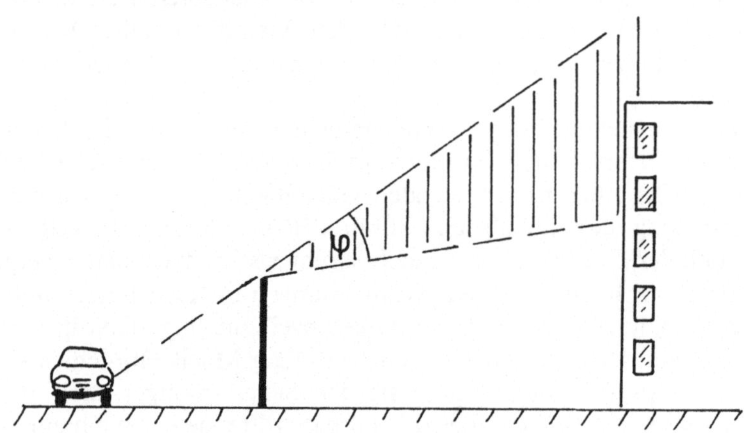


Abb. 2.25 Schematische Darstellung der Beugung von Schallwellen an Kanten, wie z. B. an der Oberkante einer Schallschutzwand. Je nach Beschaffenheit der Kante kann der Beugungswinkel Phi unterschiedlich groß ausfallen. Das durch die Beugung entstehende, diffuse Schallfeld (schraffiert) führt zu Schallbelastungen am dargestellten Wohnhaus, die ohne Beugungseffekt nicht aufträten. Der Beugungeffekt muß also stets bei der Dimensionierung von Schallschutzwänden berücksichtigt werden

ein diffuses Schallfeld (in der Abbildung schraffiert) bildet. Je nach Bauweise einer Schallschutzwand kann sie den Schallpegel um 10, 20 oder mehr dB(A) senken. Ebenso wie Schallschutzwände wirken Erdwälle, die man problemlos begrünen kann. Für Erdwälle reicht jedoch nicht immer der vorhandene Raum aus. Einen pegelmindernden Effekt üben auch Schallschutzpflanzungen aus. Für eine Pegelminderung von 10 dB(A) müssen sie jedoch eine Tiefe von etwa 100 m erreichen. Eine optimale Schalldämpfung durch Pflanzen erzielt man, wenn die Bäume so dicht gepflanzt werden, daß sie ein geschlossenes Kronendach bilden.

Die Ränder der Baumriegel sollten außerdem mit Sträuchern bepflanzt werden, so daß sich ein durchgehendes Laubdach von den Baumkronen über die Sträucher bis zum Boden erstreckt. Eine Schallschutzpflanzung sollte also wesentlich dichter angelegt werden, als eine Staubschutzpflanzung, wie sie in Abb. 2.8 dargestellt ist. Da im Winter in den gemäßigten Breiten das Laub meist abgeworfen wird und damit die schalldämmende Wirkung nachläßt, sollte man einer Mischbepflanzung aus Laubgehölzen und Coniferen (z. B. Eiben und Hemlocktannen) den Vorzug geben. Die in der Regel am natürlichsten wirkenden Erdwälle und Pflanzenriegel haben den entscheidenden Nachteil, daß sie große Grundflächen beanspruchen. Demgegenüber werden Schallschutzwände, auch wenn sie bunt angestrichen oder begrünt werden, häufig als störend in der Landschaft empfunden. Die beste Schalldämpfung erzielt man durch Eintunnelung der Straße oder der Bahntrasse, doch solche Maßnahmen lassen die Baukosten exponentiell ansteigen, so daß sich diese Methode nur in Ausnahmefällen anbietet (AYLOR, 1972). Um Schadstoffanreicherungen in Tunnels zu reduzieren und die sonst erforderlichen energieaufwendigen Bewetterungsmaßnahmen überflüssig zu machen, versieht man die Tunnels möglichst auf der den zu schützenden Objekten abgewandten Seite mit großen Öffnungen.

Die Schallausbreitung kann auch erst in der Nähe der Menschen gehemmt werden, d. h. an den Wänden der Wohnung. Dabei haben sich besonders Hohlziegel und zweischalige Wände mit Mineralwolle als Dämmstoff bewährt. Die Schalldämmung kann dann bei 65 dB(A) liegen. Sogar eine Innenvertäfelung der Wohnräume kann den Außenschall dämmen, wenn man die Verlattung auf Gummi- oder Filzpuffern an die Wand schraubt und den Zwischenraum zwischen Mauerwerk und Täfelung nicht mit Hartschaumplatten (optimal für die Wärmedämmung), sondern mit Mineralwolle (optimal für die Schalldämmung) ausfüllt. Fenster dämmen den Schall sehr wirksam, wenn sie zwei- oder dreifach verglast sind und der Zwischenraum zwischen den Scheiben evakuiert wurde.

Innerhalb der Häuser wird der Schall besonders über Betonböden und Rohrleitungen weitergeleitet. Rohrleitungen sollten deshalb nicht fest in die Wand gegipst werden, vielmehr sollten sie, in Mineralwolle oder Weichschaum verpackt, in Rohrschächten verlegt werden. Für eine optimale Schalldämmung ist stets dem am besten plastisch verformbaren Material der Vorzug zu geben. Auch eine auf Weichschaum kaschierte Tapete kann für eine gewisse Schalldämmung sorgen, wobei man berücksichtigen muß, daß eine auf den ersten Blick bescheiden wirkende Schalldämmung um 3 dB(A) bereits einer Halbierung des Schallpegels entspricht, und eine Pegelsenkung um 5 dB(A) etwa einer Halbierung der Lautstärkeempfindung. Zur Fußbodenisolierung hat sich weitgehend der sog. schwimmende Estrich durchgesetzt, wobei der Estrich nicht direkt auf den Betonuntergrund, sondern auf eine Schaumstoffschicht aufgetragen wird. Weiterhin dämpfen Auslegeteppichböden mit Schaumgummiunterlage den Trittschall. Viele dieser baulichen Maßnahmen können jedoch bei Altbauten nur unter erhöhtem finanziellem Aufwand durchgeführt werden.

Die Schallausbreitung kann auch in unmittelbarer Nähe der Schallentstehung gedämmt werden. Aggregate, die hohe Schallpegel emittieren, kann man einkapseln, wobei die Kapsel entweder aus einer Doppelwand besteht, oder man befestigt an der Innenwand der Kapsel eine schalldämmende Matte. Dieses schalldämmende Prinzip wendet man nicht nur bei Kompressoren an, sondern auch bei Kraftfahrzeugmotoren.

Zur Verminderung der Schallentstehung stehen eine Reihe von Konstruktionsprinzipien zur Verfügung. Dazu gehören Veränderungen am Kühlsystem und an Ansaug- und Auspuffrohren von Personenkraftwagen. Zur Zeit stehen Probleme der Reifen- und Fahrbahngeräusche im Vordergrund der Bemühungen um eine Senkung der Schallemissionen. Die Fahrbahngeräusche versucht man beispielsweise durch sog. Flüsterasphalt zu reduzieren. Man versteht darunter eine mit tiefen Poren versehene Straßendecke, die den Schallpegel um 2-6 dB(A) mindert. Der Nachteil dieser Konstruktion besteht darin, daß sich die Poren mit Wasser füllen und sich im Winter dadurch frühzeitig Eis bildet, das bei wärmer werdender Witterung nur zögernd abtaut. Die Poren setzen sich außerdem mit Staub und Reifenabrieb schnell zu, so daß bereits nach wenigen Jahren eine Erneuerung der Staßendecke notwendig wird.

Ein weiteres Problem stellt die Tourenzahl der Motoren dar: Mit steigender Tourenzahl nimmt auch die Emission der als unangenehm empfundenen, höheren Frequenzen zu. Hochtourig laufende Motoren bedürfen deshalb einer besseren Kapselung als niedertourige Motortypen. Einer guten Kapselung bedürfen auch Dieselmotoren, besonders wenn sie mit Direkteinspritzung arbeiten. Ferner kann jeder Autofahrer selber zur Verminderung der Geräuschemission beitragen, indem er die geräuschärmste Betriebsart seines Fahrzeugs wählt, die er von der Herstellerfirma erfahren kann. Eine weitere Hilfe stellt ein Automatikgetriebe dar, das jederzeit für die ökonomischste und damit auch geräuschärmste Betriebsart sorgt (GEIB, 1988), allerdings um den Preis eines etwas erhöhten Benzinverbrauchs.

Bei Schienenfahrzeugen dominiert das Rollgeräusch, das bei Magnetschwebesystemen entfällt. In beiden Fällen werden bei hohen Geschwindigkeiten aerodynamische Fahrgeräusche erzeugt, die durch windschnittige Formgebung der Karosserie minimiert werden kann. Die Rollgeräusche von Stahlrädern der Eisenbahn können durch aufgebrachte Dämpfungsscheiben oder durch kleine Stahlzungen an der Innenseite der Räder um 5-7 dB(A) vermindert werden (GEIB, 1988; VDI, 1991).

Konstruktive Geräuschminderungsmaßnahmen sind nicht nur an Fahrzeugen, sondern auch bei sehr vielen technischen Geräten möglich, die unerwünschten Schall aussenden. Beispielsweise arbeiten mit Kunststoff beschichtete Gleitlager leiser als Stahlkugellager, Riemenantriebe verursachen geringere Geräusche als Zahnradgetriebe, Rotationsmotoren laufen ruhiger als Hubkolbenmaschinen. Daneben sind viele Lärmemissionsminderungen konstruktiv möglich, wenn man zunächst im Experiment die Ursachen hoher Geräuschentwicklung bzw. starker Schallabstrahlung ermittelt hat. Gerade im Bereich der Lärmdämmung ist häufig eine sehr genaue Analyse der aktuellen Gegebenheiten erforderlich, um möglichst kostengünstig den Schall eindämmen zu können.

## 2.2.11 Bodenverdichtung

Zur Gruppe physikalischer Umweltbelastungen gehört die Bodenverdichtung, der nur allzu häufig viel zu wenig Beachtung geschenkt wird. Böden werden gegenwärtig in dicht besiedelten und hoch industrialisierten Ländern in so umfangreicher Weise verdichtet, daß es bereits schwer fällt, unverdichtete Böden zu finden. Verdichtungen finden beim Bau von Straßen und Bahntrassen statt sowie bei allen anderen Baumaßnahmen. Dabei beschränkt sich die Verdichtung nicht auf die unmittelbar bebaute Flächen, vielmehr wird stets ein mehr oder minder großer Hof um diese Flächen durch Baufahrzeuge, Materiallagerung und durch die Handwerker zusätzlich verdichtet. Erhebliche Verdichtungen erleiden Böden an Urlaubsorten mit Massentourismus durch Kraftfahrzeuge, Wanderer, Freizeitsportler und im Winter auch durch Skifahrer, obwohl dann der Boden mit Schnee bedeckt ist. Besonders großflächig fallen Bodenverdichtungen in der Landwirtschaft aus, wenn die Felder mit großen Landmaschinen und mit Traktoren bearbeitet werden. Schließlich haben auch in der Forstwirtschaft Traktoren und Lastkraftwagen Einzug gehalten, um gefällte Bäume verschieben und transportieren zu können.

Bei jeder Belastung des Bodens muß man zwischen zwei Komponenten unterscheiden, nämlich zwischen dem auflastenden Gesamtgewicht und dem Kontaktflächendruck, der sich aus dem Auflagedruck pro Auflagefläche ergibt. Den Kontaktflächendruck gibt man normalerweise in Newton (N) pro Quadratmeter an. $10^5$ N/m$^2$ entsprechen 1 bar oder 0,98 atm. Unter der auf dem Boden aufliegenden Belastungsfläche (z. B. Fahrzeugreifen, Schuh, Ski) bilden sich birnenförmige Komprimierungsspuren (Abb. 2.26). Durch genaue Messungen kann man feststellen, daß das auflastende Gewicht dafür verantwortlich ist, wie tief sich der Druck im Boden fortpflanzt, während der Kontaktflächendruck die Höhe des im Boden herrschenden Drucks bestimmt (HAUG et al., 1992). Breitreifen vermindern also nur den Druck im radnahen Oberboden gegenüber schmalen Reifen. Ein leichtes Fahrzeug läßt dagegen den Druck nicht so tief in den Boden eindringen wie ein schweres Fahrzeug. Entsprechendes gilt natürlich auch für Fußgänger und deren Schuhwerk. Wird Druck auf einen zunächst lockeren Boden ausgeübt, dann wird er zusammengedrückt, d. h., das Rad oder der Fuß hinterlassen eine Druckspur an der Bodenoberfläche. Das ist nur deshalb möglich, weil der Boden aus Partikeln besteht, die kleine Hohlräume umschließen. Diese Bodenporen enthalten Luft und Wasser, die für alle Bodenlebewesen und die Pflanzenwurzeln lebensnotwendige Funktionen erfüllen. Ein luft- und wasserfreier Boden kann nicht mehr von Lebewesen besiedelt werden. Besonders wichtig für Pflanzenwurzeln ist der Wassergehalt der sog. Mittelporen mit einem Durchmesser von 0,2-10 µm, weil sie das Wasser gegen die Wirkung der Schwerkraft festhalten und trotzdem an Pflanzenwurzeln abgeben können. Grobporen mit einem Durchmesser von mehr als 10 µm lassen dagegen das Wasser rasch in größere Tiefe versickern, und Feinporen mit einem Durchmesser von weniger als 0,2 µm halten das Wasser

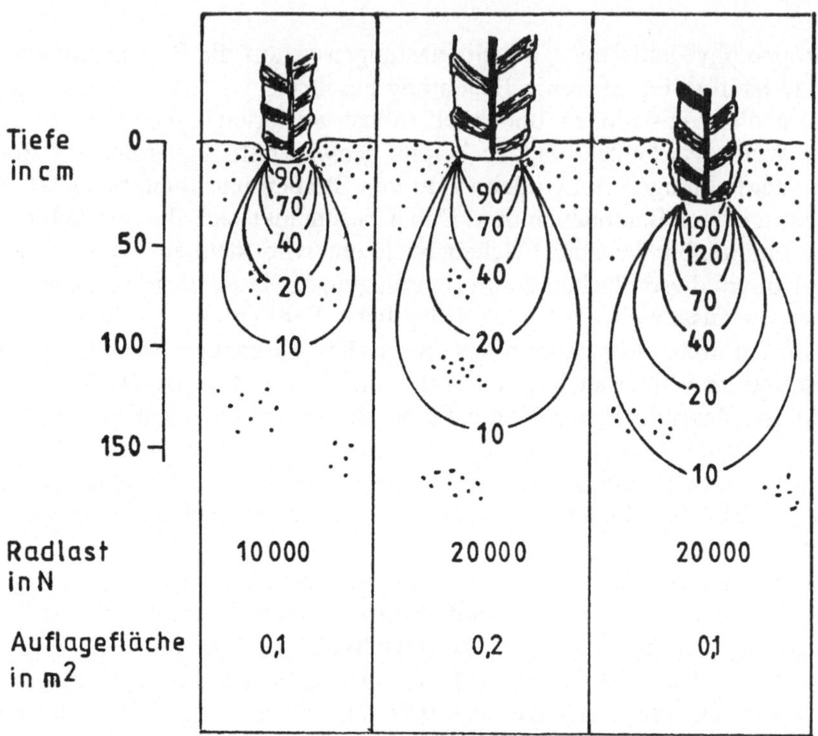


Abb. 2.26 Darstellung des Kontaktflächendrucks durch 3 Räder bei unterschiedlicher Gesamtlast und unterschiedlicher Auflagefläche. Die birnenförmigen Linien geben die Bereiche gleichen Drucks im Boden wieder (FELLENBERG, 1994; verändert)

kapillar so fest, daß es nicht mehr von Pflanzenwurzeln aufgenommen werden kann. Für die Belüftung des Bodens erweisen sich Grob- und Mittelporen als besonders wichtig (SCHEFFER und SCHACHTSCHABEL, 1984).

### 2.2.11.1 Auswirkungen der Bodenverdichtung

Bei einer Bodenverdichtung werden besonders die Grob- und Mittelporen zusammengedrückt. Das bedeutet, daß die Durchlüftung und die Speicherung pflanzenverfügbaren Wassers zurückgeht. Dadurch wird das Pflanzenwachstum gehemmt (HAUG et al., 1992). Die zusammengeschobenen Bodenpartikel stellen außerdem eine mechanische Barriere für die Pflanzenwurzeln dar, so daß sich bei stark verdichteten Böden die gesamte Vegetation den veränderten Bedingungen anpassen muß. In verdichteten Böden verschlechtern sich die Lebensbedingungen für bodenbewohnenden Tiere und Mikroorganismen (GISI, 1990). Mit abnehmender Bodenbelüftung werden aerob lebende Mikroorganismen zurückgedrängt, und es vermehren sich zunehmend Anaerobier. Dadurch werden bodenchemische Prozesse tiefgreifend beeinflußt, denn anstelle von oxidierenden Reaktionen dominieren in verdichteten Böden Reduktionsreaktionen (Abb. 2.27). Beispielsweise wird

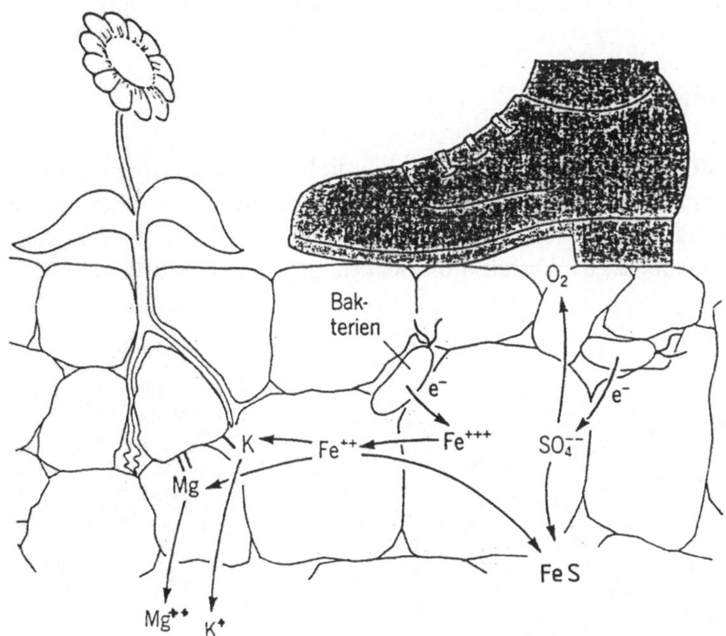


Abb. 2.27 Bodenverdichtung verursacht Sauerstoffmangel im Boden und fördert dadurch reduzierende, chemische Reaktionen, die u. a. zum Ausfällen von Metallsulfiden und zur Freisetzung von Alkali- und Erdalkali-Ionen führen (FELLENBERG, 1994; verändert)

Sulfat mikrobiell zu Sulfid reduziert, das mit vielen Kationen schwer lösliche, von Pflanzenwurzeln nicht aufnehmbare, Sulfide bildet. Wasserunlösliche Eisen(III)-Verbindungen werden in lösliche Eisen(II)-Verbindungen umgewandelt, die verschiedene, an Bodenpartikel adsorbierte Kationen aus ihren Bindungspositionen verdrängen. Unlösliche Mangan(IV)-Verbindungen werden zu löslichen Mangan(II)-Salzen reduziert, die in erhöhten Konzentrationen auf Pflanzen toxisch wirken. Insgesamt gesehen, vermindern die veränderten Bedingungen in verdichteten, schlecht belüfteten Böden deren Fruchtbarkeit. Diesen Effekt kann man besonders deutlich an den hoch verdichteten Böden in Großstädten beobachten.

Mit der Bodenverdichtung steht noch ein anderer, für die Menschen wichtiger

Effekt im Zusammenhang, nämlich die Bildung des Grundwassers. Während ein unverdichteter Waldboden mehr als 99,9 % des Niederschlagswassers versickern läßt und dem Grundwasser zuführt, sind es in den Vorgärten von Wohnhäusern nur noch etwa 85 %, und der Boden von häufig betretenen Sport- und Spielplätzen nimmt nur noch ca 75 % des Niederschlagswassers auf (FELLENBERG, 1994). Neben der verminderten Wassermenge, die verdichtete Böden dem Grundwasser zuführen, nimmt auch dessen Qualität ab, weil die reduzierte Zahl von Mikroorganismen auch die Reinigungskapazität des Bodens vermindert.

### 2.2.11.2 Bodenlockerung

Um die Nachteile zu kompensieren, die verdichtete Böden mit sich bringen, bietet sich eine mechanische Bodenlockerung an. Doch bei der Lockerung verdichteter Böden muß man feststellen, daß der ursprüngliche Zustand keineswegs wieder erreicht wird (Abb. 2.28). Durch die Lockerungsarbeiten wird zwar der verdichtete

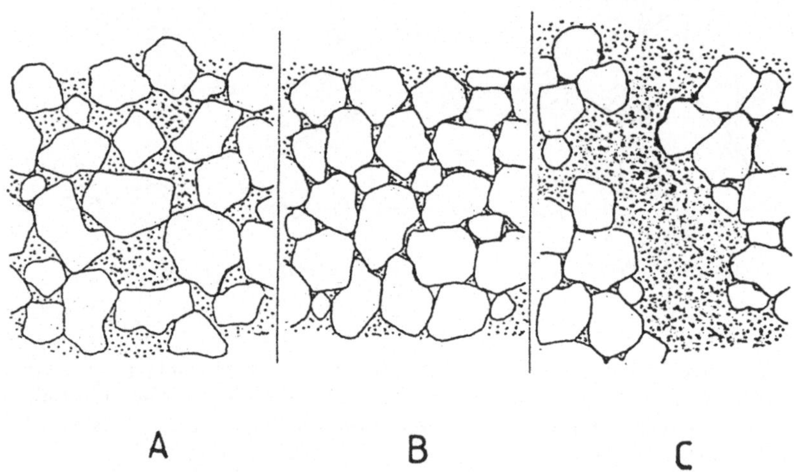


Abb. 2.28 Schematische Darstellung der Struktur eines unveränderten (A) und eines verdichteten (B) und eines Verdichteten und anschließend mechanisch gelockerten Bodens (C). In C werden durch die Lockerung geschaffene Grobporen von verdichteten Bodenschollen umgeben (FELLENBERG, 1994; verändert)

Boden aufgerissen, doch innerhalb der dadurch entstehenden Schollen bleiben die Bodenpartikel ebenso dicht gepackt, wie vor der mechanischen Lockerung. Das bedeutet, daß die Lockerungsarbeiten kaum neue Mittelporen geschaffen haben, sondern lediglich Grobporen, die die verdichteten Bodenaggregate mit hohem Feinporenanteil voneinander trennen. Anders ausgedrückt, verbessert zwar die mechanische Lockerung die Durchlüftung des Bodens, kaum aber dessen Wasserhaltevermögen (HAUG et al., 1992). Ein weiterer Mangel mechanisch gelockerter Böden besteht darin, daß das Poren- und Kanälchensystem des Bodens zerrissen wird und damit kein durchgängiger Wasser- und Stofftransport zwischen gelockertem Bodenbereich und dem Untergrund möglich ist. Die unterschiedliche Dichte von gelockertem Bodenanteil und dem Untergrund erzeugt für die Pflanzenwurzeln eine Art Blumentopfeffekt, der darin besteht, daß die Wurzeln nur den gelockerten Bodenbereich durchwurzeln und vom unbearbeiteten Bodenanteil isoliert bleiben. Durch Lockerungsarbeiten können besonders Regenwürmer geschädigt werden. Schließlich wird durch Bodenlockerung ebenso wie durch Tiefbauarbeiten die natürliche Schichtung des Bodens gestört. Die natürliche Bodenschichtung resultiert aus dem sukzessiven Abbau organischer Reststoffe bzw. deren Umwandlung in Humusstoffe, und sie ergibt sich aus wechselseitigen Stofftransportvorgängen von aufliegender Humusschicht und darunterliegender Schicht von Mineralstoffen, die ihrerseits eine Schichtung nach unterschiedlich weit fortgeschrittener Verwitterung aufweist. Unter anderem führen Lockerungs- und Umschichtungsarbeiten zu beschleunigtem Humusschwund im Boden. Dennoch stellen Lockerungsarbeiten meist die einzig mögliche Hilfsmaßnahme dar, die man verdichteten Böden zukommen lassen kann.

Sinnvoller als nachträgliche Wiedergutmachungsmaßnahmen wäre die Vermeidung von Bodenverdichtungen, wann immer das möglich ist. Wenn sie nicht vermieden werden können, ist darauf zu achten, sowohl den Kontaktflächendruck als auch das Gesamtgewicht der bodenbelastenden Geräte so gering wie möglich zu halten. Das gilt natürlich besonders in der Land- und Forstwirtschaft. Bodenverdichtungen kann man auch entgegenwirken, wenn man dem Boden möglichst viel Humus zuführt, um ihm eine größere Elastizität zu verleihen, so daß Komprimierungen in gewissem Umfang reversibel sind.

# 3 Wirkungen von Kombinationen mehrerer Faktoren

Bei allen bisher angestellten Betrachtungen wurde davon ausgegangen, daß jeweils nur ein einziger Umweltfaktor wirksam wird. Diese Betrachtungsweise wird auch bei der Erstellung der Grenzkonzentrationen von Umweltgiften in der Regel zugrundegelegt. Tatsächlich werden aber meistens mehrere Umweltfaktoren gleichzeitig wirksam. Dadurch ergibt sich die Möglichkeit von Wechselwirkungen oder Interaktionen der einzelnen Faktoren. Dieser Effekt ist hinlänglich aus der Medizin bekannt, wenn mehrere Medikamente gleichzeitig eingenommen werden müssen. Interaktionen sind nicht nur zwischen verschiedenen Schadstoffen möglich, sondern auch von toxischen Substanzen mit anderen Störfaktoren, wie etwa von mutagen wirkenden Chemikalien und der Strahlung von Radionukliden, und es sind Interaktionen von verschiedenen nicht stofflichen Störfaktoren möglich, wie z. B. von unerwünschtem Schall und psychosozialen Streßfaktoren. Interaktionen müssen nicht immer auftreten, aber sie sind in vielen Fällen möglich, und wenn sie auftreten, dann können sich die Wirkungen zweier Faktoren addieren, sie können aber auch stärker oder schwächer ausfallen, als es der Summe der Wirkungen der Einzelfaktoren entspricht. Das Zusammenwirken mehrerer Umweltfaktoren wurde bisher noch nicht so ausgiebig untersucht, wie die Wirkungen der Einzelfaktoren. Da gerade auf dem Gebiet der Interaktionen mitunter überraschende Effekte auftreten, soll dieser Zweig der Umweltbelastungen näher betrachtet werden.

## 3.1 Atmosphäre

### 3.1.1 Kombinationen von Stäuben und Abgasen

#### 3.1.1.1 Wirkung auf den Menschen

Nahezu allgegenwärtigen Stoffkombinationen begegnen wir im Bereich von Stäuben und Gasen. Eine der am längsten bekannten Interaktionen betrifft diejenige von Schwebstaub und Schwefeldioxid. Bei einer gut dokumentierten Smogkatastrophe in London im Jahr 1952 starben etwa 4000 Menschen mehr, als es in der betreffenden Jahreszeit üblich war (Abb. 3.1). Als Ursache dafür stellte sich der gleichzeitige Anstieg der Schwefeldioxid- und Schwebstaubkonzentration heraus. Die damals erreichten Konzentrationen hätten für sich allein nicht entfernt so stark toxisch gewirkt. Die Erklärung dieses damals unerwarteten Effekts sieht folgendermaßen aus: Normalerweise wird Schwefeldioxid zu mehr als 90 % im alkalischen Bronchialschleim der oberen Luftwege niedergeschlagen, neutralisiert und schließlich mit dem Schleim aus den Luftwegen heraustransportiert. Wird Schwefeldioxid an lungengängigen Schwebstaub adsorbiert, dann kann es mit Hilfe dieses Transportmittels bis in die Lungenbläschen (Alveolen) vordringen. Die Wände der Alveolen werden durch das saure Gas verätzt, und es können sich bei empfindlichen Personen tödlich verlaufende Lungenödeme bilden, weil Blut-

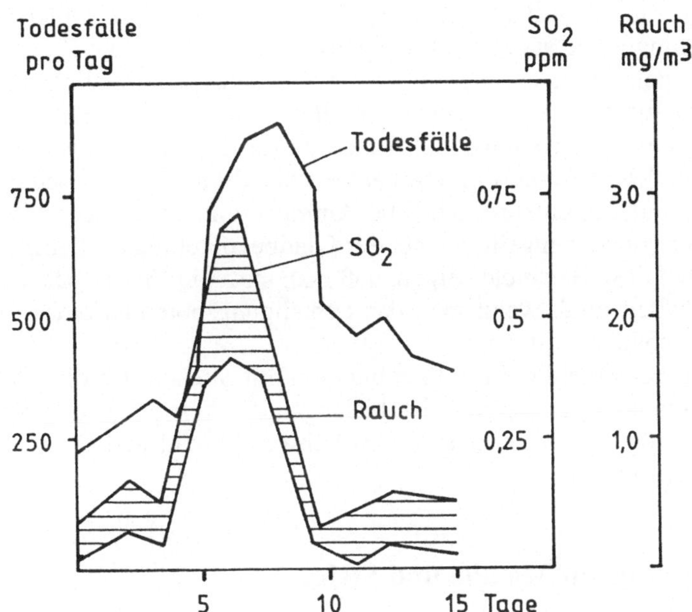


Abb. 3.1 Todesfälle anläßlich einer Smogkatastrophe in London im Dezember 1952. Für den steilen Anstieg der Sterberate ist die gleichzeitige Zunahme der Konzentrationen von Schwefeldioxid und Schwebstaub (Rauch) in der Luft verantwortlich (KRAFT, 1982; verändert)

flüssigkeit in die Luftbläschen austritt (KRAFT, 1982). Diesem Sachverhalt versucht man Rechnung zu tragen, indem man zumindest in einigen Ländern bei Smog die Luftbelastung der Städte mit Schwefeldioxid und Schwebstaub gemeinsam bewertet und entsprechende Grenzwerte aufstellt (LAHMANN, 1990).

Das Adsorptionsvermögen lungengängiger Feinstäube macht man auch dafür verantwortlich, daß in verstaubter Großstadtluft die Lungenkrebsrate häufig höher liegt als in der staubärmeren Landluft. Man geht davon aus, daß sich auch cancerogene Stoffe wie Benzo(a)pyren, Nitrosamine, Benzol und andere Verbindungen an die Staubpartikel anlagern und mit diesen in die Tiefe der Lunge transportiert und dort physiologisch wirksam werden. Außerdem hält man es für wahrscheinlich, daß Mikronadeln (Faserstoffe) in der Stadtluft durch Mikroverletzungen der Alveolarepithelien die Resorption cancerogener Stoffe begünstigen (JÄNICKE, 1985).

Bei Zigarettenrauchern werden im Laufe der Jahre die Flimmerhärchen der

Bronchien geschädigt, so daß eingedrungene Fremdstoffe nicht mehr in ausreichendem Umfang nach außen zurückbefördert werden. Deshalb können sich mehr Schadstoffe in der Lunge anreichern als bei Nichtrauchern. Mit steigendem Zigarettenkonsum nimmt deshalb die Lungenkrebsrate zu. Nach Untersuchungen in Belfast und Umgebung steigt die Lungenkrebsrate bei gleichem Zigarettenkonsum in der Stadt viel steiler an, als auf dem Land. Diesen zusätzlichen Stadt-Effekt führt man darauf zurück, daß die wesentlich sauberere Luft auf dem Land der Bevölkerung bessere Erholungsmöglichkeiten für die Lunge bietet, als die Stadtluft, so daß in der Stadt die Flimmerhärchen der Bronchien viel schneller geschädigt werden, und dementsprechend die Anreicherung cancerogener Stoffe in der Lunge rascher vonstatten geht, als bei der Landbevölkerung (SCHLIPKÖTER und POTT, 1980). Diese Beispiele zeigen, daß man stets die Gesamtbelastung der Luft im Auge behalten muß, wenn man das Schädigungspotential eines Fremdstoffes realistisch abschätzen will.
Die Frage, ob Schwefeldioxid in Kombination mit Stickoxiden die Häufigkeit von Atemwegserkrankungen steigert, ist bislang nicht befriedigend geklärt. Ebenso wurden über mögliche Synergismen von Schwefeldioxid und Ozon widersprüchliche Angaben gemacht.

### 3.1.1.2 Wirkung auf Metalle und Steine

Eine Kombination von Stäuben mit säurebildenden Gasen beschleunigt auch die Korrosion von Steinen und Metallen. Hier kommt der Synergismus auf andere Weise zustande, als bei der Beeinträchtigung der Gesundheit der Menschen. Feine Stäube schlagen sich auf Stein- und Metalloberflächen nieder und bilden fest haftende Überzüge. Meist enthalten die Stäube hygroskopische, d. h. wasseranziehende Stoffe, wie verschiedene Sulfate und Chloride. Sie sorgen dafür, daß der Staubbelag stets feucht bleibt. In der Feuchtigkeit lösen sich Schwefeldioxid und Chlorwasserstoff. Dabei bilden sich schweflige Säure und Salzsäure. Spuren von Schwermetallen in der Staubschicht reichen aus, um die schweflige Säure katalytisch zu Schwefelsäure zu oxidieren. Die in der feuchten Staubschicht festgehaltenen Säuren können nun kontinuierlich auf die Unterlage einwirken. Besonders in Städten bilden sich feine Sulfatkrusten, die man mikroskopisch nachweisen kann. Kohlepartikel, die meist aus Ölfeuerungen stammen, weisen eine sehr große Oberfläche auf. Sie stellen hoch aktive Speicher für die Säuren dar und scheinen den säurebedingten Verfall der Unterlage zu beschleunigen (DELMONTE und VITTORI, 1985). Der ununterbrochene Säureangriff auf die verstaubten Oberflächen ließ während der vergangenen Jahrzehnte viele Baudenkmäler verfallen, die zuvor 1000 Jahre und mehr überstanden. Als besonders anfällig erwiesen sich Sandstein mit carbonatischer Bindung der Quarzkörnchen sowie Kalkstein und Marmor. Ebenso bleibt der moderne Baustoff Beton von den Säureschäden nicht verschont. Die einwirkenden Säuren ($H^+$) setzen aus dem Kalk

Kohlendioxid frei, und das carbonathaltige Material zerfällt (Gl. 3.1). Sogar alte

Gl. 3.1 $$CaCO_3 + 2\,H^+ \longrightarrow Ca^{2+} + H_2O + CO_2$$

Alkaligläser werden durch Staub-Säure-Schichten getrübt. Metalloberflächen, besonders Eisen, werden ebenfalls durch die Säureüberzüge angelöst und korrodieren beschleunigt. Die Schäden, die durch Staub-Säure-Filme allein in Deutschland entstehen, belaufen sich jährlich auf viele Millionen Mark (BICK et al., 1984). Die Verluste, die dabei an Kunstwerken entstehen, sind unersetzlich.

## 3.1.2 Chemische Umsetzungen von Abgasen in der Luft

Eine Reihe von Emissionen geht bereits in der Atmosphäre chemische Reaktionen ein. Als Folge davon werden am Einwirkungsort nicht nur die ursprünglichen Emissionen wirksam, sondern auch deren Reaktionsprodukte. Deshalb ist es erforderlich, einen Blick auf die Reaktionsbereitschaft einiger wichtiger Schadstoffe in der Umwelt zu werfen.

Zu den besonders reaktionsfreudigen Abgasen gehört Schwefeldioxid. Gemeinsam mit alkali- oder erdalkalihaltigen Stäuben findet Neutralisation statt, die die Säurewirkung vermindert. Da konkrete Daten zur Menge emittierter, basischer Stäube fehlen, kann man keine zuverlässigen Angaben über den Umfang der Neutralisationsreaktionen abgeben.

Eine andere wichtige Reaktion wurde bereits erwähnt. Sie besteht darin, daß Schwefeldioxid zusammen mit der Feuchtigkeit der Luft schweflige Säure bildet, die unter dem Einfluß von Schwermetallspuren als Katalysator oder Ozon als Oxidationsmittel zu Schwefelsäure oxidiert wird. Auch Schwefeldioxid kann oxidiert werden, wobei mehrere Wege eingeschlagen werden können. Eine Möglichkeit besteht darin, daß Schwefeldioxid durch Ozon zu Schwefeltrioxid oxidiert wird (Gl. 3.2). Schwefeltrioxid reagiert sodann mit der Feuchtigkeit der Luft zu

Gl. 3.2 $$SO_2 + O_3 \longrightarrow SO_3 + O_2$$

Schwefelsäure (Gl. 3.3). Ein ganz anderer Weg führt über Hydroxylradikale. Die-

Gl. 3.3 $$SO_3 + H_2O \longrightarrow H_2SO_4$$

se Radikale können aus angeregten Sauerstoffatomen und Wasser entstehen (Gl. 3.4). Die angeregten Sauerstoffatome werden unter dem Einfluß von UV-

Gl. 3.4 $$O(^1D) + H_2O \longrightarrow 2\,OH^\bullet$$

Strahlen (Lambda < 310 nm) aus Ozon gebildet, das auch in der bodennahen Atmosphäre (Troposphäre) ständig in sehr geringer Konzentration vorkommt. Hydroxylradikale reagieren direkt mit Schwefeldioxid zu Schwefelsäure (Gl. 3.5),

Gl. 3.5 $$SO_2 + 2\,OH^\bullet \longrightarrow H_2SO_4$$

die in Form von feinst verteilten Tröpfchen Schwefelsäureaerosole bilden. Entstehen diese in der Stratosphäre, dann bleiben sie dort über Jahre hinweg erhalten und mindern, ähnlich wie die Stäube starker Vulkanauswürfe, die Sonneneinstrahlung. In der Troposphäre verbleiben sie jedoch nicht länger als Schwefeldioxid. Optimale Bedingungen für die Schwefelsäurebildung herrschen unter Inversionsbedingungen, bei denen die Abgase in Bodennähe festgehalten und angereichert werden. Besonders während der winterlichen Heizperiode entstehen im feuchten, atlantisch geprägten Klima schwefelsäurehaltige Dunstschwaden, die man als Smog bezeichnet, ein Begriff, den man aus "smoke" (Rauch) und "fog" (Nebel) zusammensetzte. Neben Schwefelsäure und Schwefeldioxid enthält der Smog auch alle Komponenten, die aus Kraftfahrzeugen, Feuerungs- und Industrieanlagen ausgestoßen werden, wie Stickoxide, Kohlenmonoxid, Kohlendioxid, Kohlenwasserstoffe, Ruß und Schwebstaub. Die Vielzahl verschiedener Stoffe im Smog verursacht Atembeschwerden. Gesetzliche Vorschriften zur Reinigung der Abgase aus Kraftfahrzeugen und Feuerungsanlagen haben die Smogbildungsgefahr während der Wintermonate erheblich vermindert, dennoch existiert sie bei langanhaltenden Inversionswetterlagen weiterhin. Wegen seines Gehalts an Schwefeldioxid reagiert der winterliche Smog reduzierend. Deshalb bezeichnet man diesen Typ des Smogs als reduzierenden Smog, oder in Anlehnung an seine extreme Ausbildung in London während der 40er und 50er Jahre als London-Smog.
Neben dem London-Smog kennt man noch einen Smog-Typ, der erstmals in besonders ausgeprägter Weise in Los Angeles beobachtet wurde. Voraussetzung für dessen Auftreten ist wiederum eine ausgeprägte Hochdruck- oder Inversionswetterlage, die alle Abgase in Bodennähe festhält. Begünstigt wird die Anreicherung der Abgase in Tallagen, so daß ein seitliches Abfließen der Emissionen nicht möglich ist. Sind diese Voraussetzungen erfüllt, dann können bei hohem Verkehrsaufkommen die Auspuffgase zusammen mit industriellen Emissionen bei Sonnenschein eine Reihe von chemischen Reaktionen eingehen, die noch nicht in allen Einzelheiten bekannt sind. Charakteristisch für den Los Angeles-Smog ist zunächst die Bildung von Ozon aus Stickoxiden (Abschn. 2.9). Dazu wird Stickstoffdioxid in Gegenwart von Sonnenstrahlen mit einer Wellenlänge von weniger als 430 nm in Stickstoffmonoxid und Sauerstoff im Grundzustand ($^3P$) gespalten. In diesem Zustand ist der Sauerstoff sehr reaktionsfreudig, so daß er zusammen mit einem Stoßpartner, der nicht in die Reaktion eingeht, mit Luftsauerstoff Ozon bildet. Ozon, Sauerstoff im Grundzustand ($^3P$), sowie einige Radikale ($OH^\bullet$, $OOH^\bullet$) regen Kohlenwasserstoffe zur Bildung von organischen Radikalen an, die zur Polymerisation neigen und dadurch hochmolekulare Kohlenwasserstoffketten bilden. Neben vielen weiteren Reaktionen bildet Stickstoffdioxid mit Hydroxylradikalen Salpetersäure (Gl. 3.6) und mit Peroxiacetat-Radikalen Peroxiacetyl-

Gl. 3.6 $$^\bullet NO_2 + OH^\bullet \longrightarrow HNO_3$$

Gl. 3.7 $$CH_3OCOO^\bullet + {}^\bullet NO_2 \longrightarrow CH_3OCOONO_2$$

nitrat (Gl. 3.7), kurz PAN genannt, das auf Pflanzen und Menschen stark toxisch wirkt. Sein Gehalt an Ozon und anderen Oxidantien läßt den Los Angeles-Smog oxidierend reagieren. Physiologisch verhält er sich deshalb ähnlich wie Ozon und Stickstoffdioxid. Heute bildet sich der oxidierende Smog nicht nur in Los Angeles, sondern in vielen verkehrsreichen Großstädten, besonders während der Sommermonate (FABIAN, 1987). Neben dem typischen Los Angeles-Smog und dem London-Smog kommen auch Übergangsformen zwischen beiden Grundtypen vor, die durch schwefeldioxidhaltige und stickoxidhaltige Abgase gekennzeichnet sind. Da die Ozonbildung von der Sonneneinstrahlung abhängt, wird deren Maximum gewöhnlich um die Mittagszeit herum erreicht. Nachts unterbleibt die Ozonbildung, und gleichzeitig läuft der Ozonabbau durch Stickstoffmonoxid weiter (Abb. 2.9) so daß in der Regel der Ozongehalt der Luft während der späten Nachtstunden sein Minimum erreicht. Abweichungen von dieser Regel treten nur dann auf, wenn eine Stadt wie beispielsweise Freiburg i. Brg. am Fuß eines Gebirges liegt. Hier wird zwar ebenfalls nachts das am Tage gebildete Ozon abgebaut, doch in der Höhe der Berge bleibt nachts der Ozonabbau aus, weil dort der Kraftfahrzeugverkehr mit seinem Stickstoffmonoxidausstoß fehlt. Das Ozon aus den Hochlagen des Gebirges gelangt mit nächtlichen Fallwinden in die Stadt und läßt dort die Ozonkonzentration auf einem hohen Niveau verharren.
Unterschiede der Ozonbildung treten in Klimaregionen mit starkem Wechsel von Hoch- und Tiefdruckgebieten auf, wie etwa in Mitteleuropa, weil Schlechtwetterphasen mit bedecktem Himmel die Ozonbildung in den Hintergrund treten lassen (KÜMMEL und PAPP, 1989).

### 3.1.3 Wirkung von Stickoxiden und Schwefeldioxid auf Pflanzen

Kehren wir von chemischen Wechselwirkungen verschiedener Emissionen in der Atmosphäre wieder zu Interaktionen in Organismen zurück, dann fallen besonders Wechselwirkungen von Schwefeldioxid und Stickstoffdioxid ins Auge. Reines Stickstoffdioxid löst bei Pflanzen bis zu einer Konzentration von etwa 0,35 mg/m$^3$ in der Regel noch keine erkennbaren Schäden aus. In Konzentrationen unterhalb dieser kritischen Grenze kann Stickstoffdioxid in den Chloroplasten bis zur Aminogruppe reduziert werden, die die Pflanzen zum Aufbau von Aminosäuren nutzen. Dieser Vorgang kann das Pflanzenwachstum sogar meßbar stimulieren (Tab. 3.1). Reines Schwefeldioxid wirkt bei achtstündiger Begasung der Pflanzen meist erst in Konzentrationen von mehr als etwa 0,5 mg/m$^3$ toxisch, d. h., es treten äußerlich sichtbare Schäden auf. Diese Grenzkonzentrationen, die lediglich grobe Richtwerte darstellen, entsprechen jeweils ungefähr 0,18 ppm (Umrechnungsfaktoren: $SO_2$: 1 ppm = 2,67 mg/m$^3$; $NO_2$: 1 ppm = 1,91 mg/m$^3$). Wurden die Pflanzen mit beiden Gasen gemeinsam in einer Konzentration von jeweils 0,062 ppm für die Zeit von 3 Monaten behandelt, dann traten Kombinationswirkungen auf, die keinesfalls der Summe der Wirkungen der Einzelgase entsprach (Tab.3.1). Es

Tabelle 3.1 Wachstum verschiedener Laubbaumarten, gemessen als Trockengewichtszunahme unter dem Einfluß von Stickstoffdioxid, Schwefeldioxid und einer Kombination beider Gase (HOCK und ELSTNER, 1995)

| Baumart | Trockengewichtszunahme in % der Kontrolle | | | | |
|---|---|---|---|---|---|
| | Luft gefiltert | $NO_2$ 0,062 ppm | $SO_2$ 0,062 ppm | $NO_2$ und $SO_2$ jeweils 0,062 ppm | |
| | | | | errechneter Mittelwert | gemessene Werte |
| Schwarzpappel *(Populus nigra)* | 100 | 120 | 95 | 107 | 60 |
| Moorbirke *(Betula pubescens)* | 100 | 115 | 75 | 95 | 45 |
| Grauerle *(Alnus incana)* | 100 | 125 | 40 | 82 | 30 |
| Winterlinde *(Tilia cordata)* | 100 | 130 | 135 | 132 | 95 |

war stets eine ausgeprägte Wachstumshemmung zu beobachten, und die äußerlich erkennbaren Schädigungen entsprachen nicht denjenigen, die die Einzelgase ausgelöst hätten (HOCK und ELSTNER, 1995). Für solche unerwarteten Wechselwirkungen scheint es vielfältige Ursachen zu geben. Einerseits hemmt Schwefeldioxid bereits in sehr geringer Konzentration die Reduktion des Stickstoffdioxids, so daß der wachstumsfördernde Effekt von Stickstoffdioxid entfällt, und andererseits beeinträchtigt diese Schadstoffkombination die Regulation der Transpiration (= dosierte Wasserabgabe durch die Pflanze) (HOCK und ELSTNER, 1995).

Neben der Kombination von Schwefeldioxid und Stickstoffdioxid verursacht auch eine Kombination von Schwefeldioxid und Ozon nicht immer vorhersagbare Schadeffekte. Bei einigen Pflanzenarten hemmt diese Kombination die Photosynthese mehr als additiv. Bei Bohnen und anderen Nutzpflanzen verursachten Schwefeldioxid und Ozon Ertragsverluste, wenn sie in Konzentrationen appliziert wurden, in denen jedes Gas für sich allein noch keinen erkennbaren Effekt verursachte (HOCK und ELSTNER, 1995).

Doch nicht nur die Kombination zweier Schadstoffe kann unerwartete Reaktionen

hervorrufen, Schadgase können auch in Verbindung mit bestimmten Umweltfaktoren nicht vorhersehbare Schäden an Pflanzen verursachen. Beispielsweise erwerben überwinterungsfähige Pflanzen in den gemäßigten Breiten im Herbst Frostresistenz. Bei verschiedenen Pflanzenarten zeigte sich, daß eine Begasung mit Schwefeldioxid und Stickstoffdioxid während der herbstlichen Abhärtungsphase die Frostresistenz der Pflanzen vermindert, so daß bei sinkenden Temperaturen erhebliche Frostschäden auftraten (HOCK und ELSTNER, 1995).
Solche Kombinationswirkungen mehrerer Schadgase und von Schadgasen mit klimatischen Faktoren erschweren die Abschätzung von Umweltschäden durch Abgase erheblich, zumal Schadbilder auch dann auftreten, wenn die Konzentrationen der Abgase so gering sind, daß jedes Gas allein noch keine Schäden erkennen läßt. Angesichts dieser, bei Pflanzen sicher nachgewiesenen Kombinationswirkungen drängt sich die Frage auf, ob auch beim Menschen weit mehr Kombinationswirkungen auftreten, als im Abschnitt 3.1.1.1 beschrieben wurde. Zum Nachweis derartiger Effekte muß man beim Menschen meist auf epidemiologische Studien zurückgreifen. Bei solchen Untersuchungen kann man jedoch oft genug nicht sicherstellen, daß eine Erkrankung wirklich nur auf die ins Auge gefaßten ein, zwei oder drei Umweltfaktoren zurückzuführen ist, oder ob weitere, nicht beachtete Faktoren wirksam wurden. Weil sich beim Menschen, im Unterschied zu Pflanzen, Experimente unter streng kontrollierten Umweltbedingungen verbieten, kann man gegen die Befunde aus epidemiologischen Untersuchungen meist methodische Mängel geltend machen, wenn es darum geht, komplexe Wirkungsgefüge zu analysieren, wie etwa den Einfluß verschiedener Umwelttoxine natürlichen oder nicht natürlichen Ursprungs. Wegen dieser Schwierigkeiten der Analyse von Kombinationswirkungen mehrerer Schadstoffe beim Menschen sollen noch einige weitere Umweltschäden bei Pflanzen näher betrachtet werden.

### 3.1.4 Baum- und Waldschäden

Seit den frühen 60er Jahren kann man Berichte über großflächig auftretende Schäden an Waldbäumen lesen. Zunächst waren diese Schäden auf Tannen und Fichten beschränkt, später erkrankten auch Kiefern und Laubbäume. Dieses als *Waldsterben* in der Literatur etablierte Phänomen wurde, und wird auch heute noch, kontrovers diskutiert. Einerseits wird behauptet, die zweifelsfrei erkennbaren Baumschäden gehen auf Schadgase in der Umwelt zurück, andererseits hält man dagegen, daß Baumschäden auch durch besonders kalte Winter, heiß-trokkene Sommermonate und durch Pilz-, Bakterien- oder Virus-Befall ausgelöst werden können. Da keines dieser Argumente falsch ist, stehen wir erneut einem komplexen Geschehen gegenüber, das nicht mit Hilfe einer einfachen Kausalkette hinreichend erklärt werden kann. Deshalb müssen wir uns diesem Problemkreis schrittweise nähern.
Das Krankheitsbild der modernen, großflächig auftretenden Baumschäden ist viel-

gestaltig: Nadeln und Blätter vergilben vorzeitig und fallen ab. Bei Nadelbäumen werden zunächst die ältesten Nadeljahrgänge abgestoßen, und nur die jüngsten an den Zweigspitzen bleiben erhalten. Die Baumkronen verlieren dadurch ihr ursprünglich dichtes Erscheinungsbild, sie werden durchsichtig. Bei Tannen und Fichten werden auf der Oberseite der Seitenäste kurze, nach oben weisende Seitentriebe gebildet, die man als "Angsttriebe" bezeichnet. Das Längenwachstum der Baumkronen wird gehemmt. Die Kronenspitze erscheint deshalb nicht mehr spitz-kegelförmig, sondern abgeplattet. Diese Wuchsform wird als "Storchennestkrone" bezeichnet. Auch das Dickenwachstum der Baumstämme geht zurück, wie man besonders an den schmal ausgebildten Jahresringen von Stammquerschnitten erkennen kann. Häufig tragen die nur mäßig geschädigte Koniferen besonders viele Zapfen. Im Zentrum verschiedener Koniferenstämme bilden sich pathologische Naßkerne. Damit bezeichnet man ein dunkles, wasserreiches Holz. Der pathologische Naßkern ist, im Unterschied zum natürlich auftretenden Naßkern alter Stämme, im Querschnitt unregelmäßig gestaltet und kann sich bis in die Wachstumszone der Stämme, das Cambium, erstrecken. Bei Buchen bildet sich oftmals ein sog. Spritzkern, der rotbraun gefärbt ist und ebenfalls im Stammquerschnitt eine sehr unregelmäße Form aufweist. An den Stämmen stark geschädigter Bäume können Fruchtkörper von Pilzen aus der Borke hervorbrechen. Mykorrhizapilze, die ein enges Geflecht um die Wurzelspitzen der meisten Waldbäume bilden und die für die Ernährung der Pflanzen von größter Bedeutung sind, sterben bei starker Schädigung ab. In die Wurzeln dringen dann Fäulniserreger ein und können bis in den Stamm gelangen (HARTMANN et al., 1988; SCHÜTT et al., 1992). Die Waldschäden werden heute nach einem bundeseinheitlichen Bewertungssystem ermittelt (Tab. 3.2), so daß die früher regional auftretenden Bewer-

Tabelle 3.2 Klassifizierungsschema der Baumschäden nach dem Zustand der Blätter und Nadeln (Blume, 1990, verändert)

| Schadstufe | Nadel-/Blattverlust | Vergilbung |
|---|---|---|
| 0 (gesund) | bis 10 % | unbedeutend |
| 1 (schwach geschädigt) | 11-25 % | > 25 % |
| 2 (mittelstark geschädigt) | 26-60 % | > 60 % |
| 3 (stark geschädigt) | > 60 % | |
| 4 (abgestorben) | | |

tungsdiskrepanzen nicht mehr auftreten. Das Ausmaß der Baumschäden in den Wäldern lag in den Jahren 1989/1990 etwa bei 60 %. Seither wurde ein leichter

Rückgang der Schäden registriert, so daß derzeit knapp 50 % der Waldbäume Schadsymptome aufweisen. Wesentlich umfangreicher dürften die Baumschäden in Großstädten ausfallen, weil dort die Lebensbedingungen für die Bäume noch wesentlich ungünstiger sind als in den Wäldern. In Städten haben die Bäume besonders trockene und warme Bedingungen zu ertragen, und die Böden sind weitaus stärker verdichtet, als in den Wäldern. Dazu kommen Belastungen durch Streusalz, Erdgas, Auspuffgase von Kraftfahrzeugen und einige andere störende Einflüsse. Wenn dennoch die Baumschäden in Städten nicht so deutlich auffallen, dann liegt es daran, daß man die am stärksten geschädigten Bäume immer wieder gegen gesunde Exemplare austauscht. In der etwa 250000 Einwohner zählenden Stadt Braunschweig werden jährlich etwa 2000 Bäume ausgetauscht, damit das verheerende Ausmaß städtischen Baumsterbens nicht so offensichtlich zutage tritt. Ein solches Verfahren ist in den Wäldern nicht praktizierbar. Deshalb hat man sich bemüht, die Ursachen der Waldschäden zu erkennen, um gezielte Hilfsmaßnahmen für die Bäume einleiten zu können. Bei der Ursachenforschung entwickelte man so viele Theorien, die die Waldschäden erklären sollen, daß wir uns damit begnügen müssen, einige besonders wichtige Spuren weiter zu verfolgen.

Unter den anthropogenen Immissionen spielt Schwefeldioxid eine wichtige Rolle, zumal man bereits vor Jahrhunderten im Lee von Erzröstereien das Absterben vieler Bäume beobachtete. Baumschäden werden bei Konzentrationen von mehr als 0,5 mg/m$^3$ erkennbar. Solche Konzentrationen werden jedoch in Wäldern höchstens kurzfristig erreicht, vor allem in Mitteleuropa in Mittelgebirgslagen. Stickstoffdioxid schädigt in Konzentrationen von mehr als 0,35 mg/m$^3$ die Bäume, doch auch diese Konzentration wird in Wäldern praktisch nicht erreicht. Berücksichtigt man jedoch, daß Stickstoffdioxid und Schwefeldioxid häufig nebeneinander vorkommen, dann sinkt die kritische Grenzkonzentration auf jeweils etwa 0,03 ppm, das entspricht etwa 0,06 mg/m$^3$ $NO_2$ bzw. 0,08 mg/m$^3$ $SO_2$. Diese Werte werden in verkehrsreichen oder stark industrialisierten Bereichen häufig erreicht, wenn man 3 Std- oder 24 Std-Mittelwerte zugrundelegt (HOCK und ELSTNER, 1995). Die relativ kurzen Einwirkzeiten reichen noch immer nicht zur Erklärung der Schäden aus, aber die immer wiederkehrenden Schadgasexpositionen vermindern bereits die Vitalität der Bäume und damit ihr Wachstum.

Stickoxide allein üben in geringer Konzentration einen wachstumsfördernden Effekt aus (Abschn. 3.1.3). Davon, so meint man, sollten die Pflanzen profitieren, denn in Europa gelangen ca. 4,8-10 kg Stickstoff pro Hektar über die Luft in den Boden. Tatsächlich kann man auch mitunter einen gewissen Zuwachsgewinn feststellen. Doch neben kritischen Kombinationswirkungen mit Schwefeldioxid ergeben sich aus dem reichen Stickstoffangebot weitere, unerwünschte Kombinationswirkungen mit angesäuerten Böden (siehe unten). Der durch Säureeintrag verursachte Verlust an ernährungsphysiologisch wichtigen Kationen bewirkt, zusammen mit der hohen Stickstoffzufuhr, Störungen des Wasserhaushalts, verminderte oder verzögerte Ausbildung der Frostresistenz im Herbst und macht die Bäume anfälliger gegenüber Luftschadstoffen und Pilzschädlingen (HOCK und ELSTNER, 1995). Offenbar schädigt auch Ammoniak, der aus der Landwirtschaft stammt, die Bäume.

Stickoxide führen zur Bildung von Ozon (Abb. 2.9), das bis in sog. Reinluftgebiete von Mittel- und Hochgebirgen vordringt. Die dort auftretenden Spitzenwerte von 0,2-0,3 mg/m$^3$ liegen deutlich über dem kritischen Grenzwert von 0,05 mg/m$^3$. Zumindest periodisch sind in Reinluftgebieten Schädigungen durch Ozon möglich. Berücksichtigt man außerdem die geringe kritische Grenzkonzentration von Ozon in Gegenwart von Schwefeldioxid (Abschn. 3.1.3), dann nehmen die Schädigungsmöglichkeiten weiter zu. Schwefeldioxid, Stickoxide und Ozon sind also in der Lage, durch direktes Einwirken auf Laub und Nadeln periodisch wiederkehrende Schäden an Bäumen auszulösen, die sich in einer Vitalitätsminderung äußern, wie z. B. verminderten Zuwachsraten.

In Gegenwart von Kohlenwasserstoffen werden unter dem Einfluß von Ozon organische Peroxide gebildet, wie Peroxiacetylnitrat (PAN). Da PAN bei Tageslicht stark toxisch auf Pflanzen wirkt, kann auch dieser Stoff die Vitalität der Bäume verschlechtern.

Ein weiterer Ozoneffekt besteht darin, daß auf den Nadeloberflächen die Wachsauflage oxidiert und damit brüchig gemacht wird. Nach elektronenmikroskopischen Befunden können auskeimende Pilzsporen durch die brüchige Wachsschicht in das Innere der Nadeln eindringen und das Assimilationsgewebe schädigen.

Schwefeldioxid und Stickoxide gehören zu den Säurebildnern. Trockene und nasse Niederschläge dieser Gase (Abb. 2.9) können den Boden ansäuern. Die Angaben über die Höhe der Säureeinträge in die Böden schwanken jedoch erheblich. Das mag einmal daran liegen, daß verschiedene Baumarten unterschiedlich viel Säuren aus der Luft auskämmen, zum anderen variiert der Säuregehalt der Atmosphäre mit der Verteilung der Abgasemittenten auf der Erde. Letzlich ist jedoch das Pufferungsvermögen der Böden dafür verantwortlich, ob Säureeinträge aus der Atmosphäre den Boden spürbar ansäuern. Beispielsweise besteht für kalkreiche Böden keine Versauerungsgefahr, dagegen können in pufferungsschwachen Böden, z. B. auf einem Untergrund von Granit oder Gneis, relativ rasch niedrige pH-Werte erreicht werden. Als besonders kritisch gelten pH-Werte von weniger als 4,5, weil in diesem Bereich Aluminiumionen freigesetzt werden, die stark toxisch auf Wurzeln, Pilze, auch auf die Mykorrhizapilze der Bäume, und auf Bodentiere einwirken. Doch auch pH-Werte oberhalb von 4,5 senken die Bodenfruchtbarkeit, weil sie zu einer Auswaschung wichtiger Pflanzennährstoffe aus dem Boden führen, wie Kalium, Magnesium und anderen Kationen.

Neben Säurebildnern werden ständig Schwermetalle über die Luft in die Böden eingetragen. Besonders in angesäuerten Böden werden sie von den Pflanzenwurzeln verhältnismäßig leicht aufgenommen. Ob die Schwermetalle zu einer spürbaren Verminderung der Vitalität der Bäume beitragen, kann jedoch nicht schlüssig beantwortet werden, auch wenn der Verdacht dazu nahe liegt. Auf jeden Fall reichen die mit dem Wind angewehten, schwermetallhaltigen Stäube nicht aus, um damit die an den Waldbäumen auftretenden Schadsymptome erklären zu können.

Unter den natürlichen Faktoren, die Baumschäden verursachen können, sei wenigstens auf einige klimatische Faktoren und auf viröse Krankheitserreger hingewiesen. Extrem kalte Winter verursachen stets eine Ausweitung der Waldschäden. Extreme Kälte bedeutet, wie andere extreme Umweltfaktoren, eine Streßsituation für die Pflanzen, an die sie sich normalerweise physiologisch anpassen. Wird durch den einwirkenden Umweltfaktor die Anpassungsfähigkeit der Pflanze überfordert, dann stellen sich krankhafte "Erschöpfungsreaktionen" ein, in deren Gefolge lebensnotwendige Zellstrukturen irreversibel geschädigt werden können. Solche Effekte können beispielsweise bei Streß durch Kälte, extreme Hitze oder Trockenheit auftreten. Langanhaltende Hitze oder Trockenheit lassen nicht nur in den Pflanzen physiologische Streßreaktionen ablaufen, auch im Boden finden charakteristische Veränderungen statt. Langanhaltende Hitze beschleunigt den mikrobiellen Abbau organischer Reststoffe im Boden. Dabei entstehen u. a. Huminsäuren, die den pH-Wert des Bodens absenken. Trockenperioden verhindern, daß Säuren aus dem Boden ausgespült werden. Säuren verbleiben also im humusreichen Oberboden und können dort gegebenenfalls Mykorrhizapilze und andere Bodenlebewesen schädigen und wichtige Pflanzennährstoffe (Kationen) aus ihrer Bindung an Bodenpartikel lösen. Bei der nächsten Wasserzufuhr werden die freigesetzten Ionen aus dem Oberboden ausgespült und gehen damit den Pflanzenwurzeln verloren. Der so herbeigeführte Mineralstoffmangel beeinträchtigt nicht nur das Pflanzenwachstum, er schwächt auch die Resistenzeigenschaften der Pflanzen gegenüber Krankheitserregern (SCHÜTT et al., 1992; HOCK und ELSTNER, 1995).

Baumschäden können auch durch Viren, Bakterien und Pilze ausgelöst werden. Die bisher bekannten Krankheitserreger kann man jedoch nicht für die neuartigen Baumschäden verantwortlich machen, denn sie können weder die charakteristischen Schadsymptome verursachen, noch sind sie in der Lage, sich entsprechend großräumig auszubreiten und in den unterschiedlichsten Regionen aufzutreten, wie etwa in Reinluftgebieten der Gebirge, in Flußniederungen oder in Laub- und Nadelwäldern. Viren und mikrobiellen Schadorganismen kommt aus heutiger Sicht die geringste Wahrscheinlichkeit zu, die Waldschäden auszulösen.

Der sehr kurze Einblick in das reichhaltige Spektrum von Faktoren, die Bäume schädigen können, läßt keinen Auslöser erkennen, der *allein* für die heute zu beobachtenden Waldschäden verantwortlich ist. Dagegen können verschiedene Schadgase in den aktuell auftretenden Konzentrationen die Vitalität der Bäume mindern, wobei sie über die Luft direkt auf die Pflanzen einwirken und indirekt über den Boden wirksam werden. Das Phänomen Waldschäden muß man wohl als multifaktoriell verursachtes Krankheitsbild ansehen, dessen Zustandekommen offenbar durch extreme Klimaeinflüsse ebenso unterstützt wird, wie durch pathogene Pilze und durch Insekten (Abb. 3.2). Da meist anthropogene Emissionen als wichtigste Triebfedern für die Wald- und Baumschäden angesehen werden, sollten diese Emissionen drastisch reduziert werden, zumal sie bereits als gesundheitsschädigend für Menschen und als korrosionsfördernd für Metalle und Steine erkannt wurden. Möglichkeiten der Abgasminderung wurden bereits in den Ab-

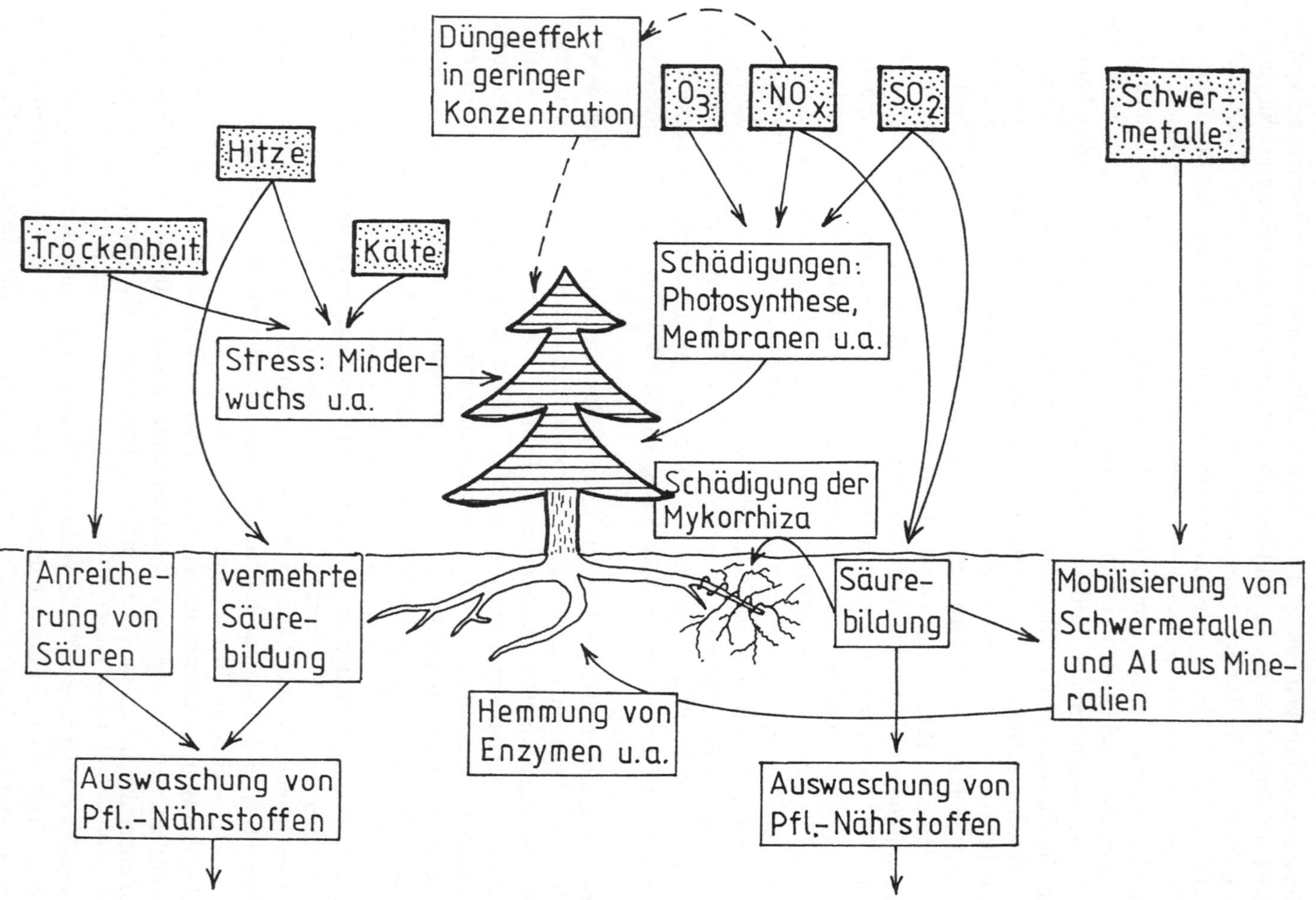
Düngeeffekt
in geringer
Konzentration
O3
NO x
SO2
Schwer-
metalle
Hitze
Trockenheit
Kälte
Stress: Minder-
wuchs u.a.
Schädigungen:
Photosynthese,
Membranen u.a.
Schädigung der
Mykorrhiza
Anreiche-
rung von
Säuren
vermehrte
Säure-
bildung
Säure-
bildung
Mobilisierung von
Schwermetallen
und Al aus Mine-
ralien
Hemmung von
Enzymen u.a.
Auswaschung von
Pfl.-Nährstoffen
Auswaschung von
Pfl.-Nährstoffen

schnitten 2.2.1.4 und 2.2.2.5 beschrieben. Man dient den Wäldern sicher am wenigsten, wenn man weiterhin auf die Entdeckung eines bisher nicht bekannten, natürlichen Erregers hofft.
Rasche Hilfe bringt eine Kalkung des Waldbodens, um dessen Pufferungskapazität zu erhöhen und den pH-Wert anzuheben. Dadurch können Schwermetalle immobilisiert werden, und die Auswaschung wichtiger Pflanzennährstoffe wird gestoppt. Die für Waldbäume so wichtigen Mykorrhizapilze und die Baumwurzeln selber erleiden keine Säureschäden mehr. Zum Kalken eignen sich besonders Kalkstaub, Kalziumsilikat und Konverterkalk aus der Eisenverhüttung, der neben Kalzium auch Magnesium und Phosphat enthält und damit die Ernährungssituation der Bäume entscheidend verbessert. Wird der Kalk nur auf die Oberfläche des Waldbodens aufgebracht, dann muß die Kalkung, je nach Säureeintrag in den Boden, etwa alle 5 Jahre wiederholt werden. In langwierigen Selektions- und Züchtungsarbeiten versucht man auch Bäume mit besserer Resistenz gegen oxidierend und sauer wirkende Schadgase zu gewinnen. Mit Hilfe resistenter Sorten kann man Fehlstellen in Wäldern sofort schließen und damit die Erosion freiliegender Waldböden verhindern. Doch stellt ein solcher Erfolg bereits die endgültige Lösung dar? Der mit neuen Sorten beschrittene Weg der Wiederaufforstung würde keinerlei Anreiz zur Eindämmung der Emissionstätigkeit bieten. Das aber bedeutet, daß die Versauerung der Böden und deren Qualitätsminderung (Degradierung) weitergeht und eines Tages die Böden so stark geschädigt sind, daß sie keinen normalen Mischwald mehr tragen können, wie er in Mitteleuropa beheimatet ist. Schließlich darf man nicht vergessen, daß auch die Menschen selber unter der unveränderten Emissionstätigkeit leiden müßten. Man sollte also froh sein, biologische Indikatoren zu besitzen, die Belastungen anzeigen, *bevor* sie das für Menschen erträgliche Maß übersteigen.

## 3.1.5 Treibhauseffekt

Kombinationen von Schadgasen müssen nicht nur unmittelbar die Lebewesen schädigen. Seit langem sind die Auswirkungen von infrarotabsorbierenden Spurengasen auf den Wärmehaushalt der Atmosphäre bekannt, was sich indirekt natürlich ebenfalls auf die Lebewesen auswirkt. Zu den wichtigsten Spurengasen in der Atmosphäre, die Infrarotstrahlen absorbieren, gehören Wasserdampf, Kohlendioxid, Methan, Lachgas, Schwefeldioxid, Ozon und FCKW (Fluorchlorkohlenwasserstoffe). Die Auswirkung dieser Gase auf die Atmosphäre macht sich folgendermaßen bemerkbar: Normalerweise wird die Sonnenstrahlung beim Durchtritt durch die Erdatmosphäre nur durch Wasserdampf etwas behindert

Abb. 3.2 Zusammenstellung einiger wichtiger Faktoren, die am Zustandekommen der neuen Baum- und Waldschäden beteiligt sein können. Nähere Erklärungen im Text

(Abb. 3.3) und kann deshalb weitgehend bis zur Erdoberfläche gelangen. Dort wird die Strahlung zum Teil in Wärme umgewandelt, von der ein gewisser Anteil in Form von Infrarotstrahlung in den Weltraum zurückgestrahlt wird. Diese sog. terrestrische Strahlung oder Schwarzstrahlung (so genannt, weil wir sie nicht sehen) mit Wellenlängen zwischen 3 und 60 µm wird von einigen Gasen absorbiert, die im Infrarotbereich stark ausgeprägte Absorptionsbanden aufweisen (Abb. 3.3).

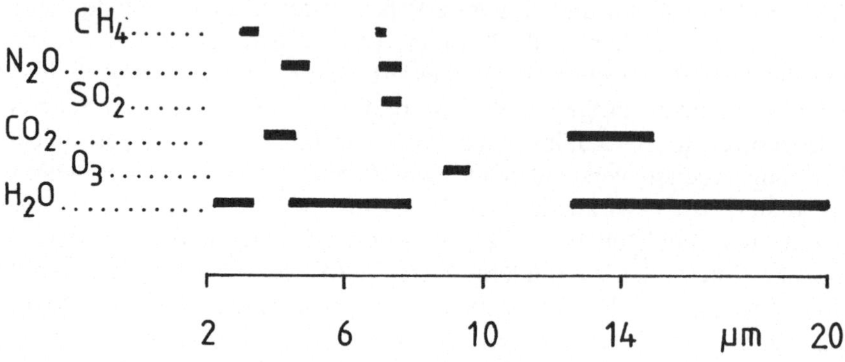


Abb. 3.3 Absorptionsbereiche einiger Gase im Infrarotbereich

Dadurch erwärmt sich die infrarotabsorbierende Luftschicht. Ein gewisser Anteil dieser Wärme wird auf die Erde zurückgestrahlt. Dieser Wärmerückhaltungseffekt spielt sich zu einem erheblichen Teil in der unteren Atmosphäre, der Troposphäre ab. Da in der Troposphäre die Witterungsvorgänge ablaufen, besteht die Möglichkeit, daß durch die Wärmerückhaltung Witterungsabläufe beeinflußt werden. Voraussetzung dafür ist jedoch eine Anreicherung der infrarotabsorbierenden Gase in der Troposphäre. Am stärksten werden sich diejenigen Gase am Wärmerückhaltungseffekt in der Troposphäre beteiligen, deren Absorptionsbanden dazu beitragen, die Absorptionsfenster des Wasserdampfs zu schließen (SCHÖNWIESE und DIEKMANN, 1991).

Die das Infrarot absorbierenden Gase brauchten uns nicht zu beunruhigen, wenn deren Konzentration in der Atmosphäre seit jeher konstant bliebe, denn dann hätte man mit keinerlei Änderungen des Wärmehaushalts der Troposphäre zu rechnen. Tatsächlich nimmt aber die Konzentration jener kritischen Spurengase in der Atmosphäre zu. Der Wasserdampf soll aus den weiteren Betrachtungen ausgeklammert werden, weil sich ein Gleichgewicht von Verdunstung und Niederschlägen eingestellt hat, so daß sich im Jahresmittel stets die gleiche Menge von Wasserdampf in der Troposphäre befindet. Die Konzentration des Kohlendioxids hat sich jedoch seit Beginn der industriellen Revolution vor ca. 200 Jahren meßbar verändert. Einen Überblick über die Zusammensetzung der Atmosphäre in bereits lange zurückliegenden Zeiten ermöglichen Gasblasen, die im arktischen und im antarktischen Eis eingeschlossen sind. Nach Untersuchungen solcher Gasblasen lag die Kohlendioxidkonzentration der Atmosphäre um das Jahr 1700 bei etwa 260-280 ppm, während sie inzwischen etwa 350 ppm erreicht hat (ANONYMUS, 1988 d; PEARMAN et al., 1986). Auch während der letzten Jahrzehnte setzte sich der Anstieg der Kohlendioxidkonzentration ständig weiter fort, wie Messungen eines Observatoriums auf dem Mauna Loa (Hawaii) zeigen (Abb. 3.4). Diese

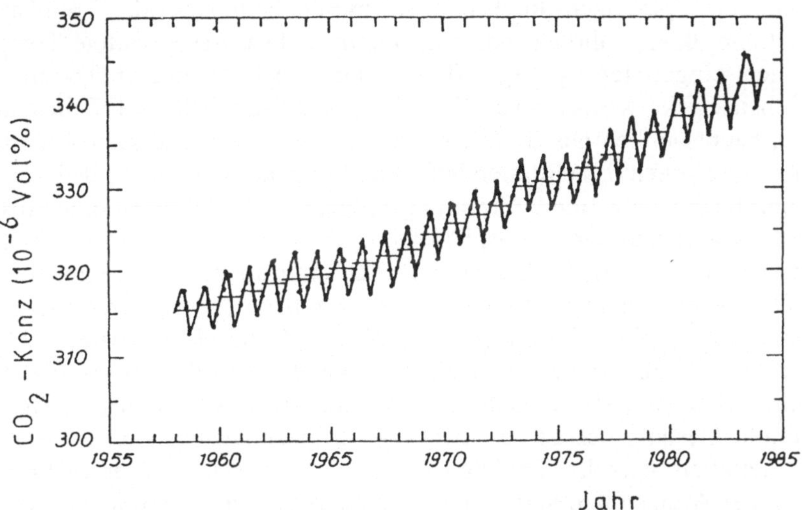


Abb. 3.4 Verlauf der Kohlendioxidkonzentration der Atmosphäre von 1960-1985 nach Messungen des Mauna Loa Observatoriums (SCHÖNWIESE, 1991; verändert)

Messungen sind so genau, daß sie sogar jahreszeitliche Schwankungen der Kohlendioxidkonzentration sichtbar machen (SCHÖNWIESE, 1991). Gleichzeitig mit dem Kohlendioxidanstieg nahm der Methangehalt der Atmosphäre von etwa 700 bis 800 ppb auf etwa 1400-1700 ppb zu, während die Konzentration von Distickstoffoxid (Lachgas) nur geringfügig stieg (PEARMAN et al., 1986). Allerdings scheinen gewisse Unterschiede der Veränderung der atmosphärischen Zusammensetzung auf der Nord- und Südhalbkugel aufzutreten, d. h., auf der Nordhalbkugel ist vermutlich mit einem deutlicheren Anstieg der Lachgaskonzentration zu rechnen. Obwohl man den Konzentrationsanstieg der verschiedenen Spurengase sehr genau messen kann, ist es praktisch nicht möglich, aus diesen Daten die zu erwartende Temperaturzunahme der Atmosphäre zu erschließen. Man geht lediglich davon aus, daß Kohlendioxid den größten Einfluß auf eine Erwärmung der Atmosphäre ausübt und daß die übrigen, infrarotabsorbierenden Gase etwa 50 % des Wärmespeicherungseffekts des Kohlendioxids erreichen dürften.

Zuverlässige Prognosen über Temperatursteigerungen in Abhängigkeit von der Kohlendioxidkonzentration der Luft sind schon deshalb nicht möglich, weil auch ohne Veränderungen der Kohlendioxidkonzentration im vorindustriellen Zeitalter deutliche Temperaturschwankungen auftraten, wie man beispielsweise aus der geographischen Verbreitung verschiedener Pflanzenarten und aus Veränderungen der Größe von Gletschern schließen kann (HAEBERLI et al., 1997). Auf Grund solcher Beobachtungen und auf Grund von Modellberechnungen kommt man zu dem Schluß, daß sich die globale Jahresmitteltemperatur seit der vorindustriellen Zeit um etwa 0,5 °C erhöht hat (BISSOLLI, 1997). Ursprünglich hatte man größere Temperatursteigerungen durch den Wärmerückhaltungs- oder Treibhauseffekt bis zum Ende dieses Jahrtausends angenommen. Daß der erwartete Temperaturanstieg nicht eingetreten ist, liegt offenbar daran, daß neben dem Treibhauseffekt ein Kühlhauseffekt wirksam ist. Der Kühlhauseffekt geht auf Feinstäube und Aerosole, hauptsächlich aus Sulfaten, zurück. Die Staub- und Aerosolpartikel reflektieren und streuen das einfallende Sonnenlicht und vermindern dadurch die auf der Erdoberfläche eintreffende Strahlungsintensität. Die Folge ist eine Abkühlung der Erdoberfläche und der Atmosphäre unter der Staub- und Aerosolschicht. Man muß annehmen, daß die Sulfataerosole auf anthropogene Emissionen zurückgehen. Die anderen Mineralstäube werden durch die gebietsweise ausgedünnte Pflanzendecke aus dem Erdboden ausgeblasen. Während die stratosphärischen Aerosole über Jahre hinweg in der Atmosphäre verbleiben, weisen die troposphärischen Stäube und Aerosole eine Verweildauer von wenigen Tagen oder Wochen auf. Deshalb besitzt der Effekt der troposphärischen Aerosole nicht die gleiche Stetigkeit wie die Treibhausgase, die größtenteils über mehrere Jahre hinweg in der Atmosphäre verbleiben. Die relativ kurze Verweildauer der Stäube und Aerosole in der Atmosphäre verhindert auch eine so homogene Verteilung, wie man es von den Treibhausgasen kennt. Deshalb kann der dem Treibhauseffekt entgegenwirkende Kühlhauseffekt stärkeren örtlichen Schwankungen unterliegen (BISSOLLI, 1997).

Wenn bisher das Wechselspiel von Treibhauseffekt und Kühlhauseffekt deutlich nachweisbare, klimatische Veränderungen verhinderte, dann darf man daraus nicht ableiten, daß diese Interaktion auch in Zukunft eine Garantie dafür bietet, Klimaänderungen auszuschließen. Dafür ist besonders der Kühlhauseffekt zu starken Schwankungen ausgesetzt.

In Zukunft wird die Frage an Bedeutung gewinnen, bei welcher Temperaturänderung klimatische Veränderungen auftreten können. Zur Beantwortung dieser Frage liefern sowohl langjährige Klimabeobachtungen als auch Beobachtungen intensiver Vulkantätigkeit wichtige Anhaltspunkte. Nach sehr starken Vulkanausbrüchen umkreist ein Staub- und Aerosolgürtel für einige Zeit die Erde. Dadurch wird die Sonneneinstrahlung auf den Erdboden vermindert, so daß sich ein Abkühlungs- oder Kühlhauseffekt einstellt. Sowohl Vulkanismus als auch langjährige Klimabeobachtungen lassen vermuten, daß man mit spürbaren Klimaänderungen rechnen muß, wenn die Jahresmitteltemperatur um mehr als 0,8 °C ansteigt oder abnimmt. Wann aber könnte dieser Fall eintreten? Neuere Klimamodelle, die den Kohlendioxid- und den Aerosolanstieg in der Atmosphäre berücksichtigen, gehen davon aus, daß etwa gegen Ende des nächsten Jahrhunderts die Weltjahresmitteltemperatur um ca. 1-3,5 °C höher liegen dürfte als zum Ende dieses Jahrtausends. Früher erstellte Modelle sehen stärkere Erwärmungen vor, weil sie den Kühlhauseffekt durch Aerosole nicht berücksichtigten. Wenn die Voraussagen der neueren Klimamodelle zutreffen sollten, dann müßte im Verlaufe des kommenden Jahrhunderts die vermutlich kritische Temperatursteigerung von 0,8 °C überschritten werden (BISSOLLI, 1997). Es gibt immer wieder Berichte darüber, daß abschmelzende Gletscher, das Zurückweichen polaren Eises und andere Beobachtungen zeigen, daß wir uns bereits in einer Phase der Klimaveränderung befinden. Doch trotz aller Plausibilität solcher Berichte muß man der Frage nach Klimaänderungen, die durch Menschen verursacht wurden, stets kritisch gegenüberstehen, weil Klimaschwankungen auch ohne Treibhaus- und Kühlhauseffekt moderner Prägung immer wieder ablaufen. Gemessen an solchen natürlichen Klimaschwankungen befinden wir uns zwar tatsächlich in einer Warmphase, aber die bisher erreichte Temperaturzunahme überschreitet noch nicht das Niveau von Warmphasen vergangener Jahrtausende, und damit ist es verfrüht, schon heute mit Sicherheit von einer Klimaerwärmung als Folge der Tätigkeit von Menschen sprechen zu wollen. Eine solche Schlußfolgerung ist zwar möglich, aber nicht zwingend notwendig (HAEBERLI et al., 1997). Andererseits befinden wir uns nahe am Temperaturmaximum, das bei natürlich auftretenden Warmphasen in der Vergangenheit erreicht wurde (ANONYMUS, 1994 d). Sollte dieses Temperaturmaximum in naher oder ferner Zukunft überschritten werden, so daß eine anthropogen bedingte Klimaänderung erkennbar ist, dann dürfte es sehr schwer sein, wenn nicht sogar unmöglich, diesen Prozeß noch aufzuhalten, weil die wärmespeichernden Gase über Jahre hinweg in der Atmosphäre verbleiben (Tab. 2.6). Es bestünde dann sogar die Möglichkeit, daß durch die Erwärmung mehr Wasser verdunstet als bisher und daß der erhöhte Wasserdampfgehalt der Atmosphäre den Treibhauseffekt verschärft, wenn nicht Stäube und Aerosole der Atmosphäre vermehrte Wolkenbildung verursachen, die wiederum die Sonneneinstrahlung vermindern würden.

Neben Berichten über eine bereits einsetzende, anthropogen bedingte Klimaänderung wird auch immer wieder Kritik am Zustandekommen eines solchen Phänomens geübt. Ein Kritikpunkt betrifft die Wassermassen der Ozeane, die große Mengen von Kohlendioxid lösen können, denn 1 l Wasser löst bei Zimmertemperatur etwa 1 l Kohlendioxid, und mit sinkender Wassertemperatur nimmt die Löslichkeit des Kohlendioxids zu. Nun darf man aber nicht das gesamte Wasservolumen der Ozeane als unmittelbar verfügbares Lösungsmittelreservoir betrachten, denn eine relativ rasche Durchmischung des Meereswassers erfolgt nur bis zu einer Tiefe von etwa 100-200 m. Darunter liegt das kalte Tiefseewasser, das sich nicht ohne weiteres mit der relativ dünnen Schicht wärmeren Oberflächenwassers mischt. Lediglich an einigen wenigen Stellen der Weltmeere verursachen besondere Strömungsverhältnisse der Ozeane ein Aufsteigen von kaltem Tiefseewasser an die Oberfläche, wo es sich mit dem warmen Oberflächenwasser mischt.

Da man für einen vollständigen Austausch von Oberflächen- und Tiefseewasser einen geschätzten Zeitraum von etwa 1500 Jahren veranschlagt, fällt es außerordentlich schwer abzuschätzen, wieviel Kohlendioxid sich in diesem Zeitraum im Meerwasser löst.

Ein anderer Kritikpunkt betrifft die Kohlendioxidbindung durch Photosynthese. In diesem Zusammenhang wird darauf hingewiesen, daß auf der Erde ein ständiger Kreislauf existiert, von Kohlendioxidfreisetzung durch Atmung und Verbrennung kohlenstoffhaltiger Brennstoffe und der Kohlendioxidbindung durch Photosynthese. Bei diesem Kreislauf ist zu berücksichtigen, daß die Photosynthese stets bei Kohlendioxidmangel abläuft: Der Kohlendioxidgehalt der Luft liegt bei etwa 0,035 %, während die Photosynthese erst bei einer Kohlendioxidkonzentration von etwa 0,1 % saturiert ist. Das bedeutet, daß zumindest bei vollem Sonnenlicht mit steigender Kohlendioxidkonzentration der Luft auch die Photosyntheseleistung und der Pflanzenertrag zunehmen müssen. Ein Anstieg des Kohlendioxidgehalts der Atmosphäre müßte deshalb durch eine stimulierte Photosynthese ausgeglichen werden (KÜPPERS, 1997). Doch trotz dieser experimentell leicht zu demonstrierenden Wechselwirkung von Photosyntheserate und Kohlendioxidgehalt der Luft stieg der Kohlendioxidgehalt der Luft im Verlaufe von ca. 300 Jahren um 70-90 ppm. Die Ursachen dafür blieben bisher unbekannt. Dazu kommt die Schwierigkeit, daß zumindest in diesem Jahrhundert Wälder der Tropen und der borealen Klimazone stark reduziert wurden, womit langjährige Kohlenstoffspeicher in Form von Baumstämmen verloren gingen. Außerdem verliert landwirtschaftlich genutzter, ehemaliger Waldboden bei der intensiven Bodenbearbeitung rasch einen erheblichen Anteil seines ursprünglichen Humusgehalts durch mikrobiellen Abbau, womit ein weiteres Kohlenstoffdepot dezimiert wird.

Die Kritikpunkte an der Hypothese einer Klimaerwärmung durch infrarotabsorbierende Gase sind zwar vom theoretischen Standpunkt her durchaus ernst zu nehmen, doch erwiesen sie sich bisher in ihren praktischen Auswirkungen als nicht zutreffend und als schwer überschaubar. Bisher nahm der Kohlendioxidgehalt der Atmosphäre trotz anders lautender Einwände zu. Außerdem werden neben Kohlendioxid weitere, infrarotabsorbierende Gase freigesetzt, so daß man sich vorsichtshalber mit der Frage beschäftigen sollte, welche Auswirkungen eine Klimaerwärmung mit sich bringen würden. Eine allgemeine Erwärmung ließe die Klimazonen der Erde um eine gewisse Strecke polwärts wandern. Die Kältesteppen der Tundren würden dadurch nicht sofort zu Kornkammern der Erde umgestaltet, vielmehr müßten zunächst Bodenbildungsvorgänge ablaufen, die unter Dauerfrostbedingungen bisher kaum möglich waren. Die gegenwärtig existierenden Wüsten und Halbwüsten würden sich jedoch rasch polwärts ausweiten und dadurch wichtige Ackerbaugebiete dezimieren. Allerdings erhofft man sich gleichzeitig eine Ausdehnung tropischer Reisanbaugebiete. Die Verschiebung der Klimazonen würde sich auch auf die bestehenden Ökosysteme auswirken. Das bedeutet nichts anderes, als daß Pflanzen und Tiere gezwungen wären, mit den wandernden Klimazonen mitzuwandern. Solche Wanderungen werden jedoch nicht nur durch geographische Barrieren wie Gebirge und Binnenmeere behindert, sondern auch

durch zivilisatorische Schranken, wie Städte, Industriegebiete und ausgedehnte Ackerbauregionen. Will man bei einer Verschiebung der Klimazonen nicht ganze Ökosysteme mit ihrer speziellen Artenzusammensetzung der Vernichtung anheimfallen lassen, dann müßte man rechtzeitig Wanderungsschneisen in der Kulturlandschaft offenhalten, die nicht nur von großen Tieren, sondern auch von Pflanzen, Pilzen und Kleintieren genutzt werden können (ANONYMUS, 1989 a). Schließlich würde ein großes Problem aus dem Abschmelzen großer Eismassen erwachsen, speziell aus polaren Eismassen, die auf einem Festlandsockel aufliegen, wie das Grönlandeis und das antarktische Festlandseis. Je nach dem Grad des Abschmelzens würde der Meeresspiegel um ein bis mehrere Meter ansteigen. Flache Inseln, wie etwa die Seychellen und die Malediven würden im Ozean versinken. Das gleiche gilt für flache Küstenländer wie Teile von Niedersachsen und Schleswig-Holstein, und noch ungleich katastrophaler wären die Überflutungen für so dicht besiedelte Flachländer wie Bangladesch oder die Niederlande.
Die Schwierigkeiten einer zuverlässigen Voraussage möglicher klimatischer Auswirkungen der sog. Treibhausgase führt uns vor Augen, daß wir gerade an einem riskanten Großexperiment teilnehmen, dessen Ausgang niemand kennt. Dennoch trägt dieses Risiko bisher kaum dazu bei, kritische Emissionen sofort drastisch zu reduzieren. Fest eingefahrene Wege industrieller Produktions- und Verdienstmöglichkeiten und ebenso fest eingefahrene Wege des Lebensstils machen die Menschen reaktionsträger, als es die gegenwärtige Situation der Umweltbelastung erfordert, und so wird das Klimaexperiment noch über eine unbestimmte Zeitspanne hinweg weiterlaufen, obwohl Warnungen seit 15 bis 20 Jahren geäußert wurden.
Welche Maßnahmen könnte man zum Schutz des Klimas ergreifen? Die Energiegewinnung aus fossilen Brennstoffen müßte drastisch gesenkt werden und damit der Kohlendioxidausstoß. Möglichkeiten dazu wurden bereits besprochen (Abschn. 2.2.2.5). Außerdem sollten FCKW völlig aus dem Verkehr gezogen werden, und um den Methanausstoß zu minimieren, müßte man die Massentierhaltung drastisch reduzieren, und man müßte mit Erdgas äußerst vorsichtig umgehen. Die Emissionen von Lachgas lassen sich reduzieren, wenn eine Überdüngung der Böden mit Stickstoff unterbleibt und die Bodenverdichtung minimiert wird.

### 3.1.6 Ozonverlust in der Stratosphäre

Einige der Spurengase, die den Treibhauseffekt in der Troposphäre verursachen, können in der Stratosphäre unter dem Einfluß von Sonnenlicht Ozon abbauen. Als Stratosphäre bezeichnet man denjenigen Teil der Erdatmosphäre, der sich durchschnittlich etwa in 11-50 km Höhe befindet. Von der darunterliegenden Troposphäre ist die Stratosphäre durch die sog. Tropopause getrennt, die den Gasaustausch zwischen beiden Schichten der Atmosphäre stark behindert. Diskontinuitäten der Tropopause (= Tropopausenbrüche) im Bereich der mittleren Breitengrade lassen jedoch im Laufe der Zeit einen gewissen Gasaustausch trotzdem zu. Die Stratosphäre besitzt einen charakteristischen Ozongürtel, der eine maximale Ozonkonzentration von etwa 400 µg/m$^3$ in einer Höhe von etwa 25 km erreicht. Durch Absorption von UV-Strahlen im Spektralbereich zwischen 200 und 310 nm steigt in diesem Bereich die Lufttemperatur auf 0 °C, während sie in der Tropopause bei etwa -50 bis -60 °C liegt. Die UV-Absorption ist nicht nur bedeutsam für den Temperaturhaushalt der Atmosphäre, sondern auch für die Lebewesen auf der Erde, denn deren Erbsubstanz, die DNA, absorbiert ebenfalls UV-Strahlen (Maximum bei etwa 260 nm). Durch diese UV-Absorption kommt es zur Bildung von Mutationen und zur Hemmung der DNA- und RNA- Synthese durch Bildung von Thymindimeren. Ohne stratosphärischen Ozongürtel könnten Lebewesen nur in der Tiefsee überleben, denn auch Wasser absorbiert UV-Strahlen und schützt damit die Existenz der Lebewesen. Das hier dargestellte Bild von der Ozonverteilung in der Stratosphäre darf nicht darüber hinwegtäuschen, daß gewisse Schwankungen von Tag zu Tag und in Abhängigkeit von der geographischen Breite auftreten. Die ausgeprägteste Anomalie ist im Winter über der Antarktis zu beobachten, wo sich, bedingt durch die Kälte, ein Luftwirbel bildet, der einen Gasaustausch mit der übrigen Stratosphäre während der Wintermonate unterbindet. Während dieser Zeit vermindert sich normalerweise die Ozonkonzentration über der Antarktis. Erst im Frühjahr und Sommer, wenn sich der Kältewirbel auflöst, kann das winterliche Defizit aus anderen Teilen der Stratosphäre wieder ausgeglichen werden. Seit den frühen 80er Jahren werden jedoch die Ozonverluste im antarktischen Winter zunehmend größer als zuvor. Als Ursache dafür sieht man einige Spurengase an, die allmählich in die Stratosphäre eindringen, wie FCKW, Stickoxide und einige andere Komponenten. Während des kalten, antarktischen Winters bilden sich bei etwa -80 °C stratosphärische Eiswolken aus Aerosolen, die vermutlich aus vulkanischen Auswürfen stammen. Sie spielen offenbar beim Ozonabbau eine entscheidende Rolle, weil sie die in der Stratosphäre aus Stickoxiden entstehende Salpetersäure fixieren und damit aus dem Reaktionsmilieu der Gase entfernen. Am Ozonabbau ist eine ganze Reihe von Reaktionen beteiligt, die man erst während der letzten beiden Jahrzehnte verstehen gelernt hat. Eingeleitet werden diese Reaktionen durch die lichtabhängige Bildung von Chlorradikalen aus FCKW (Gl. 3.8).

Gl. 3.8 $$\mathrm{FCKW} \xrightarrow{\mathrm{UV}} \mathrm{Cl}^{\bullet}$$

Die Chlorradikale reagieren mit Ozon unter Bildung von ClO-Radikalen (Gl. 3.9).

Gl. 3.9 $$\mathrm{Cl}^{\bullet} + \mathrm{O_3} \longrightarrow \mathrm{ClO}^{\bullet} + \mathrm{O_2}$$

Dieses Radikal reagiert mit Stickstoffdioxid (Gl. 3.10) und weiter mit Chlorwas-

Gl. 3.10 $$\mathrm{ClO}^{\bullet} + {}^{\bullet}\mathrm{NO_2} \longrightarrow \mathrm{ClONO_2}$$

serstoff. Die dabei freigesetzte Salpetersäure wird an den Eiskristallen fixiert (Gl. 3.11), und es bleibt Chlorgas übrig, das unter dem Einfluß von UV-Strah-

Gl. 3.11 $$ClONO_2 + HCl \longrightarrow Cl_2 + HNO_3/Eis$$

len wieder ozonzerstörende Chlorradikale bildet (Gl. 3.12).

Gl. 3.12 $$Cl_2 \xrightarrow{UV} 2\,Cl^{\bullet}$$

Die Chlorradikale können aber auch während der dunklen Winterphase gebildet werden, wenn ClO-Radikale mit einem inerten Stoßpartner zusammentreffen (FABIAN, 1987; ANONYMUS, 1989 b; HEINTZ und REINHARDT, 1990). Während dieser Abbauprozesse ist eine lichtabhängige Ozonneubildung ebenso wenig möglich, wie eine Ozonzufuhr aus niederen geographischen Breiten.
Neben dem winterlichen Ozonabbau, der vor allem durch die Beseitigung von Salpetersäure aus dem Reaktionsmilieu ermöglicht wird, laufen in der Stratosphäre noch andere Ozonabbauprozesse ab. Zu diesen Prozessen gehört die Reaktion von ClO-Radikalen mit Sauerstoffatomen (Gl. 3.13), die nur unter Lichteinwirkung entstehen können.

Gl. 3.13 $$ClO^{\bullet} + O \longrightarrow Cl^{\bullet} + O_2$$

Da die Chlorradikale praktisch wie Katalysatoren beim Ozonabbau wirken, sind nur geringe Mengen davon erforderlich, um große Mengen von Ozon umzusetzen. Ähnlich wie Chlor greift auch Brom in den Ozonabbau ein, so daß auch der Emission von Methylbromid und Halonen (bromhaltige Kohlenwasserstoffe in Feuerlöschmitteln) erhebliche Bedeutung bei diesen Abbauprozessen zukommt. Schließlich greifen in den lichtabhängigen Ozonabbau auch Stickoxide ein. Beispielsweise kann das aus der Landwirtschaft stammende Lachgas zusammen mit Sauerstoff im Grundzustand ($^1D$) Stickstoffmonoxid bilden (Gl. 3.14).

Gl. 3.14 $$N_2O + O(^1D) \longrightarrow 2\,^{\bullet}NO$$

Stickstoffmonoxid kann Ozon unter Bildung von Stickstoffdioxid zu Sauerstoff reduzieren (Gl. 3.15).

Gl. 3.15 $$^{\bullet}NO + O_3 \longrightarrow {}^{\bullet}NO_2 + O_2$$

Vermutlich greift auch Methan in den Ozonabbauzyklus ein.
Das antarktische, winterliche Ozondefizit ("Ozonloch") wird zwar im Sommer wieder weitgehend aus benachbarten Bereichen der Stratosphäre aufgefüllt, doch bleibt dieser Prozeß nicht ohne Auswirkungen auf die stratosphärische Ozonkonzentration niederer geographischer Breiten, so daß beispielsweise Australien und Neuseeland zeitweise unter verstärkter UV-Einstrahlung leiden (HEINTZ und REINHARDT, 1990; FEISTER, 1990). Inzwischen werden auch für die nördliche Hemisphäre Ozondefizite in der Stratosphäre von mehreren Prozent gemeldet, die ebenfalls auf die Wirkung ozonzerstörender Spurengase zurückgehen.
Ozondefizite in der Stratosphäre lassen mehr UV-Strahlen bis zur Erdoberfläche gelangen, wo sie auch auf Lebewesen treffen. Die Strahlung dringt zwar nicht tief

in lebende Gewebe ein, aber in den äußersten Zellschichten der Organismen verursachen sie Mutationen, und als Folge davon tritt auch Krebs auf (Abschn. 2.2.4 und 2.2.7). Insbesondere bei hellhäutigen Menschen und Tieren verursachen sie vermehrt Hautkrebs, und bei Pflanzen hemmen sie Wachstum und Ertragsbildung. UV-Strahlen zerstören bei Pflanzen u. a. das Wachstumshormon Indol-3-essigsäure und hemmen die Photosynthese. Von diesen biologischen Effekten abgesehen, steigert die zunehmende Strahlungsintensität die Energieausbeute der Erde, d. h., es tritt eine stärkere Erwärmung ein, über deren Ausmaß jedoch noch keine Angaben vorliegen.
Um weitere Ozonverluste in der Stratosphäre zu vermeiden, sollten die Emissionen aller ozonzerstörend wirkenden Gase anthropogener Herkunft schnellstens drastisch reduziert werden. Doch obwohl man bereits seit Mitte der 70er Jahre auf die Möglichkeit der Ozonzerstörung durch FCKW hinwies, wurde noch fast zwei Jahrzehnte später vehement gefordert, FCKW weiterhin zu produzieren (SOMMER, 1992). Wenn man, wie inzwischen beabsichtigt, in Deutschland gänzlich auf FCKW verzichtet, so werden sie doch in vielen anderen Ländern der Erde noch hergestellt, angewendet und auch exportiert. In Anbetracht der langen Verweildauer dieser Gase in der Atmosphäre (Tab. 2.6) wird deshalb das Problem des stratosphärischen Ozonabbaus noch lange erhalten bleiben. Wirklich einsichtig zeigte man sich lediglich darin, den stratosphärischen Flugverkehr nicht weiter auszuweiten, um nicht zu viele Stickoxide in die Stratosphäre zu injizieren, die sich dort ebenso wie in der Troposphäre am Ozonabbau beteiligen. Außerdem wäre eine Änderung der landwirtschaftlichen Produktionsweise erforderlich, um die Emission von Lachgas zu reduzieren.

## 3.2 Boden

Nach dem Ausblick auf Veränderungen in der Atmosphäre kehren wir wieder zu Problemen auf dem Erdboden zurück, denn auch hier finden komplexe Belastungen statt, die in Abschnitt 2.11 noch nicht besprochen wurden. Obwohl Belastungen des Bodens die Menschen ebenfalls tangieren, bleiben sie bisher von der öffentlichen Diskussion weitgehend ausgeschlossen.

### 3.2.1 Bodenbelastung durch Düngung

Zu diesen Belastungen gehört beispielsweise die Düngung der Kulturpflanzen. Zunächst muß man sich fragen, warum gegenwärtig sehr viel mehr gedüngt wird, als in der Vergangenheit. Im alten Ägypten bescherten die alljährlichen Überschwemmungen des Nils den Feldern Schlamm, der die für antike Verhältnisse reichen Felderträge sicherte. In der Gegenwart durchgeführte chemische Analysen des Nilschlamms zeigen jedoch, daß man sich heute mit einer solchen Düngung nicht mehr zufrieden geben könnte (ANONYMUS, 1988 f), denn sie läge zu deutlich unter dem Nährstoffbedarf unserer Hochzuchtsorten. Moderne Hochzuchtsorten sind es also, die so hohe Ansprüche an den Mineralstoffgehalt des Bodens stellen, vor allem an dessen Stickstoffreserven. Würde man heute die Felddüngung auf das in der Antike übliche Maß reduzieren, dann könnten die modernen Kulturpflanzensorten nicht ein Vielfaches der Erträge bringen wie historische Sorten. Der Zusammenhang von Mineralstoffbedarf einer Pflanze und deren Ertragsfähigkeit macht deutlich, daß Ertragssteigerungen nicht nur durch Manipulationen der Photosyntheleistung erzielt werden können, sondern daß dazu auch andere Syntheseapparate gehören, insbesondere die stickstoffbedürftige Proteinsynthese. Die durch unsere Hochzuchtsorten provozierte, reichliche Mineralstoffdüngung birgt einige Gefahren in sich, deren man sich erst im Laufe der Zeit bewußt wurde. Solange preiswerter Mineralstoffdünger zur Verfügung steht, verleitet er zum Überdüngen der Felder, d. h., es wird mehr Düngemittel auf die Felder gebracht, als die Pflanzen momentan aufnehmen können. Da Pflanzen in der Lage sind, mehr Mineralstoffe aufzunehmen, als sie für den aktuell ablaufenden Stoffwechsel benötigen, können sie überschüssige Mineralien speichern, wie beispielsweise Nitrate. Werden die Mineralstoffe speichernden Pflanzen als Nahrungsmittel verwendet, dann können die gespeicherten Nitrate im Darm mikrobiell in Nitrit umgewandelt werden. Nitrite bilden im Blut Nitrosylionen, die das zweiwertige Eisen im Hämoglobin zu dreiwertigem Eisen oxidieren, so daß aus dem Hämoglobin Hämiglobin oder Methämoglobin entsteht. Da das Methämoglobin nicht mehr in der Lage ist, Sauerstoff *reversibel* zu binden, wird somit die Sauerstoffversorgung des Körpers gehemmt (FORTH et al., 1990). Während erwachsene Menschen ein Reaktionssystem besitzen, das Methämoglobin wieder in Hämoglobin zurückverwandelt, ist dieses Enzymsystem bei Säuglingen noch nicht voll entwickelt. Sie leiden deshalb am stärksten unter erhöhter Nitrat- und Nitritzufuhr. Babynahrung (Karotten, Spinat usw.) darf deshalb nur aus Pflanzen hergestellt werden, die wohldosiert mit Stickstoff gedüngt wurden.

Ein anderes Problem besteht darin, daß Regen gut lösliche Düngemittel aus dem Boden ausspült, bevor sie von den Pflanzen aufgenommen werden konnten. In unebenem Gelände können die Düngemittel mit dem Regenwasser in Oberflächengewässer gelangen und mit diesen in Seen oder in das Meer. In jedem Fall führt die Belastung mit Stickstoffverbindungen und mit Phosphaten zu einer Eutrophierung der betreffenden Gewässer (Abschn. 3.3.1). Im Unterschied zu Phosphaten und Nitraten beteiligen sich andere Komponenten des Mineraldüngers, wie Kalium und Kalzium, nicht an der Gewässereutrophierung, weil sie in der Regel nicht die wachstumsbegrenzenden Faktoren für das Plankton im Wasser darstellen. In ebenen Lagen wandern ausgeschwemmte Düngemittel in das Grundwasser. Von dort können sie in das Trinkwasser gelangen (Abschn. 3.3.4).

Während in niederschlagsreichen Gebieten stets eine Auswaschung löslicher Düngemittel aus dem Boden droht, reichern sich in niederschlagsarmen (ariden) Gebieten die Düngemittel im Boden an. In Regionen, in denen während der Vegetationsperiode die Verdunstungsrate die Niederschlagsrate übersteigt, also in Bereichen, in denen die Kulturpflanzen künstlich bewässert werden müssen, bilden sich aufsteigende Wasserströme im Boden, die die von den Pflanzen nicht aufgenommenen Düngemittel an die Bodenoberfläche transportieren und dort ausfallen lassen. Dadurch versalzen die Böden allmählich und bauen so hohe osmotische Werte auf, daß es den Pflanzen nicht mehr möglich ist, Feuchtigkeit aus dem Boden aufzunehmen. Am Prozeß der Bodenversalzung sind, im Unterschied zur Eutrophierung des Wassers, auch Kalium und Kalzium beteiligt. Man schätzt, daß etwa die Hälfte aller bewässerten Böden von Versalzung bedroht sind und deshalb Mindererträge liefern (ANONYMUS, 1985).

Mit den mineralischen Düngemitteln fallen in ariden Gebieten auch Pflanzenschutzmittel an der Bodenoberfläche aus, während sie in humiden Gebieten mit reichhaltigen Niederschlägen bis in das Grundwasser eingetragen werden können.

Düngt man Kulturböden über Jahrzehnte hinweg ausschließlich mit Mineralsalzen, dann sinkt zumindest im Hackfruchtanbau deren Humusgehalt, denn Mikroorganismen dezimieren ständig den vorhandenen Humus, und frische, organische Abfälle werden dem Boden besonders im Rübenanbau nicht zugeführt. Anders sieht die Situation im Getreidebau aus, wo die im Boden verbleibenden Wurzeln einschließlich der Halmstoppeln stets die Humusverluste wieder ersetzen (TISCHLER, 1980). Humus ist für den Boden u. a. deshalb so wichtig, weil er feine Mineralstoffpartikel zu größeren Aggregaten verklebt und dadurch die Bodendurchlüftung verbessert. Außerdem steigert Humus das Rückhaltevermögen des Bodens für Wasser und Pflanzennährstoffe. Völliger Verzicht auf organische Düngemittel kann auch im Laufe der Zeit zu Bodenverlusten führen, denn der Wind bläst während der Brache nach der Erntezeit trockenen Boden aus, Regen spült während der Brachezeit, zumindest in Hanglagen, Boden aus, und bei der Ernte von Hackfrüchten werden stets Bodenreste, die an Kartoffelknollen und Rüben haften, vom Acker abtransportiert.

Schließlich wirken sich reichliche Mineralstoffdüngungen auf benachbarte, natürliche Ökosysteme und auf die Artenzusammensetzung von Wiesen aus (TISCHLER, 1980). Stets verschiebt sich die Artenzusammensetzung hin zu stickstoffliebenden, schnellwüchsigen Pflanzen. Dieser Artenverschiebung der Pflanzen paßt sich allmählich auch die Fauna des betroffenen Gebietes an.

Eine sich erst nach längerer Zeit bemerkbar machende Bodenveränderung besteht in der sog. Bodenmüdigkeit. Häufig kommt sie dadurch zustande, daß ein Mangel an gewissen Spurenelementen auftritt, während die Hauptnährstoffe (Stickstoff, Phosphor, Kalium, Kalzium, Magnesium) durch die Düngemittel in ausreichendem Maß zugeführt werden. Ein Stoffkreislauf in Form von organischen Reststoffen füllt dagegen diese "Mineralstofflücke" immer wieder auf. Eine ideale Düngung sollte deshalb so aussehen, daß man mit Hilfe anorganischer Düngemittel die Hauptnährstoffe den anspruchsvollen Kulturpflanzen zuführt, und daß man durch Gründüngung oder diverse, organische Reststoffe (Mist, Kompost usw.) dem Boden die verlorengegangenen Spurenelemente zurückgibt und Bodenverluste ausgleicht sowie den Humusgehalt des Bodens stabilisiert.

## 3.2.2 Monokulturen

Ein weiteres Problem der Bodenbelastungen stellen die in der Land- und Forstwirtschaft verbreiteten Monokulturen dar. Natürlich steht in solchen Fällen nicht nur eine einzige Pflanzenart auf dem Feld oder im Wald, denn zumindest sog. Unkräuter sorgen für eine größere Artenvielfalt. Trotzdem dominiert in solchen Fällen eine Art bei weitem. Solche extrem artenarme Kulturen, die einer Monokultur nahe kommen, können je nach der Pflanzenart unterschiedliche Bodenveränderungen hervorrufen. Ganz allgemein kann zunächst festgestellt werden, daß Monokulturen den Boden einseitig ausbeuten. Entsprechend den Mineralstoffansprüchen der verschiedenen Pflanzenarten kann der Boden an Stickstoff, Kalium, Kalzium oder anderen Elementen vorzeitig verarmen. Dazu gesellt sich häufig eine verhältnismäßig rasch eintretende Bodenmüdigkeit, der man in der Praxis meist durch eine mehrjährige Brache begegnet. Langjährige Monokulturen ermöglichen es Schädlingen, im Boden immer wieder zu überwintern und sich dadurch epidemisch auszubreiten. Infolgedessen müssen die Böden alljährlich mit sog. Bodenentseuchungsmitteln behandelt werden, d. h. mit breitbandig wirkenden Schädlingsbekämpfungsmitteln (Abschn. 2.2.5). Den alljährlichen Giftstoffeinsatz kann man durch Wechsel der angebauten Feldfrüchte vermindern. Das ist allerdings nicht bei Forstkulturen möglich, die über viele Jahrzehnte erhalten bleiben. Deshalb haben in der Vergangenenheit Monokulturen von Coniferen erhebliche Schäden an Forstböden verursacht. Nadelgehölze, Heidekraut und einige andere, sog. Rohhumusbildner bilden eine Streu, die mikrobiell nur schwer und unvollständig abgebaut werden kann. Der daraus hervorgehende, sog. Rohhumus ist reich an Huminsäuren, die aus den unter der Humusdecke liegenden mineralischen Bodenschichten Pflanzennährstoffe durch Komplexbildung herauslösen und in größere Tiefe transportieren. Es bleibt ein ausgebleichter, nährstoffarmer Boden zurück (= Bleicherde oder Podsol), der weder landwirtschaftlich noch forstwirtschaftlich gewinnbringend nutzbar ist. Derart verarmte Böden lassen sich nur dann in die landwirtschaftliche Nutzung zurückführen, wenn man ihnen neben den verlorenen Pflanzennährstoffen auch Humusstoffe und Kalk zur Bindung der Säuren zuführt.

Eine ganz andere Form der Bodenbelastung erwächst aus dem Anbau sog. erosionsfördernder Kulturpflanzen. Man versteht darunter Arten, die einen relativ weiten Pflanzenabstand erfordern, wie Rüben, Kartoffeln, Mais und Wein. Diese Kulturen halten Niederschlagswasser schlechter fest, als dicht stehende, erosionshemmende Kulturpflanzen, wie beispielsweise Weizen. Besonders auf einem nicht völlig ebenen Untergrund werden Böden, die mit erosionsfördernden Kulturen bestellt sind, rasch ausgespült und gehen damit unwiederbringlich verloren. Auch wenn keine zuverlässigen Zahlen über die weltweit zu verzeichnenden Erosionsverluste von Kulturböden vorliegen, so schätzt man das Risiko der Erosionsverluste sehr hoch ein, zumal auch Entwaldungen in hügeligem Gelände und in den regenreichen Tropen ebenfalls die Bodenerosion rasch voranschreiten lassen.

### 3.2.3 Bodenbelastungen durch Fremdstoffgemische

In besonders vielfältiger Weise werden Böden mit den unterschiedlichsten Fremdstoffgemischen belastet, die die Menschen den Böden teils direkt zuführen, etwa in Form von Abfällen oder Spritzmitteln, teils stammen sie aus der Luft und werden als sog. trockene Depositionen in Form von Staub und Aerosolen oder als nasse Depositionen in Form von Regen und Schnee eingetragen.
Eine besonders wichtige Gruppe von Belastungsfaktoren stellen saure Immissionen dar, die sich neben Kohlensäure besonders aus schwefliger Säure, Schwefelsäure und Salpetersäure zusammensetzen, deren Entstehung bereits besprochen wurde (Abschn. 3.1.2). Halogenwasserstoffsäuren spielen mengenmäßig nur eine untergeordnete Rolle. Dagegen kommt Ammoniumverbindungen noch eine gewisse Bedeutung zu, weil sie in wäßriger Lösung durch Hydrolyse sauer reagieren. Ammoniak und Ammoniumverbindungen stammen besonders aus der Landwirtschaft. Zweifellos sind die sauren Emissionen seit den 60er und 70er Jahren zurückgegangen, doch das Problem bleibt nach wie vor aktuell. Der Grad der Ansäuerung des Bodens fällt örtlich recht unterschiedlich aus, denn er hängt nicht nur von der Entfernung zu den Emissionsquellen, sondern auch von der Bodenzusammensetzung und der Pflanzenbedeckung des Bodens ab. Deshalb erweisen sich Durchschnittsberechnung über den Säureeintrag in Böden Deutschlands als wenig aussagekräftig (BLUME, 1990). Kalkhaltige Böden verfügen über ein so starkes Pufferungsvermögen, daß deren pH-Wert nicht unter 6,2 sinkt. Für die meisten Pflanzenarten bleibt der pH-Wert auch noch unkritisch, wenn der Boden reich an Feldspat, Glimmer oder anderen, alkalihaltigen Silikaten ist, da deren Pufferungsvermögen im Bereich zwischen 5,0 und 6,2 liegt. In einen für viele Pflanzenarten kritischen pH-Bereich können die Böden erst dann geraten, wenn die Kalk- und Alkali-Silikat-Puffer verbraucht sind oder weitgehend fehlen. In Abhängigkeit von der Bodenart sollte der Boden-pH für Kulturpflanzen zwischen 5 und 6 liegen. Zwar erweist sich für Moorböden ein pH-Wert von 4-5 als optimal, aber bei pH-Werten von weniger als 4,5 werden zunehmend toxisch wirkende Aluminium-Ionen freigesetzt (SCHAEFFER und SCHACHTSCHABEL, 1984; MENGEL, 1984).
Mit sinkendem pH-Wert des Bodens werden zunehmend Kationen aus ihrer Bindung an Bodenkolloide gelöst und mit Regenwasser in die Tiefe gespült. Die säurebedingte Auswaschung von Pflanzennährstoffen (Bodenbleichung oder Podsolierung) gleicht im Ergebnis für die Pflanzen weitgehend derjenigen, die durch Huminsäuren aus Rohhumus in Nadelwäldern hervorgerufen wurde. Gleichzeitig werden Schwermetalle mobilisiert und damit in eine aufnahmefähige Form für Pflanzenwurzeln gebracht. Ferner fügen Säuren den unterschiedlichsten Bodenlebewesen erhebliche Schäden zu. Als besonders säureempfindlich erweisen sich Regenwürmer. Man findet sie deshalb beispielsweise nicht im Boden von Nadel- und Buchenwäldern. Mit sinkendem pH-Wert geht auch die Atmung und damit die Stoffwechselaktivität der Mikroorganismen zurück, d. h., die Humifizierung

der Laubstreu verläuft langsamer. Schließlich werden auch Mykorrhizapilze geschädigt, die für die Nährstoffaufnahme vieler Baumarten im Wald lebensnotwendig sind (GISI, 1990). Zu den säuregeschädigten Mikroorganismen gehören auch stickstoffbindende Actinomyceten, wie sie beispielsweise in den Wurzeln von Erlen und Sanddorn vorkommen. Werden im Boden pH-Werte von 3,5 und weniger erreicht, dann wird die Laubstreu kaum noch zerkleinert, und die Freisetzung von Aluminium aus Tonmineralien geht so rasch vonstatten, daß sie zu kleineren Partikeln zerfallen und damit den Anteil an Feinporen im Boden erhöhen (Abschn. 2.2.11.1).. Den gravierenden Eingriffen langfristig einwirkender saurer Niederschläge in Struktur und Fruchtbarkeit pufferungsarmer Böden wirkt man durch Kalkungen entgegen.

Ein ganz anderes Problem stellen Salze dar. Über die Versalzung bewässerter Böden in Trockengebieten wurde bereits berichtet (Abschn. 3.2.1). In den gemäßigten Klimazonen spielen außerdem Tausalze eine Rolle bei der Bodenbelastung. Bei den Tausalzen handelt es sich in den meisten Fällen um Stein- oder Kochsalz (Natriumchlorid). In speziellen Fällen werden auch Kalzium- und Kaliumsalze zu Tauzwecken eingesetzt, insbesondere, wenn es darum geht, im Bereich wertvoller Pflanzungen Schnee und Eis aufzutauen.

Sofern Natriumchlorid in pflanzenbestandene Böden eindringt, schädigt es besonders das frisch austreibende Laub im Frühjahr, was sich in einer Verbräunung der Blattränder und in vorzeitigem Blattfall äußert. Steinsalz sprengt Tonminerale im Boden und läßt sie zu Teilchen von weniger als 5 μm Durchmesser zerfallen. Außerdem reagieren steinsalzbelastete Böden alkalisch. Dieses Phänomen beruht darauf, daß in humusarmen Straßenböden $Cl^-$ nicht an Bodenkolloide gebunden werden kann und deshalb mit Regenwasser relativ rasch in die Tiefe gespült wird. $Na^+$ wird dagegen in den meist nährstoffarmen Straßenböden an Tonpartikel adsorbiert, ähnlich wie $Ca^{2+}$ und $Mg^{2+}$. Deshalb verbleibt es länger im Oberboden als das frei im Bodenwasser befindliche $Cl^-$ (MEYER, 1982).

Einen weiteren Problemkreis bilden Ölbelastungen der Böden. Erdöl ist ein Gemisch von verschiedenartigen, aliphatischen und aromatischen, Kohlenwasserstoffen unterschiedlichen Molekulargewichts. Gelangen Erdöl und Erdölprodukte in den Boden, dann versickern zunächst die niedermolekularen, dünnflüssigen Komponenten, während die stärker viskosen Anteile erst mit einer zeitlichen Verzögerung folgen. Die Versickerungsgeschwindigkeit wird auch von der Bodenzusammensetzung geprägt. Beispielsweise werden Phenole von Humusteilchen stark gebremst, Benzol dagegen mehr von Tonmineralien. Eine Vorhersage der Wanderungsgeschwindigkeit von Erdöl im Boden ist somit nur sehr schwer möglich. Erreicht Erdöl das Grundwasser, dann breitet es sich auf der Wasseroberfläche als dünner Film aus. Deshalb können kleine Mengen von Erdöl große Mengen von Grundwasser verunreinigen. Auf seinem Weg durch den Boden verdrängt Erdöl Luft aus den Bodenporen. Der bald einsetzende mikrobielle Ölabbau im Boden verbraucht weiterhin Sauerstoff, so daß der Sauerstoffvorrat eines ölbelasteten Bodens rapide schrumpft. Um Pflanzenwurzeln bildet das Öl eine Haut, die den Stoffaustausch mit dem Boden stark behindert. Auch der Stoffaustausch von Kleintieren im Boden kann so stark behindert werden, daß sie allein durch diesen Effekt zugrundegehen. Dazu kommt, daß Erdöl vielfach toxisch wirkende Komponenten enthält, die viele Bodenorganismen absterben lassen. Theoretisch müßte in einem mit Erdöl belasteten Boden auch die Humusbildung zusammenbrechen. Wenn sich in der Praxis Ölbelastungen des Bodens oftmals nicht so gravierend auswirken, dann liegt das vor allem daran, daß eine Reihe von Mikroorganismen Mineralöl abbauen können, wie verschiedene *Pseudomonas*-Arten, *Corynebakterien*, *Flavobakterien* und einige Arten der Pilzgattung *Streptomyces*. In gut belüfteten, sandigen Böden läuft der Abbau rascher ab, als in sauerstoffarmen, verdichteten Böden. Außerdem hängt die Abbaugeschwindigkeit sehr stark von der Bodentemperatur ab. Stets werden die niedermolekularen Bestandteile des Öls rascher abgebaut, als die höhermolekularen, stark viskosen Fraktionen. Wegen der vielen Einflußgrößen gestaltet sich eine Vorhersage der Abbaugeschwindigkeit ausgetretenen Öls schwierig. Im Durchschnitt rechnet man damit, daß der Abbau von Erdöl im Boden etwa 44-70 Jahre in Anspruch nimmt. Unter sehr günstigen Bedingungen (gute Belüftung, erhöhte Temperatur) kann er rascher erfolgen (BLUME, 1990; GIGI, 1990). Die langen Abbauzeiten des Erdöls in der Natur lassen erkennen, daß beispielsweise nach Pipeline-Brüchen, die nicht rechtzeitig gefunden und abgedichtet werden, große ökologische Schäden entstehen, weil über Jahre hinweg die natürliche Vegetation unterdrückt wird. Am gravierendsten müssen solche Schäden in kalten Klimazonen ausfallen, wie etwa in der borealen Nadelwaldzone (Taiga) und in der Tundra. Beide Vegetationsformationen sind wegen des ungünstigen Klimas außerordentlich empfindlich. Wenn in der Taiga durch Erdöl (oder andere Außeneinflüsse) Bäume absterben, versumpft das Gelände irreversibel.

Neben Erdöl gelten Chlorkohlenwasserstoffe als problematische Belastungsfaktoren für Böden. Niedermolekulare Chlorkohlenwasserstoffe, wie beispielsweise Tetrachlormethan und Tetrachlorethen, sind noch immer wichtige Lösemittel. Allein für die Herstellung von Farben und Lacken werden jährlich in Deutschland ca. 400000 t dieser und ähnlicher Stoffe hergestellt (HULPKE et al., 1993). Ihre Löslichkeit in Wasser ist zwar gering, aber sie verdunsten leicht. Die dampfförmigen Stoffe gelangen über die Luft in den Boden. Hier verbleiben sie überwiegend in der Bodenluft, und weil sie schwerer als Luft sind, wandern sie durch die Bodenporen abwärts und gelangen so bis zum Grundwasser. Wegen ihrer Toxizität hemmen diese Stoffe Vermehrung und Stoffwechselaktivität der Mikroorganismen. Ein mit Chlorkohlenwasserstoffen belasteter Boden setzt deshalb nicht mehr so aktiv organische Reststoffe um wie im unbelasteten Zustand. Vermutlich werden auch Bodentiere und Pflanzenwurzeln geschädigt (RIPPEN, 1987; BLUME, 1990).

Regelmäßig gelangen Pflanzenschutzmittel in Kulturböden, teils weil sie von den behandelten Pflanzen abtropfen, teils weil der Boden direkt behandelt wird oder weil Spritzbrühe während der Anwendung verweht. Ein kleiner Anteil kann, nachdem die Stoffe verdunsten, mit Regen und Nebeltröpfchen in den Boden einwandern. Im Boden verhalten sich diejenigen Pflanzenschutzmittel am mobilsten, die sich am besten im Wasser lösen. Beispielsweise wandern Phenylharnstoffe rascher als Chlorkohlenwasserstoffe. Zu den mobilsten Stoffen gehören u. a. 2,4-Dichlorphenoxiessigsäure, Atrazin und Dinoseb. Von allen Bodenbestandteilen hemmt Humus die Wanderung der Pflanzenschutzmittel im Boden am stärksten, während reiche Niederschläge deren Wanderung beschleunigen. Bei nicht zu tief stehendem Grundwasser und bei humusarmen Böden können rasch wandernde Pflanzenschutzmittel das Grundwasser erreichen und belasten. Pflanzenschutzmittel können auch verschiedene Bodenorganismen beeinträchtigen. So schädigen beispielsweise Fungizide nicht nur Bodenpilze, sondern auch Regenwürmer, die für die Humifizierung organischer Reststoffe und für die Durchmischung des Bodens wichtig sind. Insektizide beeinträchtigen die meisten Arten von Bodentieren, wenn auch nicht alle Bodenbakterien. So läuft zwar der Abbau der Laubstreu weiter, doch die für einen Kulturboden wichtige Humusbildung dürfte erheblich gehemmt werden. Bei fortgesetzter Bodenentseuchung mit Hilfe von Insektiziden müßte sich im Laufe von Jahrzehnten eine Humusabnahme bemerkbar machen, die zumindest bei tonreichen Böden zu einer gewissen Zunahme der nicht erwünschten Feinporen führt. Genau lassen sich solche Konsequenzen heute noch nicht voraussagen. Schließlich kann eine Anreicherung von Pflanzenschutzmitteln im Boden dazu führen, daß sie in Nahrungsketten oberirdisch lebender Tiere eingeschleust werden, denn Würmer und andere Bodentiere werden von bestimmten Vogelarten und Mäusen gefressen, die wiederum anderen Tieren als Nahrung dienen.

Zu der Vielzahl bodenbelastender Stoffe gehören auch Detergentien, d. h. Stoffe, die die Oberflächenspannung des Wassers herabsetzen. Unabhängig von deren chemischer Konstitution mobilisieren sie diverse Fremdstoffe, die z. B. durch Adsorption an Bodenpartikel gebunden wurden. Dadurch können besonders in Böden, die bereits durch Fremdstoffe belastet wurden, erhöhte Konzentrationen dieser Komponenten freigesetzt werden. Das gilt für schwermetallbelastete Böden ebenso, wie für Böden, die langlebige organische Kohlenwasserstoffe enthalten.

Schwermetalle werden seit der starken Ausweitung der Industrialisierung vor allem über die Luft in Böden eingetragen. Dazu kommen Schwermetallspuren, die im Klärschlamm oder im Müllkompost enthalten sein können. Die Klärschlammverordnung legt fest, wieviel Schwermetalle Klärschlamm enthalten darf, wenn er als Düngemittel verwendet werden soll. Wenn Schwermetalle in Form von Ionen in den Boden gelangen, dann können sie sorptiv von Huminstoffen und Tonmineralien fixiert werden. Säuren und Detergentien können sie jedoch wieder mobilisieren. Solange Schwermetalle in Ionenform vorliegen, schädigen sie Kleintiere im Boden, Pilze und Bakterien, was sich u. a. in einer Abnahme der Artenvielfalt der Bodenlebewesen äußert. Dadurch nehmen Bodenatmung und Geschwindigkeit des Humusabbaus ab. Allerdings entwickeln sich in Gegenwart von Schwermetallen Bakterienstämme mit erhöhter Schwermetallresistenz, so daß der Bodenstoffwechsel nicht völlig zusammenbricht. Die Mikroorganismen beteiligen sich auch an der chemischen Umsetzung von Metallen. Beispielsweise entstehen unter Sauerstoffmangelbedingungen unter Mitwirkung der Bakterien Metallsul-

fide, die wegen ihrer Unlöslichkeit nicht mehr toxisch wirken. Ein anderer Detoxifikationsvorgang findet auch ohne Zuhilfenahme von Bakterien statt, wenn bei pH-Werten um 7 und darüber Schwermetalle als Carbonate ausfallen. Säureeinträge können jedoch die Carbonate leicht spalten, was bei den Sulfiden nicht möglich ist (BLUME, 1990; GISI, 1990).
Ebenso wie die verschiedenen Metalle und Nichtmetalle verhalten sich auch deren radioaktive Isotope im Boden. Das Verhalten von Radioisotopen im Boden erregte besondere Aufmerksamkeit, als nach einer Serie oberirdischer Kernwaffenversuche während der 50er und 60er Jahre weltweit der Niederschlag von Radioisotopen ("fall out") zunahm und als nach dem Reaktorunglück von Tschernobyl 1986 ein erhöhter fall out in großen Teilen Europas gemessen wurde. Dabei erwies sich u. a. Cäsium als besonders interessant, das sich biochemisch ähnlich wie Kalium verhält. Das radioaktive Isotop Cs-137 besitzt eine physikalische Halbwertzeit von 30 Jahren. Wie Kalium wird es besonders von der Humusschicht des Bodens stark sorbiert, so daß es nur sehr zögernd mit dem Bodenwasser in die Tiefe wandert. Wie lange es dauert, bis es aus dem Wurzelbereich der Pflanzen herausgewandert ist, kann man derzeit noch nicht beantworten. Laborversuche sagen eine Wanderungsgeschwindigkeit von 150-5000 Jahren voraus, bis es einen Meter tief in den Boden eingedrungen ist (ANONYMUS, 1988 c), doch muß man solche Aussagen mit Vorsicht aufnehmen, weil Bodenzusammensetzung, pH-Wert und Niederschlagstätigkeit Laborergebnisse ganz erheblich variieren können.
Eine Kenngröße für die Aufnahme eines Radionuklids in eine Pflanze stellt der sog. Transferfaktor dar. Der Transferfaktor ist der Quotient aus der Konzentration eines Elements in der Pflanze und dessen Konzentration im Boden. Für Cs-137 wurde ein Transferfaktor von ca. 0,02 ermittelt, d. h., die Pflanze nimmt weniger auf, als der Boden anbietet. Doch trotz des geringen Wertes kann bei täglichem Verzehr der relativ schwach belasteten Pflanzen im Körper des Menschen eine Akkumulation des Radioisotops stattfinden, weil seine biologische Halbwertzeit etwa 70 Tage beträgt, d. h., erst nach 70 Tagen ist die Hälfte der aufgenommenen Stoffmenge wieder ausgeschieden. Neben Cäsium-137 wird auch Strontium-90 (physikalische Halbwertzeit 29 Jahre) stark von Humus oder Tonmineralien sorbiert. Trotzdem soll es im Boden etwas rascher wandern, als Cs-137. Bei einem Transferfaktor von etwa 0,2-0,3 wird es besser von den Pflanzen aufgenommen, als Cäsium. Beim Verzehr belasteter Pflanzen reichert sich Sr-90 noch leichter im Körper des Menschen an als Cs-137, weil seine biologische Halbwertzeit bei etwa 11 Jahren liegt. Strontium wird beim Menschen vorzugsweise in den Knochen abgelagert und Cäsium in der Muskulatur, somit werden durch diese beiden Radioisotope verschiedene Gewebe bevorzugt geschädigt. Außerdem ist zu berücksichtigen, daß Cs-137 Beta- und Gamma-Strahlen emittiert und Strontium nur Beta-Strahlen, mit geringer Reichweite aber hoher Ionisationsdichte. Die Knochenschädigung ist deshalb beträchtlich. Während über die Wirksamkeit von Radioisotopen im Körper des Menschen eine Reihe von Daten vorliegen, weiß man über deren Auswirkungen im Boden praktisch nichts. Das bedeutet, daß man

weder über die Strahlenempfindlichkeit der verschiedenen Bodenorganismen hinlänglich informiert ist, noch über die Stoffwechselvorgänge im Boden insgesamt, wie etwa über Humifizierung organischer Reststoffe, Humusabbau, Nitrifizierung und Atmungsaktivität (LAND- und HAUSWIRTSCHAFTLICHER AUSWERTUNGSDIENST, 1966; WEISH und GRUBER, 1986; BLUME, 1990).

### 3.2.4 Möglichkeiten der Bodensanierung

Die unterschiedlichsten Bodenbelastungen können nicht mehr alle durch das Selbstreinigungsvermögen der Böden behoben werden, vielmehr müssen schwere Formen der Belastung nachträglich beseitigt werden, um zumindest das Grundwasser zu schützen. Eine Bodensanierung in dem Sinne, daß die ursprünglichen, natürlichen Verhältnisse im Boden wieder hergestellt werden, ist ohnehin nicht möglich. Deshalb muß der Vermeidung von Bodenbelastungen und Bodenschädigungen stets absolute Priorität eingeräumt werden.

Zu den Bodenschädigungen gehört beispielsweise die Auswaschung von Mineralstoffen, die der Pflanzenernährung dienen. Da die meisten Mineralien nach der Ernte ausgespült werden, muß man darauf achten, daß zu dieser Zeit die Düngegaben weitgehend verbraucht sind. Das setzt voraus, daß man die Düngegaben jeweils der angebauten Pflanzenart und dem Nährstoffgehalt des Bodens und dessen Sorptionskapazität anpaßt. Außerdem dürfen die Pflanzen nur dann gedüngt werden, wenn sie den größten Nährstoffbedarf entwickeln, d. h. unmittelbar vor der Hauptwachstumsphase. Gegebenenfalls muß nach der Ernte eine Zwischenfrucht angebaut werden, um noch im Boden verbliebene Restdüngemittel zu verbrauchen.

Schwieriger gestaltet sich die Sanierung versalzter Böden, denn hier muß das überschüssige Salz beseitigt werden, ehe wieder Pflanzenwachstum möglich ist. In Klimazonen mit überwiegend absteigender Wasserbewegung im Boden können Salze oft ausgespült werden, indem man den Grundwasserspiegel so stark senkt, daß das Bodenwasser tief in den Boden einwandern muß, so daß dadurch bei Beregnung die gelösten Salze aus dem Wurzelbereich der Pflanzen abtransportiert werden. An Tonmineralien sorbiertes Natrium kann bei ausreichender Kalkung des Bodens gegen Kalzium ausgetauscht und dadurch mobilisiert werden. In Trokkengebieten mit überwiegend aufsteigendem Bodenwasser ist eine großflächige Entsalzung des Oberbodens praktisch nicht möglich (BLUME, 1990).

Bodenversauerungen werden durch Rohhumuspflanzen oder durch Säureeintrag aus der Luft ermöglicht. Bilden Rohhumuspflanzen die Ursache, dann sollten sie mit Laubgehölzen vermischt oder gänzlich gegen Laubgehölze ausgetauscht werden. Häufig muß dabei zunächst der pH-Wert des Bodens durch Kalkung angehoben werden. Ist der Boden bereits zu stark an Pflanzennährstoffen verarmt, dann kann das Defizit kurzfristig nur durch Düngung ausgeglichen werden. Dabei muß man prüfen, ob dieses Verfahren auf Dauer wirtschaftlich ist. Prinzipiell die gleichen Probleme stellen sich bei Säureeinträgen aus der Luft. Wird die Säurezufuhr nicht eingestellt, dann müssen die Kalkungen in Intervallen von 1-3 Jahren wiederholt werden, wobei zunächst der Kalkbedarf des Bodens bestimmt werden muß, um den Boden-pH nicht zu stark anzuheben. Empfehlenswerter, wenn auch kostspieliger, sind häufigere Kalkungen mit geringeren Aufwandmengen. Nicht empfehlenswert ist die Züchtung säureresistenter Pflanzen etwa in der Forstwirtschaft, denn dann läuft die Bodenversauerung und damit die Degradierung der Böden ungehindert weiter. Den besten Schutz der Böden erzielt man durch Vermeidung saurer Emissionen (Abschn. 2.2.2.5), zumal durch Kalkungen die Lebewesen auf und im Boden beeinträchtigt werden können und der Humusabbau beschleunigt wird.

Ähnlich wie im Falle der Ansäuerung von Böden kann man gegen Schwermetalleinträge nur wenige, wirksame Maßnahmen ergreifen. Durch Erhöhung des Gehalts an Huminstoffen und Sesquioxiden kann man die Sorption der Schwermetalle und damit deren Immobilisierung verbessern. Dieser Effekt entlastet die Böden jedoch nicht für immer, denn so bald die zugesetzten Sorbentien erschöpft sind, steigt auch wieder der Gehalt des Bodens an pflanzenverfügbaren Schwermetallen. Eine Anhebung des Boden pH-Wertes führt zu einer Ausfällung der Schwermetalle. Allerdings kann man diesen Weg nur beschreiten, wenn die Pflanzen eine solche pH-Verschiebung tolerieren (BLUME, 1990). Dauerhafte Abhilfe schafft nur eine Vermeidung der Schwermetallemissionen, was allerdings eine sorgfältige Entstaubung aller Verbrennungsabgase voraussetzt (Abschn. 2.2.1.4).

Nur von lokaler Bedeutung sind Bodenbelastungen mit Methan, wie sie besonders bei Brüchen von Erdgasleitungen auftreten. Das ausströmende Methan verdrängt die Luft im Boden und schafft dadurch anaerobe Verhältnisse. Zur Beseitigung solcher Schäden führt man in das geschädigte Bodenareal Sonden ein, durch die man Druckluft preßt, um dadurch das Methan aus den Bodenporen auszutreiben (MEYER, 1982).

Wurde ein Boden mit Feststoffen oder Flüssigkeiten belastet, dann versucht man in der Regel die Fremdstoffe herauszulösen. Dazu wird das belastete Erdreich ausgehoben, zerkleinert und mit einem geeigneten Lösemittel vermischt. Dann schickt man dieses Gemisch durch eine Förderschnecke oder durch einen Wirbelschichtreaktor. Anschließend trennt man Bodenmaterial und Waschflüssigkeit in einem Absetzbecken, in einer Filterpresse oder Zentrifuge. Bei unbefriedigendem Reinigungsergebnis muß die Prozedur gegebenenfalls wiederholt werden. Der Waschflüssigkeit wird nach Möglichkeit das extrahierte Material entzogen, damit sie erneut verwendet werden kann. Mit dem gereinigten Bodenmaterial kann die Entnahmestelle wieder verfüllt werden (ALLOWAY und AYRES, 1996). Das gereinigte Material hat nicht mehr viel mit einem natürlichen Boden zu tun, denn es fehlen ihm die natürliche Schichtung, der Humus und die Bodenorganismen. Eher ist es mit einem sterilen Bausand vergleichbar, der erst wieder einen langen Bodenbildungsprozeß durchlaufen muß, ehe er anspruchsvolle Pflanzen tragen kann.

Eine Reinigung ohne Lösemittel ist immer dann möglich, wenn die eingedrun-

genen Fremdstoffe verbrannt oder bei Erwärmung flüchtig gemacht werden können. Bei diesem Verfahren bringt man das ausgehobene Erdreich in eine Trommel, die man auf etwa 800 °C erhitzt. Die unvollständig verbrannten Fremdstoffe, z. B. Erdölprodukte, werden in einen Nachbrenner geleitet, in dem man sie bei ca. 1300 °C vollständig verbrennt. Enthalten die abdestillierenden Bodenverunreinigungen halogenhaltige organische Verbindungen, dann müssen die Verbrennungsgase einen Gaswäscher passieren, um die Freisetzung von Halogenwasserstoffsäuren zu vermeiden. Ist der Boden mit leichtflüchtigen Bestandteilen belastet, so reicht eine Behandlung mit Wasserdampf, um die Fremdstoffe auszutreiben. Den mit den Verunreinigungen beladenen Wasserdampf führt man durch einen Kühler, in dem die Verunreinigungen wieder kondensieren (ANONYMUS, 1989 c).
Benzin, Alkohol und andere, relativ einfach aufgebaute, organische Verbindungen versucht man an Ort und Stelle mit Hilfe geeigneter Bakterienkulturen abzubauen. Bei diesem Verfahren muß allerdings auf ausreichende Versorgung der Mikroorganismen mit den notwendigen Nährstoffen, besonders Stickstoff und Phosphat, geachtet werden. Außerdem muß man, je nach den angestrebten Abbaubedingungen, für ausreichenden Sauerstoffzutritt oder für Sauerstoffausschluß sorgen. Als sicherer hat es sich jedoch erwiesen, auch vor einer mikrobiellen Reinigung das Erdreich auszuheben und auf sog. Biobeeten zusammen mit den Bakterienkulturen auszubreiten. Ein großes, noch sehr unvollständig beherrschtes Gebiet stellen großräumige Altlasten von Sprengstoffen und anderen toxischen Stoffen dar. Ist in solchen Fällen das Ausbaggern technisch oder wirtschaftlich nicht möglich, versucht man den Boden um das Giftstoffdepot durch Injektion geeigneter Gele abzudichten, oder man versucht die kritischen Abfälle durch geeignete Zuschläge zu immobilisieren (BLUME, 1990; ALLOWAY und AYRES, 1996).

## 3.3 Wasser

Unter komplexen Belastungen leiden nicht nur Luft und Boden, sondern auch das Wasser. Dabei muß man zwischen stofflichen Wasserbelastungen und strukturellen Veränderungen eines Gewässers unterscheiden. Zunächst wenden wir uns dem einfacheren Fall zu, der stofflichen Wasserbelastung.

### 3.3.1 Gewässereutrophierung

Zu den ältesten Formen komplexer Wasserbelastungen gehört die Eutrophierung. Unter dem Begriff "Eutrophie" (eigentlich: wohl genährt sein) versteht man die Anreicherung des Wassers mit Stoffen, die der Ernährung von höheren und niederen Lebewesen dienen. Die Nährstoffe umfassen lebensnotwendige Mineralstoffe, besonders Stickstoffverbindungen und Phosphate, sowie verwertbare organische Stoffe, wie Kohlenhydrate, Fette und Proteine. Auch organische Abfallstoffe gehören zu den Nährstoffen, so etwa Fäkalien und abgestorbene Lebewesen. Von Wasser, das gut mit Nährstoffen versorgt ist, unterscheidet man nährstoffarmes Wasser, das man als oligotroph bezeichnet. Wegen des hohen Nährstoffangebots im eutrophen Wasser entwickeln sich dort mehr Organismen als im oligotrophen Wasser. Die Massenentwicklung im eutrophen Wasser hat eine im gleichen Umfang zunehmende Atmung zur Folge, und damit sinkt bald dessen Gehalt an gelöstem Sauerstoff. Für die sauerstoffbedürftigen Lebewesen wird dadurch das Sauerstoffangebot im eutrophen Wasser bald zum lebensbegrenzenden Faktor. Stellt ein eutrophiertes Gewässer ein nahezu geschlossenes System dar, wie beispielsweise ein Teich ohne umfangreichen Wasserzufluß und -abfluß, dann geht der Eutrophierungsgrad nicht mehr zurück, denn die Leichen abgestorbener Lebewesen dienen anderen Organismen wiederum als Nahrung. Deshalb sinkt in einem eutrophierten Gewässer der Sauerstoffgehalt bald unter die Nachweisgrenze. In der Folge entwickeln sich immer mehr Organismen, die ohne Sauerstoff, d. h. anaerob leben können. Diese Lebewesen bauen zur Energiegewinnung die vorhandenen organischen Reststoffe durch Gärung ab, wobei als Abbauprodukte anstelle von Kohlendioxid und Wasser die Gase Kohlendioxid, Methan, Ammoniak und Schwefelwasserstoff entstehen. Den Übergang vom aeroben zum anaeroben Status eines Gewässers bezeichnet man als "umkippen". Die unterschiedlichen Lebensbedingungen im sauerstoffreichen und im sauerstoffarmen oder sauerstofffreien Wasser lassen ganz unterschiedliche Lebensgemeinschaften entstehen, die man als biologische Merkmale zur Charakterisierung des Wassers verwendet. Auf Grund der unterschiedlichen Lebensgemeinschaften, zusammen mit dem Sauerstoffgehalt des Wassers und der Geschwindigkeit der Sauerstoffabnahme (Sauerstoffzehrung) kann man verschiedene Gewässergüteklassen oder Trophiestufen unterscheiden (LOUB, 1975), wie es in Tabelle 3.3 in Kurzfassung wiedergegeben ist.

Da die Gärungsgase auf die meisten Lebewesen giftig wirken, und umgekippte Gewässer weder durch Tiere noch durch Wasserpflanzen wieder besiedelt werden können, sollten Eutrophierungen weitgehend vermieden werden. In Deutschland gelten deshalb Gesetze, die vorschreiben, daß kommunale, landwirtschaftliche und industrielle Abwässer gesammelt und gereinigt werden müssen, bevor sie Oberflächengewässern (= Vorfluter) wieder zugeführt werden dürfen. Theoretisch sollte es deshalb keine Gewässereutrophierungen geben. Wenn dennoch Eutrophierungen auftreten, dann hat das mehrere Ursachen. Die Sammlung aller Abwässer wird in der Praxis niemals vollkommen lückenlos gelingen, und mitunter werden sogar absichtlich ungeklärte Abwässer illegal in Vorfluter entlassen. Außerdem führen gelegentlich auftretende Leckagen in den Rohrleitungssystemen für Abwässer und Düngemittelausspülungen aus Äckern unbeabsichtigt zu Belastungen von Gewässern. Schließlich entlassen die heute meist üblichen biologischen Kläranlagen kein völlig gereinigtes Wasser, vielmehr enthält es noch immer einen gewissen Anteil eutrophierend wirkender Stoffe (Absch. 3.3.3). Für die Beurteilung eutrophierter Gewässer sind nicht nur die in Tabelle 3.3 angeführten Kriterien von

Tabelle 3.3 Einige Kriterien der Gewässergüteklassen (= Saprobienstufen oder Trophiestufen) (LOUB, 1975, verändert)

| Kriterium | I<br>oligosaprob | II<br>Beta-<br>mesosaprob | III<br>Alpha-<br>mesosaprob | IV<br>polysaprob |
|---|---|---|---|---|
| Sauerstoff-<br>gehalt: | 8 mg/l | 6 mg/l | 2 mg/l | < 2 mg/l |
| Sauerstoff-<br>zehrung: | 0-10 % | < 50 % | > 50 % | >> 50 % |
| $BSB_5$-Wert: | 1 mg/l | 2-6 mg/l | 7-13 mg/l | 15 mg/l |
| Planktonbesatz: | gering | hoch | mäßig | gering |
| Bakterien-<br>besatz: | < 100<br>Zellen/ml | << 100000<br>Zellen/ml | < 100000<br>Zellen/ml | > 1000000<br>Zellen/ml |
| Fischbesatz: | gering | hoch | mäßig | keine |
| Fischarten: | Forellen | große Arten-<br>vielfalt | Schleie, Aal,<br>Karpfen | - |
| Leitorganismen: | Rotalgen<br>Grünalgen<br>Kieselalgen<br>Rädertierchen<br>Strudelwürmer<br>Plattwürmer<br>Fliegenlarven<br>aerobe Bakte-<br>rien | Kieselalgen<br>Grünalgen<br>Protozoen<br>Insektenlarven<br>Muscheln<br>Cyanobakte-<br>rien<br>aerobe Bakte-<br>rien | Kieselalgen<br>Grünalgen<br>Pilze<br>Protozoen<br>Cyanobakte-<br>rien | anaerobe Pilze<br>Protozoen<br>Ciliaten<br>Bachröhren-<br>würmer<br>Zuckmücken-<br>larven<br>Cyanobakterien<br>z. T. anaerobe<br>Bakterien:<br>Kokken<br>Schwefelbakte-<br>rien<br>Methanbakte-<br>rien |

Interesse, sondern auch die Frage nach deren bakterieller Belastung, vor allem jedoch die Belastung mit sog. coliformen Keimen. Darunter versteht man Bakterien, die aus dem Darm von Menschen (und anderen Säugetieren) stammen und obligatorisch anaerob leben. Die Leitart dieser Gruppe, *Escherichia coli*, erzeugt zwar beim Menschen nicht unbedingt eine Erkrankung, aber sie dienen als Indikator für fäkalienbelastetes Wasser. In derart belastetem Wasser besteht jedoch stets die Gefahr, daß es auch pathogene Keime enthält. Die Prüfung auf Anwesenheit coliformer Keime gehört deshalb generell zu den wichtigen Prüfverfahren von Wasserproben. Um eine Wasserprobe auf die Anwesenheit coliformer Keime zu testen, wird eine kleine Wasserprobe auf einem synthetischen Nährmedium inkubiert, das Ochsengalle enthält, denn nur darmbewohnende Bakterien überleben die Gegenwart von Gallenflüssigkeit (RUMP und KRIST, 1987). Als Maß für die Belastung mit coliformen Keimen gilt der sog. coli-Titer. Darunter versteht man die kleinste Wassermenge, in der eine (bis höchstens 9) Zelle von *Escherichia coli* nachgewiesen werden kann. Wie aus Tabelle 3.3 hervorgeht, ist auch die Gesamtzahl der im Wasser vorhandenen Bakterien interessant, sowie die Frage, ob sich darunter Eitererreger (Kokken) und andere, humanpathogene Formen befinden (RUMP und KRIST, 1987; KUMMERT und STUMM, 1988; SIGG und STUMM, 1989). Eutrophierte Gewässer bergen stets eine Reihe von Risiken in sich. Besonders während der warmen Sommermonate entwickeln sich massenweise Algen und andere Kleinlebewesen. Diese Massenentwicklung wird nicht nur in Teichen und Seen, sondern auch in küstennahen Meeresbereichen beobachtet. Wie bereits im Abschnitt 2.1.3 berichtet wurde, können sich dabei auch Giftstoffproduzenten massenhaft vermehren und dadurch das Wasser und Planktonfresser, wie Muscheln, mit Phytoplanktontoxinen anreichern. Unter den sich vermehrenden Algen können sich auch solche befinden, die Bromoform erzeugen (ANONYMUS, 1994 a). Bromalkane haben wir in Kapitel 3.1.6 als Stoffe kennengelernt, die in der Stratosphäre Ozon zerstören. Stets führt die Massenentwicklung von Plankton im Süß- und Salzwasser zum Sauerstoffschwund. Dieses Defizit wird in wenig bewegtem Wasser nur sehr zögernd wieder aufgefüllt, weil Sauerstoff aus der Luft nur durch Diffusion in das Wasser gelangt und dort durch Diffusion weitergegeben wird. Neben einer Veränderung der Lebensgemeinschaften im Wasser wird durch Sauerstoffmangel auch die Selbstreinigungskapazität des Wassers reduziert. Die sich in eutrophiertem Wasser anreichernden Bakterien bedeuten auch stets bei Überschwemmungen eine Gefahr für Menschen und Tiere.

### 3.3.2 Fremdstoffe

Wie bei den Bodenbelastungen spielen auch bei der Wasserbelastung Säureeinträge eine bedeutende Rolle. Wie stark das Wasser dabei angesäuert wird, hängt vor allem davon ab, wie gut der Gewässeruntergrund die eingetragenen Säuren puffern kann. Ein Gewässer mit pufferungsarmem Urgesteinsuntergrund (Granit usw.) wird deshalb wesentlich rascher versauern als ein Gewässer mit pufferungsstarkem Untergrund (Kalk, Dolomit usw.). Neben sauren Niederschlägen können auch natürlich entstandene Säuren den pH-Wert von Gewässern senken, wie beispielsweise Huminsäuren, die für den sauren Charakter von Moorwässern verantwortlich sind. In Südskandinavien, wo man auf die Versauerung von Binnengewässern als Folge industrieller Immissionen erstmals aufmerksam wurde, hat man Kieselalgen in den Gewässersedimenten als pH-Indikatoren genutzt, um damit die Acidität von Seen über Jahrtausende hinweg zurückzuverfolgen. Nach diesen Untersuchungen reagierten die Seen Südschwedens nach der letzten Eiszeit etwa neutral. Dann machte sich langsam eine leichte, natürliche Versauerung bemerkbar, die offenbar durch Huminsäuren verursacht wurde. Vor etwa 2500 Jahren wurde das Wasser wieder neutralisiert, weil Brandrodungen zur Einführung des Ackerbaus alkalische Stoffe (z. B. Soda und Pottasche) dem Wasser zuführten. Seit dem 19. Jahrhundert und damit seit der sog. industriellen Revolution war eine stetig zunehmende Versauerung der schwedischen Seen zu verzeichnen (ANONYMUS, 1994 c). Diese Versauerungstendenzen beobachtete man auch in anderen europäischen Binnengewässern mit pufferungsarmem Untergrund. Beispielsweise sank in Südnorwegen der pH-Wert von Seen auf ca. 4,7, wobei die niedrigsten Werte stets im Frühjahr zur Zeit der Schneeschmelze auftraten. In Seen des Bayerischen Waldes wurden Werte zwischen 3,5 (Rachelsee) und 4,29 (Kleiner Arbersee) gemessen. Ähnliche Werte stellte man im Fichtelgebirge, im Schwarzwald und in anderen Mittelgebirgen Deutschlands fest. So niedrige pH-Werte können Wasserlebewesen in aller Regel nicht mehr tolerieren. Bei Wasserschnecken und Muscheln wird die Schalenbildung unterdrückt, wenn der pH-Wert dauerhaft unter 5,2 sinkt. Das bedeutet, daß die Tiere sterben. Für Fische ist die Letalitätsgrenze im Bereich von etwa 4,5-5 erreicht. Bereits vor Erreichen dieser kritischen Werte kann bei Fischen der Knochenbau gestört werden, sowie das Laichverhalten (HUTCHINSON und HAVAS, 1980). Außerdem wird der Ionenaustausch an den Kiemen gestört. Beim Lachs werden durch erniedrigte pH-Werte Geruchs- und Geschmackssinn gestört, so daß sie nicht mehr ihre Brutgebiete finden. Stets werden Jungfische durch pH-Absenkungen stärker gefährdet als Altfische (ANONYMUS, 1994 b). Neben Tieren leiden auch Wasserpflanzen unter saurem Wasser. Bei Algen wird der von Kalzium abhängige Zellwandbau durch zu niedrige pH-Werte gestört. Außerdem leidet darunter die Photosynthese. Grundsätzlich gilt, daß bei gleichem pH-Wert Mineralsäuren schädlicher wirken als organische Säuren, denn organische Säuren natürlichen Ursprungs können viele, schädlich wirkende Komponenten, wie etwa Aluminium-Ionen komplex binden und damit das Wasser entgiften (ANONYMUS, 1994 b).

Neben Eutrophierung und Versauerung stellen Ölbelastungen das dritte große Wasserbelastungsproblem dar. Erdöl gelangt beim Erbohren neuer Erdölquellen auf dem Meeresgrund in die Ozeane, ferner bei Tankerunfällen und durch illegales Abpumpen von Altöl aus Frachtschiffen auf offener See. Außerdem kann durch Kriegseinwirkungen Erdöl freigesetzt werden. Die in das Wasser gelangenden Ölmengen können beträchtlich sein. Bei Tankerunfällen können mitunter 100000 t Erdöl und mehr auslaufen. Wird eine Erdölförderanlage zerstört, dann können sogar 1-1,5 Mio t Erdöl in das Meer auslaufen, und auch beim Erbohren einer neuen Quelle können bis zu 1 Mio t Erdöl austreten, ehe das Bohrloch abgedichtet ist (FALBE, 1993). Trotzdem hält man illegale Ölentsorgungen großer Schiffe auf

See für eine der wichtigsten Quellen mariner Ölbelastungen. Ausgelaufenes Öl schwimmt zunächst auf der Wasseroberfläche, wobei sich an der Grenzfläche zum Wasser eine Öl-Wasser-Emulsion bildet. Die leicht flüchtigen Ölbestandteile verdunsten im Laufe der Zeit. Die zurückbleibenden, schwerflüchtigen Komponenten durchlaufen langsam Oxidationsprozesse, klumpen dadurch zusammen und werden schließlich so schwer, daß sie absinken. Damit sind sie zwar von der Wasseroberfläche verschwunden, doch sie bleiben am Gewässergrund noch über Jahre oder Jahrzehnte erhalten. Trotz jahrzehntelanger Erfahrungen mit ausgelaufenem Erdöl kann man großflächige Ölbelastungen des Wassers noch immer nicht befriedigend beseitigen. Man versucht u. a. mit Hilfe schwimmender Ölsperren, ausgelaufenes Öl zu sammeln und abzusaugen. Andere Methoden bestehen darin, die leichtflüchtigen Bestandteile abzufackeln oder das Öl mit Emulgatoren zu behandeln, damit es sich besser mit dem Wasser vermischt, oder man bestreut es mit Chemikalien, um es rascher absinken zu lassen. Mit allen diesen Methoden wird jedoch nur ein Teil des ausgelaufenen Öls erfaßt, oder es wird so verteilt, daß man es nicht mehr sieht. Ob das Ausbringen von Chemikalien zur Emulgation oder zur Aggregation von Erdöl sinnvoll ist, bleibt dahingestellt, weil sich auch die Chemikalien nicht völlig umweltneutral verhalten. Dennoch gilt das erste Bestreben der Auflösung einer großen, zusammenhängenden Öldecke auf der Wasseroberfläche, um den Gasaustausch zwischen Wasser und Luft aufrecht zu erhalten und um großräumige Belastungen von Küstenregionen zu verhindern. Kommen Fische an eine ölbelastete Wasseroberfläche, dann verkleben die Kiemen, wodurch die Atmung der Fische behindert wird, besonders die Abgabe von Atmungs-Kohlendioxid. Bei Seevögeln verkleben die filigranen Hornstrukturen der Federn und machen sie durchlässig für Wasser. Die Vögel kühlen aus und verlieren ihren Auftrieb im Wasser, weil sich kein Luftpolster zwischen den Federn halten kann. Erdöl enthält außerdem in unterschiedlichen Mengen giftig wirkende, wasserlösliche Bestandteile, wie Aldehyde, Säuren, Pyridine und vieles andere mehr. Solche Stoffe können allein durch ihre Toxizität Lebewesen schwer schädigen. Nach Beobachtungen in der Küstenregion von Panama starben nach Ölunfällen auf dem Meer auch Küstenwälder, die sog. Mangroven, deren Bäume mit ihren Stämmen und mit Stelzwurzeln im Wasser stehen. Auch die an den Stelzwurzeln angesiedelten Muscheln und Schwämmen wurden vernichtet. Unter dem Wasser starben Seegraswiesen und die darin lebenden Tiere. Bis 3 m Tiefe gingen 75 % der Steinkorallen zugrunde und in 9-12 m Tiefe noch immer 50 %. Die hohe Toxizität des Erdöls wird auch im Experiment deutlich, wo 1 mg Öl pro Liter Wasser 60 % der darin ausgesetzten Krebse abtötete. Korallen gehen erst geraume Zeit später ein und täuschen dadurch zunächst eine höhere Widerstandsfähigkeit vor (ANONYMUS, 1991 c). Auch Taucher berichten von einem dramatischen Artenrückgang am Meeresgrund, wenn der betreffende Meeresteil häufig mit Öl belastet wurde (FALCO, 1991). Solche Berichte machen klar, daß die Folgen eines Ölunfalls nicht behoben sind, wenn das Öl unter die Wasseroberfläche abgesunken ist.

Ähnlich wie im Boden müssen auch im Wasser Mikroorganismen die Hauptarbeit bei der endgültigen Beseitigung des Öls leisten. Dazu wird Sauerstoff verbraucht, der im Wasser gelöst vorliegen muß. Zum mikrobiellen Abbau von 1 l Öl wird das Sauerstoffreservoir von etwa 400 $m^3$ Meerwasser benötigt. Möglicherweise bilden sich neue Lebensgemeinschaften beim Ölabbau, denn man fand an abgesunkenen Ölballen schleimige Überzüge von Cyanobakterien, in deren Schleimhüllen sich ölabbauende Bakterienarten eingenistet hatten. Die Cyanobakterien produzieren bei der Photosynthese Sauerstoff, der offenbar beim mikrobiellen Ölabbau verbraucht wird. Solche Lebensgemeinschaften, verbunden mit relativ hohen Wassertemperaturen, und eine gute Emulgierbarkeit des Öls, haben wohl dazu beigetragen, daß die gewaltige Ölbelastung des Persischen Golfs (ca. 67 Mio t) im Golfkrieg (August 1990) bereits nach einem Jahr viel stärker zurückgegangen war, als man zunächst annahm. Die Verölung im Persischen Golf ging also wesentlich schneller zurück als beispielsweise die Ölbelastung, die durch den verunglückten Tanker Exxon Valdez im Jahr 1989 an der Küste von Alaska verursacht wurde (KREMER, 1989; ANNONYMUS, 1990 a; 1994 e). Die stark differierenden äußeren Bedingungen und die unterschiedliche Zusammensetzung des Erdöls unterschiedlicher geographischer Herkunft führen zu außerordentlich unterschiedlichen Abbaufristen des Öls.

Weitere Formen komplexer Wasserbelastungen sollen nur kurz erwähnt werden. Schwermetalle können zumindest zum Teil (Arsen, Quecksilber, Zinn) mikrobiell methyliert werden, sofern sie als Ionen in das Wasser gelangen. Durch die Methylierung (Abb. 2.12) können die betreffenden Metalle leichter von Lebewesen resorbiert werden und damit in Nahrungsketten eintreten. Einige Metalle (Quecksilber, Zinn) können im Meer unter anaeroben Bedingungen im Schlamm abgestorbener Algen hydriert und damit flüchtig gemacht werden. Dadurch können sie aus dem Wasser entweichen und über die Luft in Landökosysteme gelangen. Außerdem werden Metalle im Wasser an Sedimente adsorbiert und dort angereichert (FÖRSTNER und MÜLLER, 1974). Dadurch wird das Wasser von Schwermetallen entlastet. Ein sinkender pH-Wert und in das Wasser entlassene Detergentien können die adsorbierten Metalle wieder freisetzen und das Wasser dadurch schlagartig aufs Neue belasten.

Schließlich sei noch auf die bei der Zellulosegewinnung freigesetzten Holzbegleitstoffe hingewiesen. Zur Gewinnung von Zellulose muß man die im Holz vorhandenen Holzbegleitstoffe zunächst abtrennen. Hierzu wird das Ausgangsmaterial z. B. mit Kalziumhydrogensulfit behandelt, so daß sich die lösliche Verbindung Ligninhydrogensulfit (= Ligninsulfonsäure) bildet. Mit dem Lignin gehen auch Hemizellulosen (Hexosane und Pentosane) sowie verschiedene Zucker in Lösung. Ligninsulfonsäure und Hemizellulosen werden nur langsam von Pilzen abgebaut, wie etwa von *Sphaerotilus natans*. Die Pilzfäden machen das Wasser viskos und trüb. Ligninsulfonsäure beeinträchtigt außerdem den Geruch des Wassers und den Geschmack von Fischfleisch. Da sich der Abbau der Ligninsulfonsäure über mehrere Wochen erstreckt, stellt sie eine erhebliche Belastung des Wassers dar. Deshalb werden die Abwässer der Zellulosefabriken entweder betriebsintern biologisch gereinigt oder die Zellulosebegleitstoffe werden getrocknet und verbrannt. Die dabei anfallenden Abgase müssen entschwefelt werden.

### 3.3.3 Wasserreinigung

Neben solchen langlebigen Abfallstoffen müssen auch kurzlebige Komponenten wie Fäkalien und andere aus dem Abwasser beseitigt werden. Bereits während des Altertums empfand man Fäkalabwässer als große Belästigung und verrieselte sie auf Feldern und Wiesen. Damit stand gleichzeitig ein billiges Düngemittel zur Verfügung. Beim Versickern im Boden bauen Mikroorganismen die mitgeführten organischen Bestandteile ab und setzen die darin gebundenen Mineralstoffe frei. Verbleibende feine Partikel setzen allmählich die Bodenporen zu und verschlechtern dadurch dessen Luftdurchlässigkeit. Bei der Verrieselung auf Ackerflächen können im Abwasser enthaltene, humanpathogene Keime und Parasiteneier verbreitet werden. Diese Form der Abwasserbeseitigung blieb bis zum Ende des vergangenen Jahrhunderts das wichtigste und nahezu einzige genutzte Verfahren. Dann ging man dazu über, das Abwasser zu flachen Teichen anzustauen, in denen die mitgeführten Schmutzstoffe sedimentieren konnten. Der sich am Grund des künstlichen Gewässers bildende Schlamm faulte aus, d. h., anaerob lebende Mikroorganismen zersetzten die organischen Reststoffe durch Gärung. Dabei kam es besonders während der warmen Sommermonate zu erheblichen Geruchsbelästigungen. Aus den Sedimentationsteichen entwickelte man um 1900 den Emschergraben (Abb. 3.5), eine doppelstöckige Rinne, bei der der sedimentierende

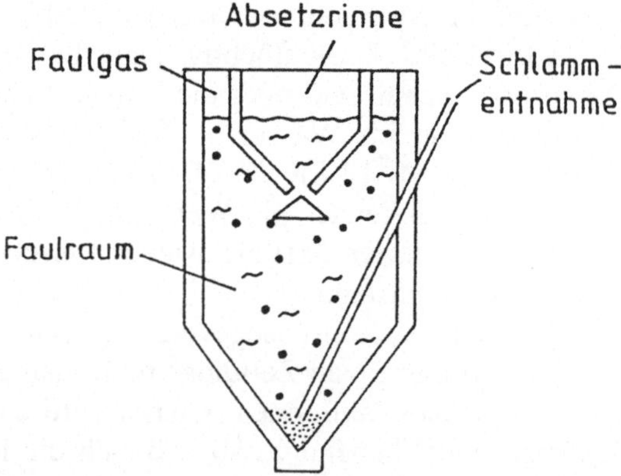


Abb. 3.5 Querschnitt durch einen Emschergraben. In die obere Rinne wird das frische Abwasser geleitet. Schlammstoffe sinken durch die Öffnung im Boden der Rinne in den darunter liegenden Kanal, wo sich der Schlamm am Boden sammelt und ausfault. Das Faulgas wird abgezogen und verbrannt (LOUB, 1976)

und ausfaulende Schlamm in der unteren Rinne aufgefangen wird. Die Faulgase können im Emschergraben aufgefangen und später verbrannt werden. Schließlich entwickelte man mit der biologischen Kläranlage ein Verfahren, bei dem die organischen Schmutzstoffe aerob abgebaut werden, so daß keine Faul- oder Gärungsgase entstehen. Der wesentliche Unterschied zum Emschergraben besteht darin, daß das frische Abwasser zunächst mit Luftsauerstoff angereichert wird, um weitestgehend aerobe Verhältnisse im Abwasser zu schaffen. Die aerobe, biologische Abwasserklärung stellt bis heute das meistverwendete Abwasserbeseitigungsverfahren dar, das inzwischen in verschiedenen Varianten existiert (ENZYKLOPÄDIE NATURWISSENSCHAFT und TECHNIK, 1980). Die aeroben Verfahren besitzen nicht nur den Vorzug, daß sie keine übel riechenden Faulgase entstehen lassen, sondern daß sie auch viel rascher arbeiten als die anaeroben Verfahren: Im Emschergraben verbleibt das Abwasser viele Tage, in aerob arbeitenden Kläranlagen dagegen nur einige Stunden.

Im Prinzip arbeitet eine biologische Kläranlage folgendermaßen: Zunächst fließt das Abwasser durch einen Rechen, der ganz grobe Bestandteile aussiebt. In einem nachgeschalteten Sandfang kommt das Wasser zur Ruhe, so daß Sand und andere grobe Bestandteile sedimentieren können. Sofern erforderlich, schließt sich daran ein Öl- oder Benzinabscheider an (Abb. 3.6). Nach diesen Vorreinigungsprozessen

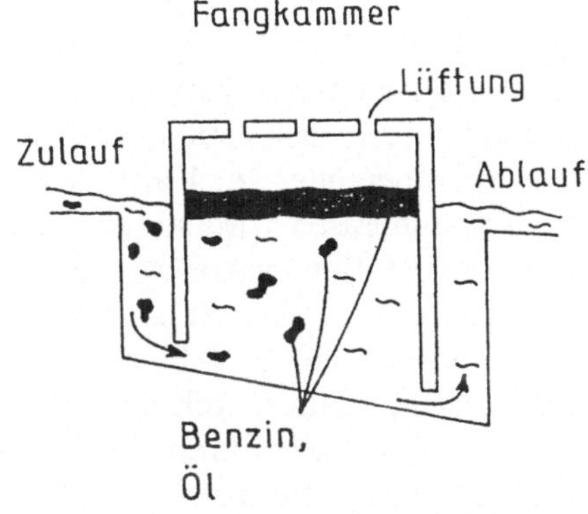


Abb. 3.6 Prinzip eines Benzinabscheiders (FELLENBERG, 1978; verändert)

folgt die sog. Belebtschlammstufe. Das Abwasser wird zunächst mit frischem Klärschlamm versetzt, um geeignete Mikroorganismen einzubringen. Anschließend wird das Wasser intensiv belüftet, wobei man es ständig in Bewegung hält, um einen möglichst gleichmäßigen Abbau der Schmutzstoffe zu gewährleisten (Abb. 3.7). Die Belebtschlammstufe kann je nach Abwasseraufkommen und Abwasserbelastung sehr unterschiedlich betrieben werden. Häufig bläst man Druckluft in das Abwasser oder man rührt mittels eines Rührwerks Luft in das Wasser. Bei kleineren Abwassermengen bedient man sich eines sog. Oxidationsgrabens. Dabei handelt es sich um einen ringförmigen Graben, in dem das Abwasser mit-

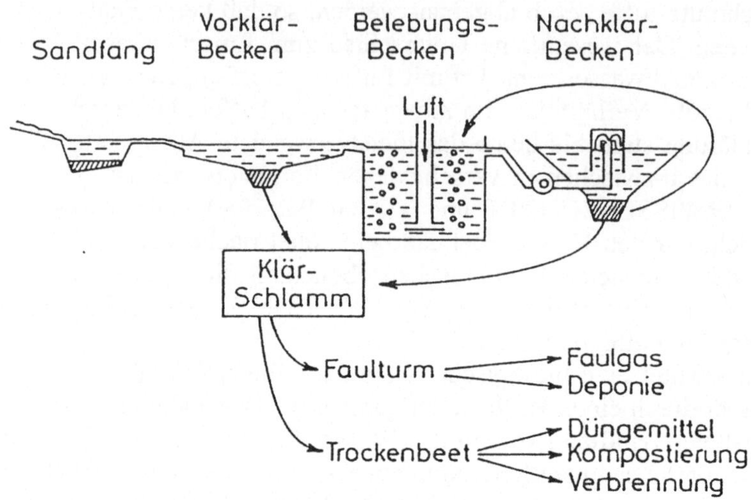


Abb. 3.7 Prinzipieller Aufbau einer biologischen Kläranlage. Das Wirkungsprinzip wird im Text erklärt (FELLENBERG, 1978; verändert)

tels rotierender Bürsten mit Luftsauerstoff versorgt und in Bewegung gehalten wird. Eine andere Möglichkeit bietet das Tauchscheibenverfahren, bei dem mit Bakterienrasen bewachsene Scheibenräder zur Hälfte in das Abwasser eintauchen und langsam rotieren. Der Bakterienrasen wird so im Wechsel dem Luftsauerstoff und den abzubauenden Schmutzstoffen ausgesetzt. Beim sog. Tropfkörperverfahren wird ein weitlumiger Turm mit groben Schottersteinen oder Kunststoffformlingen gefüllt. Von oben versprüht man das Abwasser auf die Schotterpackung, auf der sich Bakterienrasen ansiedeln, die durch die lockere Packung ständig gut belüftet werden. Beim Weg des Wassers durch die Schotterpackung bauen die Bakterien die mitgeführten Schmutzstoffe ab, so daß gereinigtes Wasser an der Turmbasis austritt. Häufig läßt man das Abwasser nach der Passage durch die Belebtschlammstufe in einem Nachklärbecken zur Ruhe kommen, damit Schlammflocken aus Bakterien und nicht abgebauten, organischen Reststoffen absitzen können. Aufschwimmende Flocken werden mittels eines geeigneten Rechens eingesammelt. Gegebenenfalls wird das gereinigte Abwasser anschließend noch für einige Tage in einen Abwasserfischteich oder in ein Schönungsbecken geleitet, in dem Mineralstoffe von Wasserpflanzen aufgenommen werden und sedimentierbare Stoffe ausfallen (ENZYKLOPÄDIE NATURWISSENSCHAFT und TECHNIK, 1980; MUDRACK und KUNST, 1988; PÖPEL, 1988).

Während des mikrobiellen Abbaus organischer Stoffe werden u. a. Phosphate und Nitrate freigesetzt, die stark eutrophierend wirken. Deshalb sollte man sich intensiv bemühen, auch diese Komponenten zu beseitigen. Das aus diversen Stickstoffverbindungen im Belebungsbecken unter aeroben Bedingungen gebildete Nitrat

kann mit Hilfe von denitrifizierenden Bakterien zu elementarem Stickstoff reduziert werden. Dieser Vorgang läuft allerdings nur unter anaeroben Bedingungen ab. Technisch kann man das Problem lösen, indem man dem aeroben Belebungsbecken ein anaerobes Becken vor- oder nachschaltet. Man kann auch dafür sorgen, daß im Belebungsbecken anaerobe Nischen verbleiben, so daß das Wasser in mehrfachem Wechsel aerobe und anaerobe Phasen durchläuft. Eine gründliche Nitrifizierung mit anschließender Denitrifizierung erfordert in jedem Fall größer dimensionierte Becken, als sie in Form der herkömmlichen Belebungsbecken mit ausschließlich aeroben Mikroorganismen vorliegen.
Die ebenfalls sehr stark eutrophierend wirkenden Phosphate können sowohl biologisch als auch chemisch beseitigt werden. Bei dem schon für eine Denitrifizierung nötigen sequenziellen Wechsel von aeroben und anaeroben Abbauphasen können die Bakterien unter Sauerstoffzutritt mehr Phosphat aufnehmen als in einem herkömmlichen Belebungsbecken. Mit den sedimentierenden Bakterien und Schlammflocken wird das Phosphat aus dem Abwasser beseitigt. Dieses Verfahren reduziert zwar den Phosphatgehalt des Wassers beträchtlich, es arbeitet aber nicht so gründlich, wie eine chemische Fällung. Zur Phosphatfällung verwendet man am besten Eisen(III)chlorid und Kalkmilch. Das dabei ausfallende Eisen(III)hydroxid bindet sorptiv Eisenphosphat, Metalloxide, Metallhydroxide und Metalle. Das Sediment muß aus dem Reinigungsprozeß entfernt werden. Wesentlich langsamer verläuft die Fällung, wenn man nur mit Kalkmilch arbeitet. Vermeiden sollte man eine Fällung der Phosphate mit Aluminiumsulfat, weil bei diesem Verfahren vorübergehend Aluminium-Ionen freigesetzt werden, die toxisch wirken (PÖPEL, 1988; VOIGTLÄNDER, 1995).
Nach dem Durchlauf durch eine biologische Kläranlage sollte der $BSB_5$-Wert des Abwassers um mindestens 90 % abgenommen haben, und das Wasser sollte möglichst die Beta-mesosaprobe Wassergüteklasse erreichen. Doch ohne die soeben beschriebenen Verfahren zur Beseitigung von Nitrat und Phosphat wirkt es noch immer stark eutrophierend, so daß Flüsse und Küstenbereiche der Meere erheblich in Mitleidenschaft gezogen werden. Die Einbeziehung dieser Schritte in die biologische Klärung erfolgt jedoch aus Kostengründen sehr zögernd. Im gereinigten Wasser können noch schwer abbaubare organische Verbindungen enthalten sein, besonders chlororganische Verbindungen und ebenso ein gewisser Anteil von Schwermetallen, vor allem dann, wenn keine Phosphatfällung durchgeführt wurde. Deshalb muß das Wasser im Ablauf der Kläranlage stets auf Reststoffe hin untersucht werden. Solche Untersuchungen sind auch deshalb notwendig, weil verschiedene Giftstoffe die Effektivität einer Kläranlage einschränken können. Zu diesen gefährlichen Stoffen gehören u. a. Schwermetalle und diverse Chlorkohlenwasserstoffe. Als besonders wirksam erwies sich beispielsweise Tetrachlorethan.
Jede Kläranlage hinterläßt Klärschlamm aus Bakterien und nicht abgebauten organischen Reststoffen, der beseitigt werden muß, weil er in Fäulnis übergeht, und weil er häufig gewisse Giftstoffe enthalten kann. Die Menge der störenden Inhaltstoffe hängt von der ursprünglichen Belastung des Abwassers ab. Früher wur-

de Klärschlamm zu einem hohen Prozentsatz als Dünge- und Bodenverbesserungsmittel in der Landwirtschaft eingesetzt. Das ist gegenwärtig wegen der Vielzahl unerwünschter, toxisch wirkender Begleitstoffe nicht mehr uneingeschränkt möglich. Eine Klärschlammverordnung legt deshalb fest, wieviel Schwermetalle und chlorierte Aromaten ein Klärschlamm enthalten darf, um noch als Düngemittel verwendet werden zu können. So wird heute nur noch etwa ein Viertel des anfallenden Klärschlamms als Dünge- und Bodenverbesserungsmittel eingesetzt, und zwar insbesondere im Landschaftsgartenbau und im Weinbau in Hanglagen, weil hier hohe Bodenverluste durch Erosion auftreten. Gemessen an den Nährstoffansprüchen moderner Nutzpflanzen ist Klärschlamm ohnehin kein vollwertiges Düngemittel, er enthält aber etliche, für Pflanzen wichtige Spurenelemente, und sein hoher Gehalt an organischen Stoffen macht ihn als eine Art Humusersatz verwertbar. Etwa die Hälfte des derzeit anfallenden Klärschlamms wird als Abfall deponiert, und 15 % werden verbrannt. Dazu muß der Schlamm zunächst vorgetrocknet werden. Einen gewissen Teil des Klärschlamms unterwirft man in sog. Faultürmen einem anaeroben, mikrobiellen Abbau, bei dem Faul- oder Biogas entsteht, das bis zu 70 % Methan enthalten kann und deshalb als Brennmaterial geeignet ist. Der ausgefaulte Restschlamm wird anschließend deponiert oder nach vorheriger Trocknung verbrannt. Einen sehr kleinen Anteil, nämlich etwa 0,5 % verwendet man als Zusatz bei der Abfallkompostierung (FALBE, 1993).

### 3.3.4 Trinkwassergewinnung

Die Verschmutzung der Gewässer und die Beseitigung der Fremdstoffe in Kläranlagen stellt nur eine Seite der komplexen Wasserbelastungen dar. Einen anderen Problemkreis bildet die Trinkwassergewinnung, wobei nicht nur die Aufbereitung von Rohwasser zu Trinkwasser, sondern auch die Gewinnung des Rohwassers für die Trinkwassergewinnung Probleme bereitet. Die Gewinnung des Rohwassers kann man allerdings nur dann als Umweltproblem erkennen, wenn man Gewässer, auch das Grundwasser, als Teil ganzer Landschaften betrachtet.

Das zur Trinkwassergewinnung erforderliche, möglichst saubere Rohwasser stellt heute ein ausgesprochen knappes Gut dar. Häufig erweist sich nur noch Grundwasser bestimmter Standorte als ausreichend sauber und hygienisch, um für die Trinkwassergewinnung in Frage zu kommen. Großstädte und Ballungsgebiete bilden besonders problematische Regionen, weil sie besonders große Mengen von Trinkwasser verbrauchen. Täglich werden pro Person zwischen 50 und 300 l Trinkwasser konsumiert. Die Landbevölkerung verhält sich im Durchschnitt wesentlich bescheidener als die Großstadtbevölkerung. Von der großen Wassermenge werden täglich nur etwa 5 l zum Trinken und Kochen benötigt, der große Rest wird für ganz andere Zwecke verbraucht, wie für die Klosettspülung, zum Waschen, Baden und Duschen, zum Gießen von Zimmer- und Gartenpflanzen, zum Wäschewaschen und Geschirrspülen und zu vielen anderen Zwecken. Wegen dieses weit gefächerten Verbrauchs saugen Großstädte und Ballungsgebiete täglich riesige Mengen von Wasser, meist Grundwasser, aus ihrer Umgebung und trocknen sie förmlich aus. Beispielsweise wurde in den vergangenen Jahrzehnten in der Gegend nördlich von Hannover und im Rhein-Main-Dreieck um Frankfurt und Darmstadt durch exzessive Trinkwassergewinnung der Grundwasserspiegel bis zu 6 m abgesenkt. Als Folge davon trocknete der Boden aus. Die Landwirtschaft mußte auf mehr Trockenheit ertragende Kulturpflanzen umgestellt werden, an Straßendecken traten z. T. Risse auf, und die natürliche Vegetation mußte sich der größeren Trockenheit allmählich anpassen. Im norddeutschen Raum bezog man deshalb den Harz, das niederschlagsreichste Gebiet Deutschlands, in die Trinkwassergewinnung für die Großstädte ein, indem man Talsperren anlegte, um genügend große Wasserreservoire zur Verfügung zu haben. Doch auch der auf den ersten Blick umweltverträglich erscheinende Wasseranstau bringt weiträumige Umweltbelastungen mit sich. Ein Stausee beseitigt stets ein ganzes Gebirgstal mit seinen natürlichen Lebensgemeinschaften. Künstlich angelegte Stauseen sind selber extrem artenarm, und wegen der häufig auftretenden Wasserstandschwankungen verfügen sie über keinen natürlichen Uferbewuchs mit seinen charakteristischen Lebensgemeinschaften mit hoher Biomasseproduktion, vielmehr werden sie von breiten, kahlen Uferstreifen umsäumt. Ein ganz anderes Problem betrifft die Abflüsse der Stauseen, in der Regel die ursprünglichen Flußläufe. Im Frühjahr führen sie meist kein Hochwasser als Folge der Schneeschmelze. Dadurch verschonen sie zwar ihr Umland vor Überschwemmungen, aber dadurch werden auch wasserbedürftige Auwälder trockengelegt. Außerdem verkrauten und verschlammen die Flußbetten, wenn Hochwässer ausbleiben. Schließlich verändert der Anstau eines Flusses dessen natürliches Temperaturniveau.

Trotz dieser weiträumigen Eingriffe in den Naturhaushalt bei einer zentral betriebenen Trinkwassergewinnung für Großstädte und Ballungsgebiete gibt man in der Regel dieser Form der Wassergewinnung den Vorzug gegenüber einer dezentralen, auf viele kleinere Regionen verteilten Wassergewinnung. Bei einer zentral betriebenen Wassergewinnung kann man ein großes, leicht kontrollierbares Wasserschutzgebiet ausweisen, in dem z. B. die Lagerung von Öl und das Verregnen von Gülle untersagt sind und in dem nicht gebaut werden darf. Außerdem ist es wirtschaftlicher, eine große Wasseraufbereitungsanlage zu bauen und zu betreiben, als mehrere kleine. Es dominieren also wirtschaftliche und administrative Überlegungen gegenüber landschaftsökologischen Gesichtspunkten.

Ein ganz anderes Verfahren der Rohwassergewinnung kann an großen Flußläufen praktiziert werden, wie etwa am Niederrhein. Der Fluß wird angestaut, so daß ein Teil des Flußwassers in angeschlossene Becken laufen kann, um dort im Ufersandbereich zu versickern (Abb. 3.8). In einer Entfernung von einigen zehn Metern legt man gelochte Sammelrohre in den sandigen Boden, um das versikkernde Wasser aufzufangen und einer Wasseraufbereitungsanlage zuzuführen. Diese Form der Ufersandfiltration soll das Flußwasser nicht nur von groben Partikeln befreien, vielmehr sollen auch unerwünschte, gelöste Stoffe an Bodenpartikel adsorbiert werden, und Mikroorganismen im Boden sollen organische Be-

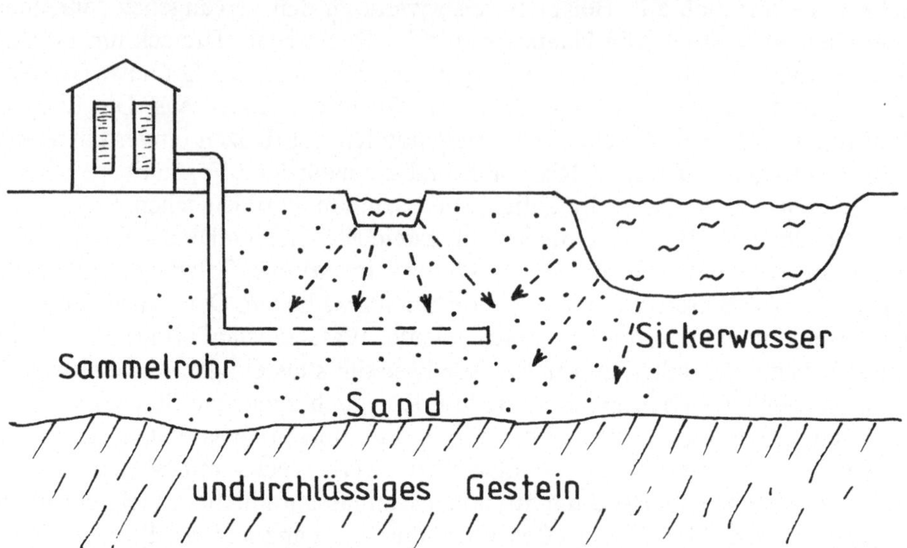


Abb. 3.8 Rohwassergewinnung für die Trinkwassergewinnung mit Hilfe der Ufersandfiltration. Ein Sammelrohr im Ufersand fängt das versickernde Flußwasser auf und führt es dem Wasserwerk zu, wo es weiter gereinigt wird (ENGELHARDT, 1973; verändert)

gleitstoffe aerob abbauen.

Das Rohwasser muß zur Herstellung von Trinkwasser mehrere Reinigungsstufen durchlaufen. Zunächst wird zur Vorreinigung das Wasser mit Sauerstoff angereichert und anschließend einer Kiesbettfiltration unterworfen. Gegebenenfalls schließt sich daran ein Fällungsverfahren an, um beispielsweise einen zu hohen Eisen- oder Mangangehalt zu entfernen. Häufig wird nun eine Ozonisierung angeschlossen, um organische Fremdstoffe oxidativ zu zerstören. Eine Ozonisierung tötet auch Bakterien ab und inaktiviert Viren. Die Oxidationsreste und die Ozonreste müssen daraufhin durch Aktivkohlefiltration entfernt werden. Die Aktivkohle bildet darüberhinaus ein geeignetes Adsorptionsmittel, um noch im Wasser enthaltene, toxisch wirkende Stoffe zu binden. Kann bei dem Aufbereitungsprozeß auf eine Ozonisierung des Wassers verzichtet werden, dann reicht in der Regel eine Filtration durch einen Ionenaustauscher aus Kunstharz. Schließlich wird das gereinigte Wasser mit Hypochlorit oder Chlordioxid behandelt. Dadurch will man die Ansiedlung von Mikroorganismen im Rohrleitungssystem verhindern. Andererseits besteht bei einer Chlorung immer die Gefahr, daß Reste von Huminstoffen oder synthetischen, organischen Substanzen Chlorierungsprodukte bilden, die toxisch wirken. Bei einer guten Reinigung des Wassers scheint jedoch diese Gefahr erheblich geringer zu sein, als diejenige, die von hygienisch nicht einwandfreiem Wasser ausgeht.

Ein spezielles Problem besonders in landwirtschaftlich intensiv genutzten Gebieten stellen Nitratbelastungen dar. Die Konzentration des gesundheitsschädlich wirkenden Nitrats (Abschn. 3.2.1) muß deshalb unter den Grenzwert von 50 mg/l nach der Trinkwasserverordnung gesenkt werden. Die einfachste Methode besteht darin, das belastete Wasser mit nitratarmem Wasser zu verschneiden, bis der Grenzwert unterschritten ist. Damit verschlechtert man jedoch gleichzeitig die Qualität des unbelasteten Wassers. Eine andere, jedoch kostspielige Methode stellt die Umkehrosmose dar, wobei das nitrathaltige Wasser durch eine sehr feinporige Membran gepreßt wird, die in der Lage ist, die Nitrationen zurückzuhalten. Außerdem kann man den Nitratgehalt durch Ionenaustausch in einem Ionenaustauschbett aus Kunstharz senken, und schließlich kann man denitrifizierende Bakterien einsetzen, die man jedoch in Alginatperlen fixieren muß. Eine Denitrifizierung gelingt allerdings nur unter anaeroben Verhältnissen (ALLOWAY und AYRES, 1996; ANONYMUS, 1988 e).

Tabelle 3.4 Auszug aus den EG-Richtlinien zur Trinkwasserqualität von 1980, die die Grundlage für viele nationale Trinkwasserverordnungen bildet (RUMP und KRIST, 1987)

| Parameter | Richtwert | zul. Höchstkonzentrat. |
|---|---|---|
| Chlorid | 25 mg/l | |
| Sulfat | 25 mg/l | 250 mg/l |
| Calcium | 100 mg/l | |
| Magnesium | 30 mg/l | 50 mg/l |
| Natrium | 20 mg/l | 175 mg/l |
| Kalium | 10 mg/l | 12 mg/l |
| Aluminium | 0,05 mg/l | 0,2 mg/l |
| Nitrat | 25 mg/l | 50 mg/l |
| Nitrit | | 0,1 mg/l |
| Ammonium | 0,05 mg/l | 0,5 mg/l |
| Bor | 1 mg/l | |
| Eisen | 0,05 mg/l | 0,2 mg/l |
| Mangan | 0,02 mg/l | 0,05 mg/l |
| Kupfer | 0,1 mg/l | |
| Zink | | 0,1 mg/l |
| Organochlorverbindungen ohne Pestizide | 0,001 mg/l | 0,025 mg/l |
| pH-Wert | 6,5 - 8,5 | |
| elektr. Leitfähigkeit | 400 µS/cm | |

Ist das Wasser gereinigt und ausreichend hygienisiert, dann muß es in der Europäischen Gemeinschaft eine Reihe von Reinheitskriterien erfüllen, von denen ein kleiner Auszug in Tabelle 3.4 wiedergegeben ist. Es wird allerdings bemängelt, daß diese Bestimmungen keine ausreichenden Grenzwerte für Kupfer enthalten, und daß verschiedene andere Grenzwerte zu großzügig bemessen seien. Neben den Grenzwerten für verschiedene Inhaltstoffe darf das Wasser keine Verfärbungen aufweisen, es darf nicht trüb sein, es darf keinen unangenehmen Geruch verbreiten, es muß zumindest bei Temperaturen unterhalb von 14 °C neutral und frisch schmecken, und es darf nicht bakteriell belastet sein. In der Schweiz wird dem Trinkwasser Fluorid zum Schutz der Zähne zugesetzt, doch der Zusatz bestimmter Stoffe zum Trinkwasser ist umstritten, zumal die individuelle Dosierung auf diesem Weg wegen der unterschiedlichen Trinkgewohnheiten der Menschen problematisch ist. Bei einer vernünftigen und ausgewogenen Ernährung werden solche Stoffe bereits in ausreichender Menge mit der festen Nahrung aufgenommen.

Mit zunehmendem Reinigungsaufwand wird das Trinkwasser immer teurer. Sinnvoll wäre es, Trinkwasser nur als Nahrungsmittel, zum Zähneputzen, zum Geschirrspülen und zur Körperpflege einzusetzen. Allein mit dieser Sparmaßnahme könnte man den Trinkwasserverbrauch mehr als halbieren (Tab. 3.5). Das würde

Tabelle 3.5 Trinkwasserverbrauch, aufgeteilt nach verschiedenen Verwendungszwecken (HEINTZ und REINHARDT, 1990)

| Verwendungszweck | Verbrauch in % des Gesamtverbrauchs | Verbrauch in l |
|---|---|---|
| Toilettenspülung | 32 | 47 |
| Baden/Duschen | 30 | 43 |
| Wäschewaschen | 12 | 17 |
| Körperpflege | 6 | 8 |
| Geschirrspülen | 4 | 6 |
| Trinken, Kochen | 3 | 5 |
| Raumpflege | 3 | 5 |
| Hausgartenbewässerung | 2 | 3 |
| Autowäsche | 2 | 3 |
| Sonstiges | 6 | 8 |

allerdings voraussetzen, daß man ein zweites Rohrleitungssystem für weniger stark gereinigtes Brauchwasser einrichten müßte. Die Kosten dafür hielt man bis-

her für zu hoch. Deshalb wurde nur in wenigen Häusern ein System zur Wiederaufbereitung verbrauchten Trinkwassers eingerichtet, um es für Toilettenspülung, zur Raumpflege und zum Gießen von Pflanzen einzusetzen.
Wesentlich kritischer als bei uns ist heute schon die Wasserversorgung in Landschaftszonen mit geringerer Niederschlagstätigkeit als in den feucht-gemäßigten Breiten. Wegen der sparsamer fallenden Niederschläge wird dort verbrauchtes Grundwasser nicht in ausreichendem Umfang nachgebildet, und so kommt es besonders bei wachsender Bevölkerungsdichte rasch zum Wassermangel. Im Jahr 1990 waren weltweit schätzungsweise etwa 335 Mio Menschen nicht ausreichend mit Wasser versorgt, weil die Grundwasserreserven stellenweise bereits übernutzt sind. Für den Fall, daß die Weltbevölkerung weiterhin zunimmt, rechnet man damit, daß im Jahr 2020 bereits 3 Mrd Menschen schlecht mit Wasser versorgt sind. Trotz dieses Mangels können große Wasserreservoire, wie Meerwasser und Eisberge, von den armen Völkern der Erde nicht genutzt werden, weil die Wassergewinnung großen Stils aus diesen Quellen zu teuer ist (ANONYMUS, 1994 f).
Zum Problem der Wasserknappheit gesellt sich die Zunahme der Wasserbelastungen durch Industrie und Landwirtschaft, von der auch das Grundwasser betroffen ist. Deshalb wird in Zukunft die Versorgung der Weltbevölkerung mit hygienisch einwandfreiem und schadstofffreiem Trinkwasser noch kritischer, als es bisher der Fall ist. Diese Perspektive erscheint umso dramatischer, als man davon ausgeht, daß in den sog. Entwicklungsländern ca. 80 % aller Krankheiten auf die Versorgung mit hygienisch nicht einwandfreiem Trinkwasser zurückgehen.

### 3.3.5 Gewässerbauliche Maßnahmen

Es sind aber nicht nur Belastungen des Wassers mit Schadstoffen und mit Bakterien, die Menschen und die Lebensgemeinschaften im Wasser bedrohen. Auch alle baulichen Veränderungen, die man an Gewässern vornimmt, können Lebewesen im Wasser und sogar ganze Landschaften, zu denen die betreffenden Gewässer gehören, beeinträchtigen. Einige Beispiele sollen das verdeutlichen.
Vorwiegend in Städten werden Fluß- und Bachufer durch Mauern und Spundwände befestigt. Damit vermeidet man die Abtragung des Uferbereichs, der meist bis zum Gewässerrand genutzt wird. Mit der Uferbefestigung verhindert man jedoch gleichzeitig einen natürlichen Uferbewuchs mit feuchteliebenden Pflanzen. Solche Pflanzen, seien es nun krautige Gewächse wie Schilf und Binsen oder seien es Gehölze wie Weiden und Erlen, breiten ihre Wurzeln oder Wurzelstöcke (Rhizome) dicht unter dem Gewässergrund aus und werden dadurch bei jeder Witterung reichlich mit Wasser versorgt, das sie durch Transpiration an die Luft abgeben und damit das Kleinklima in Gewässernähe kühl und feucht halten. Die Pflanzen nehmen mit ihren Wurzeln viele, im Wasser mitgeführte Stoffe auf, vor allem auch eutrophierend wirkende Substanzen, und dadurch wirken sie wasserreinigend. Eine Beseitigung der Ufervegetation hat nicht nur zur Folge, daß da-

durch die Selbstreinigung der Gewässer zurückgeht, sondern sie läßt außerdem das Lokalklima deutlich trockener und weniger ausgeglichen werden (MEYER, 1982). Die Beseitigung der typischen Ufervegetation drängt außerdem alle von ihr abhängigen Tierarten zurück. Mangelhafte Beschattung des Wassers fördert die Vermehrung von Algen und anderen Wasserpflanzen, und das Wasser erwärmt sich stärker, wodurch dessen Sauerstoffgehalt sinkt. So wird auch vom Sauerstoffangebot her die Selbstreinigungskapazität des Wassers geschmälert. Ähnlich wie die Befestigung der Ufer wirkt sich eine Pflasterung des Gewässergrunds aus. Solche Pflasterungen nimmt man gelegentlich vor, um den Wasserablauf, besonders bei Hochwasser zu beschleunigen. Gepflasterte Gewässerbetten lassen den Uferbereich trockener werden und verhindern damit eine üppige Ufervegetation (Abb. 3.9) mit allen ihren ökologischen und kleinklimatischen Funktionen (WILDERMUTH, 1980; TISCHLER, 1984).

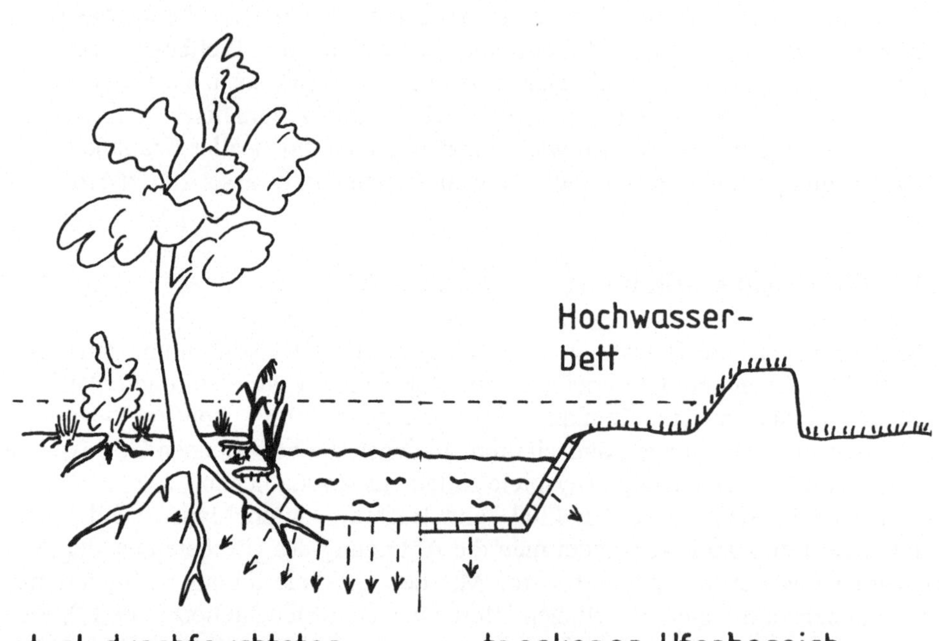


Abb. 3.9 Konsequenzen der Pflasterung eines Gewässerlaufs und der Anlage eines Hochwasserbettes (rechts)

Eine ganz andere Art gewässerbaulicher Maßnahmen besteht darin, mäandrierende, mit Untiefen durchsetzte Flußläufe zu begradigen und gleichmäßig tief auszubaggern, um sie schiffbar zu machen und die Überschwemmungsgefahr bei Hochwasser zu vermindern. Bekanntestes Beispiel dafür ist in Mitteleuropa der Oberrhein, der zwischen Basel und Mainz im vergangenen Jahrhundert nach Plänen des Wasserbauingenieurs Tulla begradigt wurde. Dadurch verkürzte man den Flußlauf um etwa 100 km, und dadurch nahm sein Gefälle entsprechend zu. Innerhalb weniger Jahrzehnte schnitt sich das Flußbett tiefer in den Untergrund ein, zum Teil bis zu 7 m. Notwendigerweise sank damit auch der Grundwasserspiegel (Abb. 3.10). Bruchwälder und Obstbaumplantagen starben ab und mußten

Abb. 3.10 Landschaftsveränderungen durch die Begradigung mäandrierender Flüsse

durch Pflanzen ersetzt werden, die mehr Trockenheit ertragen. Heute findet man beispielsweise viele Nadelwälder, Getreideanbau und Tabakkulturen in dem ehemals feuchten, mit Bruchwäldern bestandenen Oberrheintal. Die erforderliche Umstellung der landwirtschaftlichen Nutzung des Landes verursachte hohe Kosten. Die Schäden durch die Grundwasserabsenkung erschöpfen sich jedoch nicht in einer einmaligen Umstellung der Vegetation. Zunehmende Austrocknung des Bodens verursacht grundsätzlich eine Verminderung der Biomasseproduktion der Vegetation. Das bedeutet, daß nicht nur andere Feldfrüchte als früher angebaut und geerntet werden müssen, auch der Hektarertrag geht prinzipbedingt zurück, wenn man das Wasserdefizit nicht durch umfangreiche künstliche Bewässerungen ausgleicht. Die um ca. 30 % erhöhte Fließgeschwindigkeit führt nun dem Mittel- und Unterlauf des Rheins beschleunigt das Wasser aus den Gebirgslagen zu, und damit wird die Hochwasser- und Überschwemmungsgefahr bei Schneeschmelze und bei reichlichen Niederschlägen in den Regionen des Unterlaufs erhöht. Ein

ähnliches Schicksal wie dem Rhein bereitete man der Donau, die man im vergangenen Jahrhundert von Wien ausgehend flußabwärts begradigte. Daraufhin sank der Grundwasserspiegel stellenweise bis zu 8 m und ließ das zuvor landwirtschaftlich sehr ergiebige Marchfeld zu einem Trockengebiet mit erheblich reduzierter Biomasseproduktion degenerieren (ENGELHARDT, 1983; OLSCHOWY, 1978). So wie Oberrhein und Donau wurden weltweit viele Flußläufe reguliert, und stets waren diese Maßnahmen mit ganz ähnlichen ökologischen Folgen verknüpft.
Bemühungen, Fehler von Flußbegradigungen nachträglich zu mildern, bleiben ebenfalls nicht ohne ökologische Rückwirkungen. Durch den Einbau von Staustufen versuchte man den abgesunkenen Grundwasserspiegel wieder anzuheben. Dadurch sedimentiert der mitgeführte Schotter verstärkt in den angestauten Flußbereichen, und die Schiffahrt, die man mit der Flußbegradigung erst ermöglicht oder zumindest ausgeweitet hatte, wurde behindert. Außerdem wird die Bodenfauna des Flußlaufes verschüttet. Von solchen Verschüttungen soll sich die Bodenfauna schlechter erholen als von einer vorübergehenden Vergiftung des Flußlaufs (ANONYMUS, 1994 g).
Staustufen baut man in Flußläufe auch ein, um mit dem angestauten Wasser ein Kraftwerk zu betreiben. Solche Staustufen wirken sich u. a. auch auf den Temperaturhaushalt des Flußwassers aus, besonders dann, wenn viele Staustufen aufeinander folgen. Diese Beobachtung mußte man u. a. am Jenissej machen, einem Fluß, der in nördlicher Richtung Sibirien durchquert. Vor dem Bau einer Vielzahl von Staustufen erwärmte sich das Flußwasser stellenweise auf 20-22 °C. Das Wasser transportierte so viel Wärme nach dem Norden, daß dadurch die Flußmündung über viele Monate hinweg eisfrei blieb. Nach dem Bau der Staustufen erwärmte sich das Flußwasser über weite Strecken nur noch bis höchstens 10 °C. Die geringe Erwärmung erklärt sich dadurch, daß das am Grunde der Staustufen austretende Wasser kaum wärmer als 4 °C ist. Anschließend erwärmt es sich etwas und gelangt dann in die nächste Staustufe, aus der erneut abgekühltes Wasser an der Basis der Staustufe austritt. Der verminderte Wärmetransport läßt nunmehr die Flußmündung länger vereisen als zuvor, und der Fischbestand des Flusses mußte sich dem veränderten Temperaturniveau anpassen (ANONYMUS, 1978).
Besonders in trockenen Klimazonen baut man in wasserreiche Flüsse Einrichtungen zur Entnahme von Bewässerungswasser für die Landwirtschaft. Bewässerungswasser entnimmt man u. a. auch den Flüssen Syr-Darja und Amu-Darja, die Schmelzwasser aus dem Altai und dem Pamir durch das Turanische Becken zum Aralsee transportieren. Mit dem Bewässerungswasser versorgt man insbesondere wirtschaftlich attraktive Baumwollkulturen. Die seit 1960 betriebene Bewässerungswirtschaft verbrauchte jedoch so viel Wasser, daß die Verdunstungsverluste des Aralsees durch die beiden Flüsse nicht mehr ausgeglichen wurden. Das Volumen des Sees schrumpfte seither um die Hälfte und seine Fläche um mindestens ein Drittel. Dabei stieg der Salzgehalt des Seewassers auf mehr als das Doppelte. Als Folge davon starb der gesamte Fischbestand des Aralsees, der bis dahin eine lukrative Fischerei ermöglichte. Auf den trocken gefallenen, breiten Ufersäumen kristallisiert Salz aus, das sturmartige Winde bis in die landwirtschaftlich genutz-

ten Bewässerungsgebiete verdriftet, wo es Schäden an den Baumwollkulturen verursacht. Auch die Bevölkerung wird durch die salzhaltigen Stäube in Mitleidenschaft gezogen, so daß sich seither Erkrankungen der Atemwege häufen (ANONYMUS, 1988 g). Das Schrumpfen des Wärmespeichers Aralsee veränderte auch das Klima in der ganzen Region. Die Temperaturunterschiede zwischen Sommer und Winter haben sich verschärft, und die winterliche Frostperiode wurde länger. Im Sommer bleibt der Himmel meist wolkenlos, und der Boden erhitzt sich bis auf 70 °C. Die dadurch entstehenden Wärmetiefs lösen stürmische Winde aus, die es früher noch nicht gab (ANONYMUS, 1988 g; BROCKHAUS, 1993). Das Beispiel des Amu-Darja und des Syr-Darja zusammen mit dem Aralsee zeigen besonders eindringlich, welche zum Teil kaum vorhersehbaren Umweltveränderungen durch Eingriffe in den Naturhaushalt ausgelöst werden können. Man muß deshalb sehr eindringlich dazu ermahnen, technische Veränderungen des Naturhaushalts mit größter Behutsamkeit durchzuführen, auch wenn das im Gegensatz zu der heute verbreiteten Ideologie steht, schnellstmöglich technisch-wissenschaftliche Neuerungen praktisch zu realisieren.

## 3.4 Abfälle

Zu den komplexen Umweltbelastungen gehören feste und schlammige Abfälle, deren sich die Menschen entledigen. Die festen und schlammigen Abfälle aus Tätigkeiten der Menschen umfassen nicht nur eine unüberschaubare Fülle unterschiedlicher Stoffe, sie fallen auch durch ihre große Masse und ihr großes Volumen auf. In Deutschland entstehen jährlich etwa 340 Mio t Abfälle in Industrie und Kommunen. Dazu kommen etwa 260 Mio t landwirtschaftlicher Abfälle und 89 Mio t Abraummaterial aus dem Bergbau. Das Abraummaterial wird in der Regel an Ort und Stelle zum Verfüllen der ausgebeuteten Gruben und Schächte wiederverwendet. Von den landwirtschaftlichen Abfälle nutzt man frisches Pflanzenmaterial, vor allem Blätter und junge Sproßabschnitte, zur Herstellung von Silofutter für Rinder und Schweine. Die tierischen Abgänge verwendet man als Düngemittel in Form von Mist (feste Bestandteile) und Gülle (Mischung aus festen und flüssigen Bestandteilen). Daneben wird ein kleiner Anteil der organischen Abfälle kompostiert, verbrannt (Stroh), oder man läßt sie in Biogasanlagen ausfaulen. Wesentlich problematischer verhalten sich Industrie- und Siedlungsabfälle, wobei die letzteren zu 2/3 aus organischen und 1/3 aus anorganischen Stoffen bestehen. Je nach Art der Abfälle kann deren unverdichtetes Volumen beträchtliche Ausmaße erreichen. Im ungünstigsten Fall nimmt 1 t Abfall 3-5 $m^3$ Raum ein, wie es vom sog. Sperrmüll her wohlbekannt ist. Dieses gewaltige Volumen muß mit Hilfe von mechanischen, mikrobiellen oder thermischen Methoden so weit reduziert werden, daß die rein räumliche Belastung der Umwelt möglichst gering ausfällt. Außerdem gilt es darauf zu achten, daß gleichzeitig mögliche hygienische Belastungen von Tieren und Menschen minimiert werden.

### 3.4.1 Abfälle als Umweltproblem

Neben ihrem Volumen belasten Abfälle die Umwelt in vielfacher Weise. Ungeordnet abgelagert, lassen sie Sickerwässer austreten, die in den Boden eindringen und gegebenenfalls das Grundwasser belasten. Sickerwässer aus ungeordneten und aus geordneten Deponien enthalten meist viel Chloride sowie Carbonate, Sulfate, Nitrate, Phosphate und andere Anionen. Unter den Kationen dominieren in der Regel Natrium, Kalzium, Kalium, Ammonium, Eisen und Zink. Daneben enthalten Sickerwässer lösliche organische Stoffe, wie z. B. Zucker, Aminosäuren und Fettsäuren. Sickerwässer aus frisch abgelagerten Abfällen wirken deshalb stark eutrophierend, was sich in $BSB_5$-Werten von 10000-20000 mg/l äußert. Mit zunehmender Lagerungsdauer der Abfälle nimmt der $BSB_5$-Wert der Sickerwässer immer mehr ab und sinkt schließlich auf Werte von 100-200 mg/l. Enthalten die Abfälle Giftstoffe, dann können auch sie im Sickerwasser auftauchen. Von alten, ungeordnet angelegten Deponien aus der Zeit des zweiten Weltkriegs weiß man, daß die Sickerwässer mit ihrer Giftstofffracht mitunter erst nach Jahrzehnten das Grundwasser erreichen und belasten. Ein Zurückverfolgen dieser Belastungen auf ihren Ursprung gestaltet sich dann oftmals schwierig. Sickerwässer müssen deshalb stets gesammelt und gereinigt werden, ehe man sie in einen Vorfluter entläßt. Der Gehalt an organischen Reststoffen, verbunden mit einem ausreichenden Mindestwassergehalt bildet die Lebensgrundlage für Mikroorganismen, die die organischen Reststoffe abbauen. Bei starker Stoffwechselaktivität erwärmen sich die abgelagerten Abfälle und können dadurch gegebenenfalls Schwelbrände erzeugen. Bei der Erwärmung verdampft Wasser, und mit dem Wasserdampf können diverse Stoffe mitgerissen werden, ähnlich wie bei einer Wasserdampfdestillation im Labor. Unter den verflüchtigten Stoffen finden sich u. a. übelriechende und z. T. giftige Verbindungen. Die mikrobielle Abfallerwärmung, häufig als "Selbsterwärmung" bezeichnet, kommt erst zum Erliegen, wenn der größte Teil der leicht abbaubaren, organischen Reststoffe verschwunden ist. Die durch Erwärmung erzeugten Abgase stellen die wichtigste Ursache für die Geruchsbelästigungen dar, die von Abfalldeponien ausgehen.

Während der Ablagerung der Abfälle können leichte Bestandteile trotz Fangzäunen verweht werden. Die Umgebung von Abfalldeponien wird deshalb nicht nur durch unangenehmen Geruch und Schwelgase, sondern auch durch verwehte Leichtmaterialien (Stäube, Papier, Kunststoffolien) belastet, wenn diese Komponenten nicht durch Fangzäune, Schutzpflanzungen und technische Maßnahmen während des Einbaus zurückgehalten werden.

Schließlich stellen abgelagerte Abfälle ein hygienisches Problem dar. Aus den Wohnungen gelangen Bakterien und Parasiten der Menschen in die Abfalldeponien. Wegen der Selbsterwärmung können sie dort mehrere Wochen überleben. Obwohl Abfalldeponien in Deutschland unzugänglich für Menschen angelegt werden, können vagabundierende Tiere Krankheitserreger und Parasiten verschleppen. Abfalldeponien werden von Ratten, Mäusen, Vögeln und vielen Fliegenarten aufgesucht, die die Deponien vor allem als Futterquelle nutzen (Abb. 3.11). Ab-

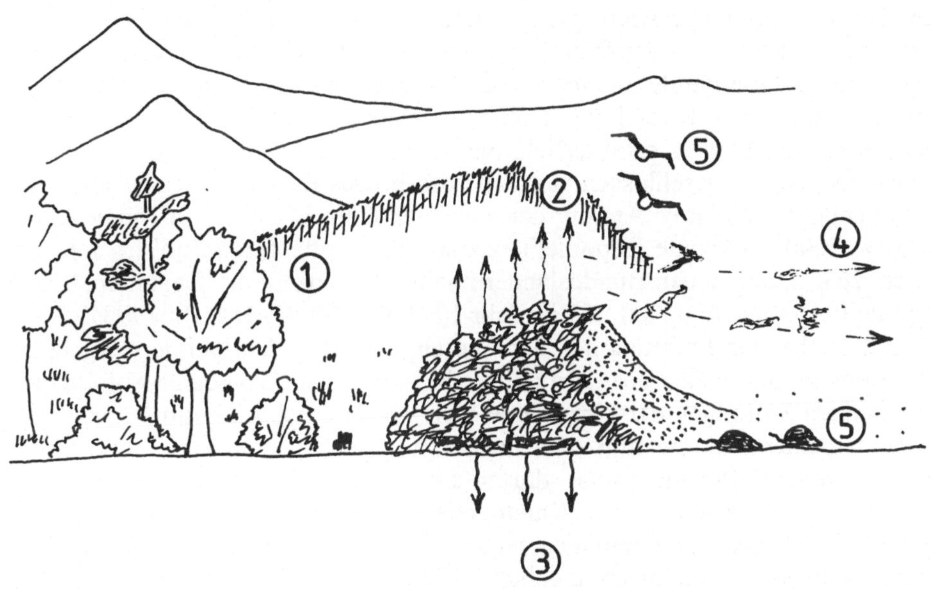


Abb. 3.11 Zusammenstellung der wichtigsten Umweltbelastungen durch kommunale Abfälle

falldeponien dürfen deshalb nicht in der Umgebung von Flugplätzen angelegt werden, weil futtersuchende Vögel den An- und Abflug der Flugzeuge stören. Eine hygienisch und ökologisch einwandfreie Entsorgung der Hausabfälle ist ebenso wichtig wie eine Entgiftung und eine möglichst drastische Volumenreduktion.

### 3.4.2 Abfallentsorgung

Zur Verwirklichung dieser Ziele kann man sich verschiedener Verfahren bedienen. Die Prinzipien der wichtigsten Abfallentsorgungsverfahren sollen hier kurz vorgestellt werden. Aus der früher häufig geübten Praxis der ungeordneten Ablagerung der Abfälle wurde die geordnete Deponie entwickelt. Das ist ein sehr aufwendiges, mit einer Kapsel vergleichbares Bauwerk. Die hohen Bau- und Betriebskosten machten es erforderlich, daß mehr Einwohner als früher an eine geordnete Deponie angeschlossen werden müssen. Das führt zu einer Reduktion der Deponieplätze. Waren es Anfang der siebziger Jahre in den alten Bundesländern noch ca. 50000 bekannte Deponieplätze, so schrumpfte deren Zahl im Jahr 1993 auf ca. 263. In den neuen Bundesländern nahm die Anzahl der Deponieplätze von ursprünglich etwa 10000 auf 283 im Jahr 1993 ab (BROCKHAUS, 1993).
Die technische Durchführung der Deponierung wurde im Verlauf der vergangenen Jahrzehnte immer wieder geändert und verbessert, um die von einer Abfalldeponie ausgehenden Störungen der Umwelt so weit wie möglich zu minimieren. Für die Errichtung einer Deponie muß zunächst ein geologisch geeigneter Untergrund ausgewählt werden. Beispielsweise dürfen Deponien nicht auf besonders wasserwegsamem Untergrund oder in Karstgebieten angelegt werden. Bestehende oder geplante Trinkwassergewinnungsgebiete sind zu vermeiden, und ebenso Überschwemmungs- und Naturschutzgebiete. Eine Deponie kann sowohl als Haldendeponie als auch als Grubenverfüllungsdeponie konzipiert werden. Grubenfüllungen sind jedoch nur zulässig, wenn ein freier Sickerwasserabfluß existiert.
Die Deponierungspraxis wird durch die Technische Anleitung Siedlungsabfall (TASI) rechtsverbindlich geregelt. Danach müssen derzeit die Deponien auf einem mindestens 5 m mächtigen, weitgehend wasserundurchlässigen Untergrund, einer sog. geologischen Barriere, errichtet werden. Auf diese natürliche Basisabdichtung sind 1,5 m einer mineralischen Dichtungsschicht aus Ton in sechs Lagen aufzutragen. Diese wird mit einer 2,5 mm starken Polyethylenfolie abgedeckt, auf die zum Schutz vor Verletzungen ein geotextiles Vlies gelegt wird, das eine Dichte von 2000 $g/m^2$ aufweisen muß. Darauf wird eine 30 cm starke Rundkorn-Kiesschicht aufgetragen. In dieser Dränschicht werden Rohre verlegt, die Sickerwasser aus den auf dem Kies deponierten Abfällen aufnehmen, und einer außerhalb der Deponie liegenden Sammelleitung zuführen, die sie zur Kläranlage weiterleitet.
Auf dieser kurz skizzierten Basisabdichtung werden die Abfälle mit Hilfe sog. Müllverdichter eingebaut. Dabei handelt es sich um schwere Fahrzeuge mit Stahlrädern und aufgeschweißten Zähnen, um die angelieferten Abfälle zu zerkleinern. Im Unterschied zu einer früher geübten Praxis darf Bauschutt nicht mehr in die Deponien für Siedlungsabfälle verbracht werden. Solche Abfälle müssen nach Möglichkeit wiederverwertet werden, gegebenenfalls nach vorangehender Zerkleinerung, wie etwa bei abgetragenen Straßendecken. Nach Beendigung des Einbaus der Abfallstoffe muß der Deponiekörper nach oben hin geschlossen und ähnlich aufwendig abgedichtet werden, wie zum Untergrund. Zunächst werden die

Abfälle mit einer 50 cm starken Ausgleichs- und Gasdrainschicht abgedeckt, in der gelochte Gaserfassungsrohre verlegt werden. Diese leiten aufgefangene Deponiegase über Sammelrohre aus der Deponie in einen Gasbehälter. Die Gasdrainschicht wird mit einer mindestens zweilagigen, insgesamt 50 cm dicken, mineralischen Schicht abgedichtet. Darauf folgt eine 2 mm starke Polyethylen-Folie, auf die eine dünne, mineralische Schutzschicht aufgetragen wird. Schließlich folgen eine mindestens 30 cm starke Entwässerungsschicht und eine mindestens 100 cm starke Rekultivierungsschicht (NIEDERSÄCHSISCHE LANDESREGIERUNG, 1985; HEINTZ und REINHARDT, 1990; CORD-LANDWEHR, 1994; BAHADIR, 1995). Die Rekultivierung erfolgt nach den gleichen Gesichtspunkten wie die Begrünung von Abraumhalden der Bergwerksbetriebe: Zunächst pflanzt man überwiegend krautige Pioniergewächse, die auch in der Natur als Erstbesiedler auf Freiflächen auftreten. Dazu kommen Gehölze wie Sanddorn, Schlehe, Robinie, Zitterpappel und Erle (HEBBELMANN und SCHLÜTER, 1991). Das Wurzelwerk darf jedoch nicht die Abdeckungskonstruktion verletzen.

Mit der hermetischen Abdichtung der Deponien gegen Boden und Luft versucht man, das Austreten von Sickerwässern in den Untergrund und von Gasen und Dämpfen in die Luft zu verhindern, um den Übertritt toxisch wirkender Stoffe und von Krankheitserregern in die Umwelt zu vermeiden. Doch trotz dieser außerordentlich aufwendigen und momentan zweifellos recht sicheren Abdichtung ist ein absoluter Schutz der Umwelt nicht möglich: Versehentlich in eine Deponie gelangende, niedermolekulare Chlorkohlenwasserstoffe können gegebenenfalls im Laufe der Zeit die Kunststoffplane durchdringen. Als Folge von biochemischen Umsetzungen im Deponiekörper kommt es zu Sackungen, die zusammen mit den bei derartigen Bauwerken üblichen Setzungen zu großen Verformungen und zum Versagen der Abdichtungskonstruktion führen können. Schließlich altert eine Kunststoffplane im Laufe von Jahrzehnten und wird dadurch brüchig.

Der Gefahr des Austretens von Deponiegasen begegnet man entsprechend der TASI dadurch, daß man bereits die Bildungsmöglichkeiten der Gase drastisch einschränkt, indem das Deponiegut nur noch sehr geringe Mengen organischer Stoffe enthalten darf. Der Gehalt an organisch gebundenem Kohlenstoff muß unter 3 % liegen (TOC<3 %). Liegt der TOC-Wert höher, dann müssen die Abfälle entsprechend vorbehandelt werden (z. B. sortieren, verrotten, verbrennen usw.), ehe sie in der Deponie eingebaut werden dürfen.

Je nach der Zusammensetzung der organischen Reststoffe, bestehen die durch anaeroben, mikrobiellen Abbau entstehenden Deponiegase aus bis zu 60 Vol.- % Methan, bis zu 50 Vol.- % Kohlendioxid und 0,1-5 Vol.- % Stickstoff. Daneben enthalten sie eine Reihe übel riechender, giftiger oder brennbarer Spurengase und Dämpfe, wie Schwefelwasserstoff, Wasserstoff, Mercaptane, Benzol, Toluol, verschiedene Ester und andere mehr. Bei einem Methangehalt von 35-55 Vol % besitzt das Deponiegas einen Energiegehalt von etwa 3,5-5,5 kWh/m$^3$ (CORD-LANDWEHR, 1994). Deshalb kann es nach Abscheidung von Wasserdampf und anderen störenden Komponenten zur Wärmegewinnung oder zur Verstromung eingesetzt werden. Diese Nutzungsmöglichkeiten lohnten sich insbesondere bei den früher häufig als Bioreaktor angelegten Deponien mit hohem TOC-Wert der Abfälle, so daß langfristig Methan entstehen konnte. Gelangte allerdings das Deponiegas unbeabsichtigt in den Rekultivierungsboden, dann konnte dadurch die Vegetation geschädigt werden, weil es die für die Wurzelatmung wichtige Bodenluft aus den Bodenporen verdrängt.

Deponiesickerwässer werden, solange ihre Qualität nicht den Einleitungsbedingungen in einen Vorfluter entspricht, in den bereits erwähnten Sammelrohren aufgefangen und einer biologischen Klärung zugeführt. Die Sammelanlage muß so beschaffen sein, daß man die Sickerwässer aus verschiedenen Abschnitten der Deponie getrennt auffangen kann, denn mit zunehmendem Deponiealter nimmt dessen $BSB_5$-Wert und dessen CSB-Wert ab, der Gehalt an Ammoniumverbindungen jedoch zu, und ebenso steigt der Gesamtstickstoffgehalt der Sickerwässer mit zunehmendem Deponiealter an. Solche Veränderungen müssen bereits bei der generell durchgeführten biologischen Klärung berücksichtigt werden, etwa um die eingesetzte Belebtschlammenge der Schadstofffracht der Sickerwässer anpassen zu können. Große Bedeutung kommt ferner der Stickstoffelimination durch mikrobielle Denitrifikation zu, wie sie bereits bei der biologischen Klärung kommunaler Abwässer besprochen wurde (Abschn. 3.3.3). Durch die biologische Klärung nicht beseitigte Fremdstoffe, wie beispielsweise Schwermetalle und schwer abbaubare organische Stoffe, können durch verschiedene chemische und physikalische Verfahren dezimiert werden. Viele Metalle lassen sich durch Fällung abscheiden. Dazu setzt man dem biologisch geklärten Wasser Kalkmilch und Eisen-(III)-Salzlösung zu, so daß voluminöse Metallhydroxid-Niederschläge entstehen, die weitere Ionen adsorptiv binden. Eine wirksame Fällung ist auch mit Aluminiumsalzlösungen möglich, doch die im Wasser verbleibenden Aluminium-Ionen wirken stärker toxisch als Eisen. Mit Hilfe der zugesetzten Metallsalzlösung sollen außerdem ionische Verbindungen neutralisiert werden, so daß sie koagulieren, wie etwa Proteine und andere polyionische Verbindungen. Die koagulierenden Verbindungen sedimentieren gemeinsam mit den gefällten Schwermetallen. Bestimmte Stoffe, wie beispielsweise schwer abbaubare Pflanzenschutzmittel, entfernt man durch Aktivkohlefiltration, während schwer fällbare Ionen durch Adsorption an Ionenaustauschharze oder durch Umkehrosmose entfernt werden. Das gereinigte Sickerwasser wird schließlich einem Vorfluter zugeführt, ebenso wie geklärte kommunale Abwässer. Trotz des Auffangens und Reinigens der Deponiesickerwässer wird in der Umgebung von Abfalldeponien die Qualität des Grundwassers ständig chemisch analysiert, um rechtzeitig auf eventuell auftretende Fremdstoffe aufmerksam zu werden. Sickerwässer treten aus einer Deponie auch dann noch aus, wenn diese bereits verfüllt ist. Das dadurch notwendig werdende Sammeln und Reinigen der Sickerwässer verursacht Betriebskosten, auch wenn keine Einnahmen durch Müllgebühren mehr anfallen. Die Dauer solcher Nachsorgemaßnahmen schätzt man auf 20 bis 200 Jahre.

Großdeponien, wie sie derzeit betrieben werden, sind bei der in der Nachbarschaft wohnenden Bevölkerung unbeliebt, weil sie das Landschaftsbild beeinträchtigen und weil sie durch ihren Geruch und durch verwehte Leichtmaterialien belästigend wirken. Deshalb ist es derzeit außerordentlich schwer, Gemeinden zu finden, die Flächen zur Errichtung neuer Deponien bereitstellen, zumal die ständige Anlieferung von Abfällen mit Lastkraftwagen eine erhebliche Störung der ländlichen Regionen darstellt. Deshalb ist man sehr bestrebt andere Abfallentsorgungsverfahren zu betreiben, die die Abfallmenge reduzieren.

Eines dieser Verfahren ist die Abfallkompostierung, die mit dem Endprodukt Kompost ein wiederverwertbares Produkt zur Verfügung stellt. Allerdings können mit Hilfe dieses Verfahrens nur natürliche, organische Stoffe beseitigt werden, die zunächst separat gesammelt werden müssen. Die Sammlung der sog. Bioabfälle erfordert geeignete Konzepte, damit die dafür vorgesehenen Sammeltonnen im Sommer nicht zum Brutplatz für Fliegen werden, die wegen des konzentrierten Nahrungsangebotes und der sich entwickelnden Wärme sehr kurze Entwicklungszeiten ermöglichen. Die am häufigsten angewandte Methode ist das häufige Abfahren der Bioabfälle. In Deutschland wurden im Jahr 1995 insgesamt 4,1 Mio. Tonnen Bioabfälle in 380 Anlagen kompostiert.

Die gesammelten Abfälle werden vor der Kompostierung in der Regel mit Klärschlamm vermischt, so daß dessen Kohlenstoff-Stickstoff-Verhältnis (C/N-Verhältnis) etwa 10:1 beträgt. Damit soll eine optimale Vermehrung der Mikroorganismen in den Abfällen sichergestellt werden. Der pH-Wert der Mischung sollte zwischen 5,8 und 8 liegen, und der Feuchtegehalt ca. 50 % betragen. Wenn diese Voraussetzungen erfüllt sind, wird das Substrat zu Mieten aufgeschichtet und Luft eingeblasen oder durchgesaugt. Man kann die Mieten auch durch wiederholtes Umsetzen belüften. Technisch aufwendiger ist die Belüftung in langsam rotierenden Rottetrommeln. Die in den Abfällen und im Klärschlamm enthaltenen Mikroorganismen vermehren sich und bauen die leicht abbaubaren Komponenten aerob ab, wobei Kohlendioxid und Wasser entstehen, die die Umwelt nicht belasten, sofern das Material genügend zerkleinert und optimal belüftet wird. Anorganische Komponenten werden in Form von oxidierten Produkten freigesetzt, so daß Nitrate, Phosphate, Sulfate, Eisen(III)-Verbindungen und entsprechende Stoffe entstehen, die sich geruchsneutral verhalten. Die Veratmung der organischen Materialien führt zu einer Erwärmung, die von einem Wechsel der Artenzusammensetzung der Mikroorganismen begleitet wird: Während sich anfangs sehr viele Bakterien- und Pilzarten am Abbau beteiligen, vermehren sich mit zunehmender Erwärmung, etwa im Temperaturbereich von 35-65 °C, besonders mesophile Bakterienarten und Pilze. Oberhalb von 60-65 °C sind noch einige thermophile Bakterienarten aktiv. Die maximal erreichbare Temperatur liegt bei etwa 75-85 °C. Höhere Temperaturen ertragen die Mikroorganismen nicht. Anschließend kühlt sich das Substrat langsam ab, wobei sich wieder die mesophilen Bakterien verstärkt vermehren. Durch die Erwärmung verdunstet ein Teil des Wassers in den Abfällen. Sinkt der Wassergehalt unter 20 %, dann stellen die Mikroorganismen ihre Tätigkeit ein. Bei erneuter Befeuchtung des Kompostiergutes setzt die mikrobielle Tätigkeit abermals ein. Die Erwärmung führt zu einer Entseuchung der Abfälle. Bei etwa 55 °C sterben Insekten- und Nematodeneier.

Bei höheren Temperaturen sterben auch humanpathogene Bakterien ab, so daß schließlich für den Menschen ein hygienisch weitgehend einwandfreies Substrat entsteht. Steril ist es allerdings nicht, denn die in Form von Dauerzellen (Sporen) überlebenden Bakterien würden erst bei Temperaturen von etwa 110 °C absterben, die bei der Kompostierung nicht erreicht werden (LOUB, 1975). Das Endprodukt eines aeroben Abbauverfahrens ist stets geruchsneutral, auch wenn das Ausgangsmaterial unangenehm riecht, wie etwa Hühnermist, Klärschlamm oder Fleischabfälle.

Der mikrobielle Abbau organischer Stoffe, besonders der hochmolekularen Komponenten, dauert wesentlich länger, als ein Rottevorgang. Deshalb läßt man dem ersten Rottevorgang ein oder mehrere Nachrottevorgänge folgen. Dazu muß man das Rottegut stets erneut befeuchten.

Wird die Kompostierung in großen, belüfteten Kompostmieten durchgeführt, dann müssen diese nach 2-3 Wochen Rottezeit umgesetzt werden, um die sich langsam bildenden Zonen unterschiedlicher Temperaturniveaus und Abbauaktivitäten wieder zu durchmischen. Dieses Problem ist bei kleinen, stationären Kompostmieten weniger stark ausgeprägt, als bei großen, und es verschwindet völlig bei mobilen Kompostierungstrommeln, die das Rottegut kontinuierlich durchmischen. Werden die Rottetrommeln in geschlossenen Kammern betrieben, dann kann der Temperaturgang und damit die Kompostreifung am besten gesteuert werden. In beweglichen Rottetrommeln nimmt der erste Rottevorgang etwa 2-3 Tage in Anspruch und ein zweiter Rottedurchgang nochmals 2-5 Tage. Das dabei anfallende Rottegut wird meist in einer Miete nachkompostiert. Bei einer großen, stationären Kompostmiete muß man dagegen für den ersten Rottedurchgang 2-3 Wochen veranschlagen und etwa den gleichen Zeitraum für einen zweiten Rottevorgang, nachdem man die ursprüngliche Miete zuvor umgeschichtet hat. Einen reifen Kompost erhält man nach etwa 12 Wochen, d. h. nach etwa 4 Rottedurchgängen. Neben diesen beiden Formen der Kompostierung wurden eine Vielzahl ähnlicher Verfahren entwickelt.

Für die rascher arbeitenden Intensivrottesysteme verwendet man entweder die bereits erwähnten, rotierenden Rottetrommeln oder wärmeisolierte Rottecontainer mit Zwangsbelüftung des Rotteguts. In einer Zeilen- oder Tunnelkompostierung wird das Rottegut durch mehrere, hintereinander geschaltete Rottekammern befördert.

Für das sog. Brikollare-Verfahren werden die Abfälle zunächst zerkleinert, auf einen optimalen Wasser- und Stickstoffgehalt eingestellt und schließlich zu kleinen Formlingen gepreßt, die wie Ziegelsteine auf Paletten gestapelt werden. Zwischenräume zwischen den kleinen Formlingen und Kapillaren zwischen den Abfallteilchen reichen für eine natürliche Belüftung der Formlinge aus. Das Rottegut erwärmt sich rasch auf 70 °C und wird dadurch weitestgehend hygienisiert. Nach der Rotte können die Formlinge gemahlen und gesiebt werden, ehe man das Material in der Landwirtschaft oder im Landschaftsgartenbau zur Bodenverbesserung oder zum Ausgleich von Erosionsverlusten des Bodens einsetzt.

Bioabfallkompost eignet sich prinzipiell hervorragend als Bodenverbesserungsmittel. Zwar liegt sein Gehalt an pflanzenverwertbarem Stickstoff, an Phosphat und Kalium unter demjenigen von Stallmist, dafür enthält er aber pflanzenverfügbare Spurenelemente. Sehr wichtig ist sein Gehalt an schwer abbaubaren, organischen Reststoffen, wie Lignin und Zellulose. Sie wirken im Boden als Humusersatzstoffe und werden im Laufe der Zeit durch die Bodenfauna humifiziert. Dadurch stabilisiert der Kompost die Krümelstruktur des Bodens, die für die Durchlüftung und den Wasserhaushalt besonders wichtig ist. Wurden die Ausgangsmaterialien für die Kompostierung nicht mit toxischen Stoffen vermischt, dann eignet sich der Kompost auch sehr gut zur Bodenverbesserung im Nutzpflanzenbau. Dennoch vertragen nicht alle Pflanzen den Abfallkompost gleich gut, weil er meist relativ salzhaltig ist (Tab. 3.6).

Tabelle 3.6 Unterschiedliche Empfindlichkeit von Kulturpflanzen gegenüber Abfallkompost (FELLENBERG, 1977)

| Kompostempfindliche Pflanzen | Kompostverträgliche Pflanzen |
|---|---|
| Karotten | Obstbäume |
| Salat | Wein |
| Bohnen | diverse Kohlarten |
| Zwiebeln | |
| Beerensträucher | |
| Nadelbäume | |
| Rhododendren | |
| Heidekraut | |
| Azaleen | |

Eine ausschließlich anaerob arbeitende Variante der Abfallentsorgung stellt die Biogasgewinnung dar. Dazu verwendet man vollständig geschlossene Reaktoren, in denen unter Luftabschluß Mikroorganismen organisches Material vergären, wobei das sog. Biogas oder Faulgas entsteht, das wie das Deponiegas hauptsächlich aus Methan und Kohlendioxid besteht. Dieses Verfahren verwendet man zum Abbau von Fäkalien und nicht benötigten Pflanzenresten sowie von Schlachthausabfällen. Mit dem Biogas kann man nach vorheriger Reinigung Gasmotoren betreiben oder man verwendet es zu Heizungszwecken. Das ausgefaulte Material ist weitgehend geruchsneutral und eignet sich sehr gut als Bodenverbesserungsmittel. Ein wirtschaftlicher Betrieb setzt den kontinuierlichen Nachschub von vergärbaren Abfällen voraus, womit sich zusätzlich zu den Kosten der technischen Einrichtung die Aufwendungen für den Transport der Abfälle gesellen. Deshalb trifft man dieses recht teure Verfahren in Deutschland bisher nur selten an. In China, wo Biogasanlagen mit wesentlich geringerem technischem Aufwand und in Form von wesentlich kleineren Reaktoren betrieben werden, als bei uns, ist dieses Verfahren wesentlich weiter verbreitet.

Nach einer in der TASI vorgesehenen Übergangsfrist bis zum Jahr 2005 sind alle Abfälle so vorzubehandeln, daß ihr restlicher Gehalt an organisch gebundenem Kohlenstoff (TOC-Gehalt) weniger als 3 % beträgt. Das ist gegenwärtig nur durch eine Abfallverbrennung realisierbar. Auch für diese Methode eignen sich nur organische Materialien. Im Unterschied zur Kompostierung können auch Holz und Kunststoffe verbrannt werden. Bezogen auf das Anfangsvolumen wird bei der Abfallverbrennung eine Volumenverminderung von ca. 90 % erreicht. Zur Verbrennung eignen sich grundsätzlich alle kommunalen Abfälle einschließlich des Klärschlamms. Die Verbrennungswärme nutzt man zur Gewinnung von Elektrizität oder zur Fernheizung.

Das für die Verbrennung vorbereitete und getrocknete Material wird über Schleusen dem Brennraum zugeführt. Die Verbrennungsgase werden in Wärmetauschern abgekühlt, in Gewebe- und Elektrofiltern sowie Hydrozyklonen von Partikeln befreit und anschließend weiter gereinigt. Das kann beispielsweise durch eine Gaswäsche mit Kalkmilch oder auf trockenem Wege erfolgen. Kalkmilch bindet etwa zu 90-95 % Halogene, Schwefeldioxid und andere Säurebildner. Große Schwierigkeiten bereiteten in der Vergangenheit Dibenzodioxine und Dibenzofurane im Abgas. Durch bessere Steuerung des Ausbrandes, die Abscheidung von Kupfer aus dem Abgas (Elektrofilter), das die Dioxinbildung katalysiert, und rasches Durchlaufen der Temperaturspanne zwischen 500 und 300 °C, der bevorzugten Bildungstemperatur der Dioxine und Furane beim Abkühlungsprozeß, kann man den Gehalt der Abgase an 2,3,7,8-Tetrachlordibenzodioxin (TCDD) und äquivalenten Stoffen auf ein Minimum reduzieren. Derzeit dürfen im Abgas 0,1 $ng/m^3$ an Dioxinen und Furanen nicht überschritten werden, was auch sicher erreicht wird.

Neben der herkömmlichen Verbrennung können die Abfälle auch unter Luftabschluß bei Temperaturen um 500 °C verschwelt werden. Bei diesem als Pyrolyse bezeichneten Verfahren entsteht ein Schwel- oder Pyrolysegas, das man zur Energiegewinnung verbrennen oder zu Synthesezwecken nutzen kann. Neben dem Gas entstehen Müllkoks und Kondensat (Teer).

Bei einer Behandlung der Abfälle mit Temperaturen bis maximal 2000 °C erhält man ebenfalls ein Gas, das man verbrennen oder zu Synthesen nutzen kann (Thermoselect-Verfahren) (HEINTZ und REINHARDT, 1990; COLLINS, 1991; BAHADIR, 1995; ALLOWAY und AYRES, 1996).

Filterstaub und Rauchgas-Reinigungs-Rückstände, die bei der thermischen Abfallbeseitigung anfallen, enthalten meist Schwermetalle, Schwefel-, Halogen- und Stickstoffverbindungen. Diese giftigen Stoffe müssen in Sonderabfalldeponien abgelagert werden, die noch aufwendiger gegen den Untergrund abgedichtet sind, als normale Abfalldeponien. Sonderabfalldeponien können auch als Untertagedeponien (UTD) in geeigneten geologischen Formationen eingerichtet werden.

Eine andere Möglichkeit der Entsorgung besteht darin, durch Zuschläge wie Ton und Zement die giftigen Stoffe weitgehend zu immobilisieren. Unter bestimmten Bedingungen sind die so erhaltenen Materialien wie auch die Schlacken aus der Verbrennung als Baustoffe verwendbar. Das wichtigste Verfahren besteht wohl darin, diese Stoffe bei mindestens 1200 °C zu schmelzen, um so eine glasartige Masse zu erhalten, aus der die Schwermetalle nur sehr schwer ausgelaugt werden können, weshalb dieses Material als Baumaterial eingesetzt werden kann. Ob sich solche Immobilisierungsprodukte auch langfristig als Baumaterialien eignen, sei noch dahingestellt, denn natürliche Erosionsprozesse können im Verlaufe größerer Zeitspannen die gebundenen Schwermetalle wieder freisetzen. Enthalten Filterstaub und Schlacke größere Mengen an Schwermetallen, dann trennen sich beim Schmelzen im Lichtbogen Silikate von den Metallen (Red Melt-Verfahren). Die Metallschmelze kann man abziehen und in der Buntmetallindustrie weiter aufarbeiten. Die silikatische Phase kann wiederum als Baumaterial verwendet werden (ALLOWAY und Ayres, 1996). Beim Red Melt-Verfahren erhält man eine Restschmelze, die besonders geringe Mengen an Schwermetallen und Halogenen enthält und sich deshalb besser als Baumaterial eignet als die Produkte mit immobilisierten Schwermetallen. In einem weiteren Verfahren (3 R-Verfahren) werden Schwermetalle aus Schlacken und Flugstaub mittels Mineralsäuren ausgewaschen. Auch bei diesem Verfahren werden die Schwermetalle so gründlich entfernt, daß die verbleibenden Reststoffe einer normalen Abfalldeponie zugeführt werden können.

Je umweltverträglicher das Abfallprodukt aufbereitet wird, desto höhere Kosten verursacht das Aufbereitungsverfahren. Der finanzielle Aufwand dafür addiert sich zu den Kosten der thermischen Behandlung. Damit wird die Abfallverbrennung zur kostspieligsten Methode. Dennoch sei nochmals festgehalten, daß die Abfallverbrennung die günstigste Volumenreduktion mit einer absoluten Hygienisierung des Ausgangsmaterials bei relativ geringer Umweltbelastung verbindet. Zudem gibt es Abfälle, wie beispielsweise Lösemittel und Kampfstoffe, die sich nur thermisch behandeln lassen.

Mit den thermischen Abfallbehandlungsverfahren sollte das Abfallproblem optimal gelöst sein. Bei näherer Betrachtung fragt man sich jedoch, ob es nicht absurd ist, unter relativ hohem Aufwand an Kosten, Rohstoffen und Energie große Mengen an viel zu kurzlebigen Konsumgütern zu erzeugen, um sie nach wenigen Monaten oder Jahren erneut unter hohem Kosten- und Energieaufwand einigermaßen umweltschonend zu beseitigen. Versucht man außerdem das Abfallproblem über einen längeren Zeitraum als den eines kurzen Menschenlebens zu betrachten, dann kann man die Verbrennung schon gar nicht mehr als endgültige Problemlösung betrachten. Mit Flugstaub, Asche und Schlacke verbleibt immerhin ein Restvolumen von etwa 10 % des ursprünglichen Abfallvolumens, das deponiert oder verbaut werden muß. Der Abfallberg wächst also auch bei der Verbrennung, nur langsamer als bei der Deponierung, bei der das Restvolumen bei 70 % des ursprünglichen Abfallvolumens liegt. Auch die Kompostierung kann höchstens 40-50 % des Abfallvolumens in einen dem Boden zuführbaren Kompost umwan-

deln, der Rest, also 50-60 % müssen deponiert oder verbrannt werden. Die Verbrennung belastet die Umwelt auf jeden Fall mit Kohlendioxid, und Spuren von Schwermetallen und Halogenen werden trotz aller Reinigungsverfahren freigesetzt. Es bleibt abzuwarten, ob das die Umgebung einer Abfallverbrennungsanlage jahrzehnte- oder jahrhundertelang stets so abzupuffern vermag, daß Menschen und andere Lebewesen keinen Schaden davontragen. Schließlich ist bei unserer derzeit bis zum Exzeß gesteigerten Erfindungs- und Fortschrittsideologie damit zu rechnen, daß neue Stoffe auf den Markt gebracht werden, die die bisher geschaffenen Reinigungsverfahren überfordern und dann die Umwelt belasten, bis wiederum neue Reinigungverfahren entwickelt werden konnten. So muß die umweltfreundliche Abfallbeseitigung notwendigerweise der Herstellung neuer (innovativer) Produkte hinterhereilen.
Wegen der in vielen Bereichen spürbar knapper werdenden Rohstoffe und zur Verminderung des Abfallaufkommens versucht man, verwertbare Komponenten aus den Abfällen herauszusortieren, ehe sie einem der Entsorgungsverfahren zugeführt werden. Dazu gehören u. a. Glas, Metalle, Kunststoffe und Papier (Abschn. 3.4.4). Das Entfernen brennbarer Stoffe aus den Abfällen vermindert jedoch die Wärmegewinnung in den Verbrennungsanlagen und verteuert damit dieses Verfahren. Deshalb wird auch vorgeschlagen, Papier und Pappe nicht separat zu sammeln, sondern in den Abfällen zu belassen. Der stete Mangel an geeigneten Energiequellen hat auch dazu geführt, aus Hausabfällen sog. Eco-Briketts als Brennmittel herzustellen. Obwohl sie einen höheren Heizwert besitzen als Braunkohlebriketts, bei geringerer Flugstaubentwicklung während der Verbrennung, haben sie sich als Heizungsmaterial nicht allgemein durchgesetzt. Das mag u. a. an den recht hohen Schwermetallemissionen bei der Verbrennung liegen und daran, daß private Feuerungsanlagen keine Gaswäscher zur Beseitigung von Säuren besitzen.

### 3.4.3 Recycling

Alle Abfallbeseitigungsverfahren hinterlassen lästige Rückstände und belasten auf Dauer mehr oder weniger ausgeprägt die Umwelt. Deshalb strebt man eine Kreislaufwirtschaft an, in der möglichst alle Gebrauchsgüter und Produktionsabfälle wieder als Rohstoffe für die Herstellung neuer Produkte verwendet werden. Auf diese Weise hätte man nicht nur das Problem des Abfallaufkommens gelöst, man könnte außerdem Rohstoffe einsparen, die zum Teil schon jetzt immer knapper werden. Deshalb wurde mit dem 1996 in Kraft getretenen Kreislaufwirtschafts- und Abfallgesetz (KrW-/AbfG) die Weiche dahingehend gestellt, daß einer Wiederverwertung von Altmaterialien Vorrang gegenüber einer Entsorgung eingeräumt wird. Damit verspricht die Idee der Wiederverwertung die endgültige Lösung des Abfallproblems zu werden. An Hand einiger Beispiele soll deshalb die Stichhaltigkeit dieses Lösungsvorschlags untersucht werden.
Als Musterbeispiel für das Recycling gilt Glas. Unter der Voraussetzung, daß

Altglas nach Farben sortiert gesammelt wird, läßt es sich problemlos einschmelzen, um daraus neue Gebrauchsgläser herzustellen. Durch diesen Kreislaufprozeß verliert das Glas nichts an Qualität, und auch die Wiederaufarbeitungskosten sind nicht höher, als wenn Glas aus Quarzsand frisch hergestellt wird. Schwierigkeiten bereiten lediglich Verbundgläser, wie man sie beispielsweise in Kraftfahrzeugen einsetzt. Bei Verbundglas werden zwei Scheiben mit einer dünnen Kunststoffhaut zusammengeschweißt. Diese Folie kann man vor dem Schmelzen der Gläser nicht mehr entfernen, so daß sie als störender Fremdstoff in der Schmelze verbleibt. Abhilfe könnte ein anderer, nicht störender Kleber schaffen.
Ähnlich günstig wie reines Glas verhalten sich manche Metalle. Voraussetzung dafür ist jedoch wiederum, daß die Metalle in reiner Form vorliegen, d. h., sie sollten nicht mit Fremdmetallen legiert oder mit anderen Werkstoffen untrennbar verbunden sein, wie etwa mit Lack, Kunststoffen oder Gummi. In reiner Form stellen Aluminium und alle sog. Buntmetalle oder Nichteisenmetalle eine wichtige Rohstoffquelle dar, denn die aus den reinen Altmetallen erschmolzenen neuen Buntmetalle besitzen die gleichen Eigenschaften wie diejenigen, die aus frischem Erz gewonnen werden. Reiner Aluminiumschrott erzielte deshalb im Jahr 1991 am Altwarenmarkt einen Preis von etwa 3000 DM/t, während derjenige anderer Nichteisenmetalle bei etwa 2500 DM/t lag (COLLINS, 1991). Auch bei Edelmetallen lohnt sich in der Regel eine Wiedergewinnung aus Altmaterialien. Das gilt nicht nur für Gebrauchsgegenstände aus Gold und Silber, sondern auch für die platinhaltigen Abgaskatalysatoren der Kraftfahrzeuge. Trotz der hohen Aufarbeitungskosten erweist sich die Wiedergewinnung von Platin und Rhodium als rentabel, weil diese Metalle mindestens viermal so viel kosten, wie deren Aufarbeitung aus verbrauchten Katalysatoren. Solche Recyclisierungen verbieten sich aus wirtschaftlichen Gründen nur dann, wenn die Kosten für die Wiederaufarbeitung den Metallwert übersteigen.
Anders sieht die Situation bei Eisen und Stahl aus. Eisen ist ein verhältnismäßig weiches Metall, das in reiner Form praktisch nicht verarbeitet wird. Seine typischen Gebrauchseigenschaften erhält es erst durch Zusatz von Kohlenstoff oder diversen Metallen. Nach dem Sammeln von Alteisen liegt deshalb ein Gemisch von Eisenmetallen unterschiedlicher Zusammensetzungen und Eigenschaften vor. Eisenschrott darf deshalb nur zu einem bestimmten Prozentsatz dem aus frischem Erz erschmolzenen Eisen zugesetzt werden, um einen bestimmten Verwendungszwecken angepaßten Stahl zu erhalten. Das schlägt sich auch im Schrottpreis von Alteisen nieder, der im Jahr 1991 bei etwa 200 DM/t lag. Ist bei reinem Aluminium, reinem Kupfer oder anderen reinen Buntmetallen noch eine uneingeschränkte Kreislaufwirtschaft möglich, so gilt das für Eisen und Stahl nur noch mit erheblichen Einschränkungen (COLLINS, 1991).
Ein anderes, häufig wieder aufgearbeitetes Material stellt Papier bzw. Pappe dar. Papier besteht zum großen Teil aus Zellulosefibrillen, minderwertige Papiersorten und Pappe dürfen daneben auch Lignin enthalten. Die Zwischenräume dieses Faserwerks werden mit fein gemahlenen, organischen und mineralischen Füllstoffen geschlossen. Gebrauchtes Papier ist zudem meist bedruckt oder beschrie-

ben, und so finden sich im Altpapier neben den Bestandteilen der Papiere auch verschiedene Farbstoffe und Ruß. Bei der Wiederaufarbeitung von Altpapier wird dieses zunächst zerschnitzelt. Dabei werden notwendigerweise auch die Zellulosefibrillen zum Teil zerrissen. Da bei der Herstellung des Recyclingpapiers grundsätzlich keine neuen Faserstoffe zugesetzt werden, sondern nur Füllmaterial, ist dessen Reißfestigkeit nicht mehr ganz so hoch wie diejenige des Ausgangsmaterials. Die Druck- und Schreibfarben lassen sich in der Regel nicht vollständig bleichen, vor allem die rußhaltige Druckerschwärze nicht, und so erhält das Papier seine charakteristische, graue Färbung. Diese Nachteile fallen nach dem ersten Wiederaufarbeitungsvorgang noch nicht gravierend ins Gewicht, doch mit jedem weiteren Wiederaufarbeitungszyklus nimmt die Papierqualität weiter ab. Mehrfach wiederaufgearbeitetes Papier verliert erheblich an Festigekeit und neigt zur Krümel- und Staubabsonderung, wodurch Druck- und Kopiermaschinen verschmutzen. Nach einigen Wiederaufarbeitungszyklen ist deshalb das Papier kaum noch verwertbar. Der größte Vorteil der Wiederaufarbeitung von Altpapier besteht sicher darin, daß man weniger Holz zur Papiergewinnung benötigt und somit die Wälder schont. Dennoch wird, wie bereits erwähnt, die Möglichkeit diskutiert, Altpapier zusammen mit den übrigen Abfällen zu verbrennen, um den Wirkungsgrad der Abfallverbrennungsanlagen zu erhöhen. Andererseits erfordert ein umfangreicher Holzeinschlag zur Papiergewinnung sehr intensive Wiederaufforstungsmaßnahmen, und er provoziert die Anlage raschwüchsiger, reiner Fichtenforste mit allen Nachteilen von Monokulturen (Abschn. 3.2.2).

Im Unterschied zu Papier kann Holz nur in Form von frischen, noch unbehandelten Produktionsabfällen zu Spanplatten und Holzfaserplatten verarbeitet werden. Lackierte und beschichtete Hölzer eignen sich dazu nicht mehr. Ein weiteres Problem stellen die Holzschutzmittel in Althölzern dar, die deren Recycling verbieten.

Neben schwer trennbaren Verbindungen unterschiedlicher Materialien bilden Kunststoffe eine sehr problematische Gruppe von Abfällen. Relativ gut wiederverwertbar sind die sog. Thermoplaste, die beim Erwärmen verformbar werden. Granuliert man solche Kunststoffe, wie etwa PVC, Polyethylen, Polystyrol oder Polycarbonat, dann können aus diesem Rohmaterial bei erhöhter Temperatur neue Kunststoffteile hergestellt werden. Intensiv gefärbte Kunststoffe stören dabei allerdings. Bei wiederholter Erwärmung der Kunststoffe können die organischen Makromoleküle Kettenbrüche und verschiedene chemische Reaktionen erfahren, so daß sich die ursprünglichen Eigenschaften der Ausgangsprodukte bei jedem Wiederaufarbeitungsvorgang etwas verändern. In der Regel geht man davon aus, daß Kunststoffe nur etwa viermal recycelt werden können, ehe sie endgültig entsorgt werden müssen.

Im Unterschied zu den Thermoplasten kann man Duroplaste (z. B. Epoxid- und Phenolharze, Polyurethane) praktisch nicht wiederaufarbeiten. Auch Elastomere, wie Polybutadien, können nur verbrannt werden, oder man zerschnitzelt sie, um daraus elastische Bodenbeläge herzustellen. Gemische verschiedener Kunststofftypen sind für eine Wiederaufarbeitung ebenso ungeeignet wie die bereits erwähn-

ten Verbundstoffe aus unterschiedlichen Materialien.
Einen Ausweg aus dem Problem der Kunststoffabfälle sieht man darin, Kunststoffabfälle unter erhöhtem Druck und in Gegenwart von Wasserstoffgas zu hydrieren. Dabei entsteht ein erdölartiges Produkt, das man fraktionieren und zu neuerlichen Synthesen einsetzen kann. Nicht verwertbare Abfallprodukte werden anschließend verbrannt. Damit ist ein vollständiger Stoffkreislauf verwirklicht, aber um den Preis ständiger, hoher Energiezufuhr: Zunächst werden unter Energiezufuhr Kunststoffe aus Erdöl hergestellt, um diese unter erneutem Energieeinsatz wieder in die Ausgangsstoffe zu zerlegen. In Anbetracht der Notwendigkeit, Energie sparen zu müssen, um dadurch die Umwelt zu entlasten (Abschn. 2.2.2.5), erscheint dieses Verfahren ökonomisch und ökologisch nicht vertretbar, auch wenn es technisch möglich ist.
Nach wie vor stellen ausgediente Kraftfahrzeuge ein besonderes Umweltproblem dar, denn sie sind aus vielen verschiedenen Materialien zusammengesetzt, worunter sich auch viele Verbundstoffe befinden. Bisher wurden Autowracks zerkleinert (geschreddert) und die Metallteile nach Eisen und Nichteisen sortiert, um sie der Schrottgewinnung zuzuführen. Der Rest mußte deponiert werden. Inzwischen hat man sich dazu entschlossen, Kraftfahrzeuge in einer demontagefähigen Form zu bauen, so daß die meisten Werkstoffe in knapp 2 Stunden sortenrein ausgebaut werden können. Während Eisenteile nach dem Abflammen des Lacks als Schrott bei der Stahlgewinnung eingesetzt werden, und Nichteisenteile, wie Kupfer, Blei usw., in der Buntmetallindustrie wieder aufbereitet werden, können von der Gesamtkunststoffmasse eines stillgelegten Kraftfahrzeugs maximal ca. 50 % wieder aufgearbeitet werden. Kraftstoffreste, Motor- und Getriebeöl werden gesammelt und verbrannt. Verbundglas wird deponiert, und Altreifen werden teils ebenfalls verbrannt, teils werden sie zu runderneuerten Reifen aufgearbeitet. Die nicht rezyklisierbaren Kunststoffe muß man deponieren oder verbrennen (COLLINS, 1991; BAHADIR, 1995). Diese sog. Shredderleichtfraktion stellt auch heute noch ein ungelöstes Problem dar.
Unser kurzer Überblick hat gezeigt, daß der Wiederverwertungsidee Grenzen der praktischen Durchführung gegenüberstehen. Sogar für diejenigen Materialien, die wiederaufgearbeitet werden können, ergeben sich Schwierigkeiten, wenn sie zu intensiv mit anderen Materialien vermischt wurden, wenn sie als Verbundwerkstoffe vorliegen oder wenn die vorhandenen Kapazitäten für eine Wiederaufbereitung nicht ausreichen. Für die meisten recycelbaren Abfälle veranschlagt man heute durchschnittliche Wiederaufarbeitungsquoten von nicht mehr als 50-60 %, Altmetalle, Glas und Papier ausgenommen. Es verbleiben also noch immer erhebliche Restmengen, die man deponieren oder verbrennen muß. An dieser bescheiden anmutenden Recyclingsrate ändert auch die Aktion "Grüner Punkt" nicht viel, bei der mit hohem finanziellem Aufwand Abfälle in verschidene Kategorien getrennt und gesammelt werden, um sie anschließend einer Wiederaufarbeitung zuzuführen. Die finanziellen Mittel dafür, die der Verbraucher zu tragen hat, der auch die Vorsortierung der Abfälle durchführen muß, werden nur für Transport und Weiterverarbeitung der gesammelten sog. "Wertstoffe" verbraucht. Die ganze

Abfallbeseitigung stellt also im Kern noch immer ein ungelöstes Problem dar, das man derzeit lediglich zu lindern versucht, denn in vielen Fällen können gar keine echten Stoffkreisläufe durchgeführt werden. Die endgültige Entsorgung schiebt man mit den Wiederaufarbeitungsverfahren (Kunststoffe, Papier usw.) nur auf. Eine wirklich dauerhafte Lösung des Problems kann deshalb nur auf dem Gebiet der Abfallvermeidung gesucht werden (COLLINS, 1991).

### 3.4.4 Möglichkeiten der Abfallvermeidung

Das KrW-/AbfG räumt der Abfallvermeidung vor Recycling und Entsorgung die höchste Priorität ein, und zwar unabhängig davon, ob industrielle oder kommunale Systeme vorliegen. In Rahmenabkommen mit Vertretern des produzierenden Gewerbes werden für industrielle Abfälle Recyclingwege aufgezeigt und -quoten vereinbart.

Im Rahmen der kommunalen Abfälle stellt der Klärschlamm ein besonderes Kapitel dar, denn dessen Menge hängt von der Zahl der Einwohner ab. Hier kann es nur darum gehen, die Belastung mit toxischen Substanzen durch Verbote und Überwachung der Einleitungen in die Kanalisation bzw. Kläranlagen zu vermeiden, um den Klärschlamm möglichst uneingeschränkt Böden zuführen zu können. Bei den festen kommunalen Abfällen spielen Verpackungsmaterialien und kurzlebige Gebrauchsgüter besonders unter dem Gesichtspunkt des Abfallvolumens sicher eine dominierende Rolle. Verpackungen sind nicht selten überflüssig, besonders dann, wenn standardisierte Kleinmengen abgepackt werden. Der Ersatz solcher, zur Selbstbedienung geschaffenen Verpackungen sollte in ökologisch sinnvoller Weise durch Verkaufspersonal vorgenommen werden. Dieser einfachen Umstellung steht jedoch das Streben nach Gewinnoptimierung des Betriebs gegenüber. Für einige Produkte bieten sich wiederverwertbare Verpackungen an, wie Glasflaschen anstelle von Behältern aus Kunststoffen oder Verbundwerkstoffen. Allerdings sollte in Ökobilanzstudien festgestellt werden, ob dies immer zu umweltverträglicheren Ergebnissen führt. Große Verpackungseinheiten sollten standardisiert werden, damit sie für verschiedene Produkte eingesetzt werden können. Auf diese Weise ließen sie sich am einfachsten wiederholt verwenden. Stoßschutz- und Füllmaterialien, wie Chips und Formpreßteile aus Kunststoffen, können durch Naturfaserprodukte, Pappe und Chips aus Pflanzenstärke ersetzt werden. Alle diese Materialien können nach dem Gebrauch vollständig kompostiert werden. Allgemein durchgesetzt haben sich solche Naturprodukte bisher allerdings noch nicht.

Die Schaffung langlebiger Produkte könnte die Abfallflut weiterhin erheblich eindämmen. Allein die Schaffung langlebiger Kraftfahrzeuge könnte dazu einen wichtigen Beitrag liefern. Neben einer weniger korrosionsanfälligen Ausführung müßten Verschleißteile leicht auswechselbar konstruiert werden. Prinzipiell gilt das gleiche auch für Haushaltgeräte. Dem Vorwurf, man würde mit langlebigen

Produkten den technischen Fortschritt blockieren, könnte man bei vielen Geräten durch modularen Aufbau entkräften, der es ermöglicht verschiedene Funktionseinheiten auszuwechseln, wenn es ein entscheidender, technischer Fortschritt angezeigt erscheinen läßt. Bisher existiert dieses sinnvolle Verfahren z. B. bei einigen Stereoverstärkern der gehobenen Preisklasse. Langlebig könnten auch Möbel gebaut werden, die dann aus Holz anstelle von Spanplatten gebaut werden müßten, und im Falle von Spanplatten müßte man auf stabilere, dickere Platten ausweichen, die ordentlich verdübelt und verleimt werden können. Auch bei Textilien könnte man längerlebige Produkte herstellen, als es derzeit der Fall ist. Doch neben den erhöhten Anschaffungskosten langlebiger Produkte steht dieser notwendigen Umstellung auch eine intensiv propagierte Modeideologie im Wege, die den Menschen suggeriert, sie seien nur dann fortschrittlich, wenn sie sich ständig einem Modediktat unterwerfen, oder sie kämen von sich aus auf die Idee, ständig neue Produkte zu benötigen. Es wäre also nötig, den Menschen künftig klarzumachen, daß sie sich nur dann fortschrittlich verhalten, wenn sie dauerhafte Produkte besitzen. Schließlich könnte man die Abfallflut erheblich einschränken, wenn man Kunststoffe und Metalle im Alltagsleben so weit wie möglich durch biologisch abbaubare Materialien ersetzt. Das wäre vollständig bei der Kleidung möglich, aber auch in vielen anderen Bereichen. Beispielsweise könnte man Holzgehäuse für Geräte spritzwasserfest machen, indem man sie mit Chitin oder ähnlichen, mikrobiell abbaubaren Materialien beschichtet. Grundsätzlich sollte man auch mit natürlichen Werkstoffen sparsam umgehen, um nicht die nachwachsenden Rohstoffe zu übernutzen, denn diese Gefahr besteht besonders so lange, wie der Mensch so hohe Populationszahlen erreicht, wie in der Gegenwart.

# 4 Instrumentarien zur Begrenzung von Belastungen der Umwelt

Bei der Besprechung der verschiedenen Formen von Umweltbelastungen wurden immer wieder Möglichkeiten aufgezeigt, wie die Belastungen vermindert werden können. Nicht selten hängt die Umsetzung dieser Möglichkeiten von der Einsicht und vom guten Willen der Verursacher ab. Deshalb stellt sich immer wieder die Frage, ob es allgemein wirksame Steuerungsmechanismen gibt, die Belastungen der Umwelt auf möglichst vielen Ebenen kontrollieren und reduzieren können. Zu dieser Frage wurden bereits viele Vorschläge geäußert, die sich auf die unterschiedlichsten Regelmechanismen stützen, wie z. B. auf gesetzgeberische Maßnahmen, auf eine gezielte Steuerpolitik, auf marktwirtschaftliche Regulationsprinzipien und anderes mehr. Einige dieser Regulationsprinzipien sollen kurz vorgestellt werden.

## 4.1 Umweltgesetze

Mit gesetzlichen Maßnahmen soll dem Menschen eine Umwelt erhalten werden. wie er sie für seine Gesundheit und für ein menschenwürdiges Dasein benötigt. Außerdem sollen Boden, Luft und Wasser sowie die Pflanzen- und Tierwelt vor nachteiligen Wirkungen menschlicher Eingriffe geschützt werden. Schließlich sollen Umweltgesetze dazu beitragen, daß Schäden oder Nachteile aus menschlichen Eingriffen beseitigt werden (ANONYMUS, 1997). Dieser umfassende Schutzgedanke bedarf außerordentlich umfangreicher Gesetze, wobei in Deutschland drei Grundprinzipien den Gesetzgeber leiten (Zieltrias). Das erste Prinzip ist das Vorsorgeprinzip. Das bedeutet, daß stets Maßnahmen anzustreben sind, die die Umweltbelastungen möglichst schon am Entstehungsort unterbinden. Dazu gehören beispielsweise Bestimmungen zur Einrichtung von Abgasreinigungsanlagen. Mit dem zweiten Prinzip, dem Verursacherprinzip, sollen Kosten für die Vermeidung von Umweltbelastungen oder zur Wiedergutmachung entstandener Schäden dem Verursacher der Umweltschäden auferlegt werden. Dieser Grundsatz kann beispielsweise praktiziert werden, wenn die Kosten für eine Abgasreinigungsanlage zu begleichen sind. In der Praxis treten jedoch auch Probleme auf, bei denen dieses Prinzip versagt: Beispielsweise müßten Waldschäden oder Gebäudeschäden durch sauren Regen von Kraftwerksbetreibern, Kraftfahrzeughaltern und den Inhabern von Wohnraumheizungen jeweils anteilmäßig bezahlt werden. Da die Verursacher nicht alle feststellbar sind, und bei sich ändernden Windrichtungen auch die Abgase von jeweils anderen Emittenten zum Immissionsort getragen werden, muß der Geschädigte die entstandenen Kosten selber tragen, in unserem Beispiel der Besitzer des geschädigten Waldes oder des in Mitleidenschaft gezogenen Hauses. Auch das dritte Prinzip, das Kooperationsprinzip, ist nicht so leicht umzusetzen, wie es zunächst erscheint. Mit dem Kooperationsprinzip soll sichergestellt werden, daß die von Umweltbelastungen betroffenen Personen an umweltbedeutsamen Entscheidungen mitwirken können, um ihre Vorstellungen zu einer umweltrelevanten Maßnahme einfließen lassen zu können. Wie aber sieht es im Fall von reinen Alternativentscheidungen aus, wenn etwa der Gesetzgeber eine Maßnahme befürwortet, von den Auswirkungen betroffene Personen diese Maßnahme jedoch ablehnen? Wenn beispielsweise ein Kernkraftwerk oder eine Abfallverbrennungsanlage gebaut werden soll und die Anwohner diese Maßnahme ablehnen, dann kann eine der Parteien ihre Vorstellungen nicht realisieren, auch wenn deren Argumente sachlich korrekt sind. Ein Rechtsstreit ist dann unvermeidlich.

Mit diesen wenigen Anmerkungen zu den Grundgedanken einer Umweltgesetzgebung soll keineswegs dieses Gesetzeswerk als ungeeignet hingestellt werden, vielmehr sollte angedeutet werden, daß Umweltgesetze, so notwendig sie zweifellos sind, nicht grundsätzlich alle Umweltprobleme befriedigend lösen können.

Wie sieht nun die Struktur der Umweltgesetzgebung aus? Eine typische Umweltgesetzgebung wurde in Deutschland erstmals in den 70er Jahren verwirklicht. Davor ließ man es mit einigen umweltdienlichen Vorschriften in diversen Gesetzen bewenden. Wegen der allmählichen Genese eines Umweltrechts in Deutschland sind Regelungen im Umgang mit umweltrelevanten Maßnahmen auf verschiedene Gesetzeswerke verteilt. Eine weitere Komplikation ergibt sich durch Kompetenzverteilungen zwischen Bund und Ländern, so daß in einigen Bereichen der Bund nur Rahmenvorschriften erläßt. Die Umweltgesetze, die in wesentlichen Bereichen Verwaltungsgesetze darstellen, umfassen folgende, wichtige Teilbereiche:

Gesetze zur Naturpflege, wie
- Bundesnaturschutzgesetz,
- Bundeswaldgesetz,
- Tierschutzgesetz,

Gesetze zum Gewässerschutz, wie
- Wasserhaushaltsgesetz,
- Wasserabgabengesetz,
- Wasch- und Reinigungsmittelgesetz,

Gesetze zur Vermeidung, Verwertung und Beseitigung von Abfällen, wie
- Kreislaufwirtschafts- und Abfallgesetz,
- Abfallverbringungsgesetz,

Gesetze zum Immissionsschutz wie
- Bundesimmissionsschutzgesetz,
- Benzinbleigesetz,
- Gesetze zum Schutz gegen Fluglärm,

Gesetze zum Strahlenschutz und zur Reaktorsicherheit, wie
- Gesetze über friedliche Verwendung der Kernenergie und Schutz gegen ihre Gefahren (Atomgesetz),
- Strahlenschutzvorsorgegesetz,

Gesetze über Energieeinsparung, wie
- Energieeinsparungsgesetz,
- Stromeinspeisungsgesetz,

Gesetze zum Schutz vor gefährlichen Stoffen, wie
- Chemikaliengesetz,
- Pflanzenschutzgesetz,
- Gentechnikgesetz.

Bundesrahmenvorschriften zum Naturschutz, zur Landschaftspflege und zum Wasserhaushalt werden von den Bundesländern mit entsprechenden Gesetzen ausgefüllt, um die Bundesrahmenvorschriften praktisch durchführbar zu gestalten. Innerhalb der Rahmenvorschriften bleibt den Ländern ein gewisser Ausgestaltungsspielraum, so daß lokalen Bedürfnissen Rechnung getragen werden kann. Für einige spezielle Fragen kann neben dem Umweltbundesrecht das sog. Privatrecht Anwendung finden.

Gesetze zum Umweltprivatrecht sind enthalten im
- Bürgerlichen Gesetzbuch,
- Umweltkostengesetz.

Schließlich existiert im Hinblick auf eine strafrechtliche Ahndung der Übertretung von Umweltgesetzen ein
Umweltstrafrecht, mit
- Strafgesetzbuch,
- Gesetz über Ordnungswidrigkeiten.

Da Gesetze oft nur einen gewissen Rahmen vorgeben, aus dem noch nicht alle Details zur Durchführung hervorgehen, bedürfen die Gesetze in solchen Fällen einer gewissen Präzisierung. Diese erreicht man durch ein hierarchisches System aus Verordnungen und Vorschriften, wie es Abb. 4.1 zeigt. Die technische Regel

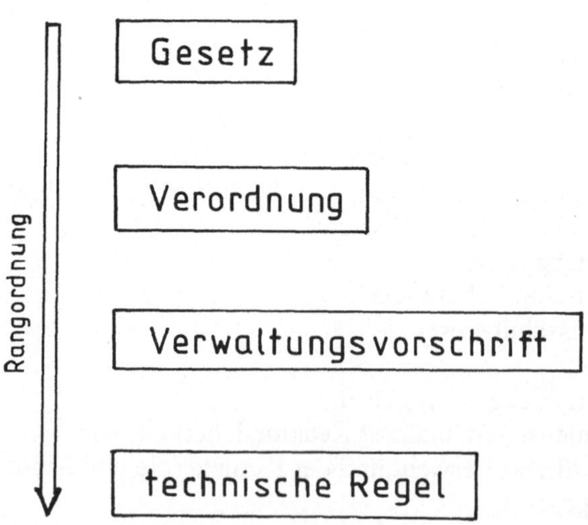


Abb. 4.1 Die Detailregelung eines Gesetzes erfolgt durch technische Regeln, deren Spielraum durch Verwaltungsvorschriften und Verordnungen festgelegt ist

stellt dabei die detaillierteste Vorschrift dar. Andererseits kann eine technische Regel bei Bedarf am leichtesten verändert werden, solange sich die Änderungen im Rahmen des Gesetzes bewegen. Gesetzesänderungen sind dagegen sehr viel schwerer realisierbar, weil dafür der gesamte gesetzgeberische Apparat mobilisiert werden muß.

Das verzweigte System von Umweltgesetzen birgt in Einzelfällen erhebliche Komplikationen in sich, weil kein geschlossenes Regelwerk zum Schutz des Bodens, des Wassers oder eines anderen Umweltmediums existiert. Will man sich über rechtliche Fragen, beispielsweise des Bodens informieren, dann muß man die einschlägigen Bestimmungen aus mehreren verschiedenen Gesetzen zusammentragen (ANONYMUS, 1997).

Gesetzliche Regelungen setzen voraus, daß man über konkrete Grenzwerte von Fremdstoffen verfügt, die für den Menschen und für andere Lebewesen als unbedenklich gelten. Für viele Stoffe in der Luft und im Wasser existieren solche Grenzwerte, wie IW, MAK. Die bisher existierenden Grenzwerte lassen jedoch erkennen, daß sie sich stärker an der Gesundheit der Menschen orientieren als am Wohlergehen anderer Organismen. Beispielsweise erkranken viele Bäume und Flechten in Gegenwart von Schwefeldioxidkonzentrationen, bei denen die Menschen noch keine Schädigungen erkennen lassen. Deshalb erscheint die soeben vorgestellte Zieltrias (ANONYMUS, 1997) der Umweltgesetzgebung als ein wenig hoch gegriffen, den Menschen und seine unbelebte Umwelt sowie die Tier- und Pflanzenwelt zu schützen. Dieses Ziel ist kaum realisierbar, denn alle Grenzwerte, die man schafft, stellen letzten Endes Kompromisse dar, und zwar zwischen dem toxikologisch Wünschenswerten, dem technisch Möglichen und dem wirtschaftlich Realisierbaren. Gesetze, so wichtig sie auch als rechtsverbindliche Handlungsrichtlinien für die Menschen sind, haben gerade im Bereich der Umweltproblematik den Nachteil, recht starr und schwer erneuerbar zu sein.

Wenn Umweltgesetze allgemein respektiert werden sollen, dann muß deren Einhaltung kontrolliert werden, und Übertretungen sind zu ahnden. So oft wie möglich wird deshalb die Einhaltung von Grenzwerten kontrolliert, wie etwa bei Feuerungsanlagen, beim Trinkwasser, bei Nahrungsmitteln und auf vielen anderen Sektoren. Doch nicht selten sind die vorhandenen Kontrolleinrichtungen überfordert, wenn sie lückenlose Kontrollen garantieren sollen. Denkt man allein an die Fülle heimischer und importierter Nahrungsmittel, dann wird sehr schnell klar, daß sich Grenzwertkontrollen nur auf Stichproben beschränken können. Viele bewußt oder fahrlässig herbeigeführte Belastungen von Nahrungsmitteln müssen deshalb unerkannt bleiben. So können auch nur die in Kontrollfällen nachgewiesenen Übertretungen geahndet werden.

Umweltbelastungen, so wurde bereits mehrfach angedeutet, bleiben oft nicht auf das Land beschränkt, in dem sie verursacht wurden. Deshalb müßten die Umweltgesetzgebung und das Umweltstrafrecht internationalisiert werden, und zwar nicht nur auf der Ebene der Europäischen Gemeinschaft, sondern weltweit. Doch bis heute blieb die Internationalisierung des Umweltrechts ein weitgehend ungelöstes Problem. Ein international gültiges Umweltrecht brächte den Vorteil mit sich, daß emissionsträchtige Fabrikationsstätten nicht in Länder mit besonders liberaler Umweltgesetzgebung oder mit besonders liberal gehandhabten Umweltgesetzen verlagert werden. Wie schwierig es sich jedoch gestaltet, internationale Übereinkünfte zur Entlastung der Umwelt zu erzielen, zeigen nicht zuletzt die Weltklimakonferenzen, bei denen lediglich die Emission sog. Treibhausgase auf dem Programm steht. Wirtschaftliche Interessen der Hauptverursacherländer blockieren immer wieder die längst erforderliche, drastische Reduktion klimarelevanter Abgase.

## 4.2 Ökonomische Regelmechanismen

Da gesetzliche Regelungen eine Reihe von Nachteilen mit sich bringen, rückt immer stärker die Meinung in den Vordergrund, Umweltbelastungen durch geeignete finanzielle Steuerungsmechanismen minimieren zu können. Dabei geht man von der Idee aus, daß die Umwelt nicht weiterhin als freies Gut zu verstehen ist, dessen sich jedermann kostenlos bedienen kann. Umweltbelastungen sollen vielmehr mit Kosten befrachtet werden, die in die Herstellungskosten der Produkte mit eingehen. Dadurch könnte man emissionsträchtige Produkte verteuern und damit das Bestreben anspornen, die Produktpreise durch Verminderung der Emissionen zu senken. Derartige ökonomische Signale, so hofft man, werden von jedermann verstanden, und es bedarf keiner umweltethischen Einsichten, um sich umweltverträglich zu verhalten. Wenn man die Umwelt nicht mehr als freies Gut betrachtet, dann muß man versuchen, sie zu monetarisieren, um eine Berechnungsgrundlage für die zu erstellenden Umweltkosten zu erhalten. Bei diesem Vorhaben muß man sich jedoch darüber klar sein, daß eine solche Wertabschätzung nur aus der Sicht des Menschen möglich ist und nicht aus der Sicht der anderen, zu schützenden Lebewesen und Objekte. Diese Schwierigkeit wird noch klarer, wenn man sich fragt, wie ist der Tod eines Lebewesens zu bewerten oder das Aussterben einer ganzen Art? Außerdem muß man sich fragen, wie ist ein weiterhin zunehmendes, stratosphärisches Ozondefizit finanziell einzuschätzen und wie die Zunahme von Treibhausgasen in der Atmosphäre, oder die durch das Unglück von Tschernobyl erzeugten Schäden, von denen ein Teil erst in den kommenden Generationen auftreten wird? Aber auch dann, wenn man sich bei der Wertabschätzung lediglich auf bekannte Fakten beschränkt, fallen die errechneten Umweltschäden von Autor zu Autor sehr unterschiedlich aus (WAGNER, 1990; SCHMIDHEINY, 1992). Wenn man trotz der Schwierigkeit, daß man die Natur nicht vollständig monetarisieren kann, dennoch Methoden der ökonomischen Steuerung der Umweltbelastung vorantreiben will, dann allein deshalb, weil eine monetarisierte Umwelt am besten von der Wirtschaft und der modernen Gesellschaft verstanden wird. Von Beginn an muß man sich jedoch dessen bewußt sein, daß diese Methodik nur in Teilbereichen der Gesamtproblematik der Umweltbelastungen funktionieren kann.

Die bereits geplanten Methoden zur Steuerung und Minimierung der Umweltbelastungen umfassen die Einführung von Umweltsteuern. Danach können die Freisetzung von Schadstoffen, die Erzeugung von Lärm oder Eingriffe in den Naturhaushalt besteuert werden. Diese sog. Ökosteuern verteuern ein Produkt, wie etwa Benzin, und sie sollen dazu anregen, den Gebrauch emissionsträchtiger Produkte einzuschränken. Bezogen auf Kraftfahrzeuge würde das bedeuten, daß man entweder das Auto seltener benutzt als zuvor, oder daß sich die Industrie bemüht, Motoren zu konstruieren, die wesentlich weniger Treibstoff verbrauchen als herkömmliche Modelle. Dazu noch ein anderes Beispiel: Würde man u. a. den Holzeinschlag besteuern, dann könnte das dazu anregen, die Verwendung von Holz oder Holzprodukten (z. B. Papier) einzuschränken, und man würde sich bemühen, Ersatzprodukte zu suchen. Diesem erzieherischen Effekt zur Schonung der Wälder oder anderer Bereiche der Umwelt stehen auch Nachteile gegenüber. Da der Staat Steuern zur Finanzierung seiner Ausgaben benötigt, wird er kaum ernstlich daran interessiert sein, diese Quelle durch umweltbewußtes Verhalten von Industrie und Konsumenten versiegen zu lassen. Deshalb kann man damit rechnen, daß die Ökosteuern zwar bis zur Erträglichkeitsgrenze hochgeschraubt werden, jedoch nicht so hoch, daß eine dramatische Einschränkung der betreffenden Produkte droht. Dieses Verhalten des Staates kennt man bereits von der Besteuerung von Benzin, Tabak und Alkohol. Wirklich nachhaltige Einschränkungen der Umweltbelastungen durch Ökosteuern sind deshalb kaum zu erwarten. Außerdem würden Ökosteuern nicht dazu verwendet, bereits entstandene Umweltschäden zu beheben, denn für Steuern ist der spätere Verwendungszweck nicht festgelegt (BONUS, 1995; 1996). Die Höhe der einzuführenden Ökosteuern würde sich wohl weniger an den Bedürfnissen der Umwelt orientieren als vielmehr an den Bedürfnissen des Staates.

Umweltdienlicher wären deshalb Umweltabgaben oder ein Umweltzins. Solche Abgaben dürften *nicht* dem Steuereinkommen des Staates zugeschlagen werden, sondern sie müßten ausschließlich in die Umweltsanierung fließen. Mit solchen Geldern könnte man Wiederaufforstungsmaßnahmen, Bodensanierungen oder die Entwicklung umweltschonender Techniken finanzieren. Auf diesem Wege könnten sie sogar dazu beitragen, in gewissem Umfang neue Arbeitsplätze zu schaffen. Bei der Festlegung der Umweltabgaben sollte man sich so weit wie möglich an den tatsächlich entstehenden Umweltschäden durch die Emissionen orientieren, so daß diese Kosten in die Kalkulation der Gestehungskosten eines Produkts eingehen könnten, ebenso wie Materialkosten und Kosten für die Arbeitszeit. Auf dieser Basis könnte man auch eine echte Internationalisierung der Umweltkosten erzielen (FRITSCH, 1990; BONUS, 1991).

In der öffentlichen Diskussion wird derzeit noch eine andere Methode der finanziellen Steuerung von Umweltschäden favorisiert, nämlich die Einführung von Umweltzertifikaten oder die Kontingentierung der Umweltbelastungen. Bei dieser Maßnahme wird nicht ein Preis für Umweltbelastungen fixiert, sondern die höchstzulässige Menge der Umweltbelastung. Der Preis für Umweltzertifikate soll sich dann am Markt einspielen, indem sie frei gehandelt werden können. Diesen

Vorgang stellt man sich folgendermaßen vor: Entwickelt eine Firma ein Verfahren, das die Emissionen eines Schadgases, z. B. Kohlendioxid, vermindert, dann schöpft sie die ihr zustehenden Belastungskontingente nicht mehr voll aus. Die Zertifikate für die nicht benötigten Kontingente können am Markt an Firmen verkauft werden, die mehr Kohlendioxid produzieren möchten, als die ihnen zustehenden Zertifikate zulassen. Einen zusätzlichen Anreiz zur Entwicklung emissionssparender Produktionsverfahren kann man erzielen, wenn die Zertifikate jedes Jahr um einen gewissen Betrag abgewertet werden, beispielsweise um 1 %. Die Emissionszertifikate stellen ebenso wie ein Umweltzins einen Kostenfaktor dar, der in die Preiskalkulation der Betriebe eingehen kann. Darüber hinaus besteht der große Vorzug eines solchen Verfahrens darin, daß die jährlich vorgegebenen Emissionsbeträge nicht überschritten werden dürfen, vorausgesetzt, es existiert ein genügend leistungsfähiges Überwachungssystem zur lückenlosen Kontrolle der Emissionen. Eine Schwierigkeit des Systems der Umweltzertifikate tritt bei der Erstausgabe dieser Kontingente auf, zumindest dann, wenn sie weltweit erfolgt. Es dürfte erhebliche Meinungsverschiedenheiten darüber geben, ob sich die Emissionskontingente nach dem Industrialisierungsgrad eines Landes richten sollten, nach der Bevölkerungsgröße oder nach der Fläche des Landes. Sollten stark industrialisierte Länder bevorzugt werden, was von der Emissionsseite her betrachtet, berechtigt erscheint, dann brächte das auf der Immissionsseite Nachteile für großflächige Länder mit sich. Andererseits hätte eine nur national betriebene Einführung von Umweltzertifikaten den Nachteil, daß emissionsträchtige Betrieb sehr schnell in Länder ohne Emissionskontingente abwandern würden. Mit der Kontingentierung und einer jährlichen Abwertung des Emissionsrechts erschöpft sich allerdings der Vorzug des Zertifikat-Systems. Einnahmen zur Behebung von Umweltschäden sind damit nicht verbunden. Der Idee der Kontingentierung von Emissionen durch frei handelbare Zertifikate wird mitunter entgegengehalten, daß damit ein einklagbares Anrecht zur Umweltbelastung erworben wird (BONUS, 1991; 1996; RING, 1994).

## 4.3 Politische Maßnahmen und Privatinitiativen

In gewissem Umfang kann die Schadstoffemission auch durch politische Maßnahmen gesteuert werden. Einige wenige Beispiele sollen andeuten, auf welche Weise das möglich ist. Eine, allerdings kostenträchtige, Methode besteht darin, die Entwicklung umweltfreundlicher Technologien finanziell zu fördern, gegebenenfalls sogar bis zur praktischen Anwendungsreife. Gleichzeitig sollten gesetzgeberische Maßnahmen sicherstellen, daß solche Techniken auch in den Markt eingeführt werden können und nicht von bestehenden, weniger umweltfreundlichen Techniken aus finanziellen oder administrativen Gründen verdrängt werden. Das gilt beispielsweise für die Nutzung von Wind- und Sonnenenergie, bei der die unbeliebten Kleinanbieter von elektrischem Strom nicht nur eine Abgabemöglichkeit für ihr Produkt "Elektrizität" erhalten, sondern daß auch weiterhin darauf geachtet wird, daß sie nicht später durch künstlich geschaffene Schwierigkeiten wieder vom Markt verdrängt werden. Das gilt auch für die Entwicklung und Verbreitung von Kraftfahrzeugen mit besonders geringem Kraftstoffverbrauch. In diesem Fall könnten beispielsweise generelle Geschwindigkeitsbeschränkungen dafür sorgen, daß Kraftfahrzeuge mit geringer Leistung und geringem Benzinverbrauch in ihrem Gebrauchswert nicht mehr hinter den stark motorisierten und viel Benzin verbrauchenden Wagen zurückstehen und sich deshalb besser am Markt behaupten können, als es derzeit der Fall ist. Eine andere Maßnahme könnte darin bestehen, Voraussetzungen zu schaffen, daß Arbeitsstätten und Wohnungen wieder in engerer Nachbarschaft zueinander liegen können. Dazu würde gehören, daß man leistungsfähige und genügend komfortable Nahverkehrsmittel schafft. Auf diese Weise könnten die starken Verkehrsströme zu Beginn und Ende der Arbeitszeit eingeschränkt werden.

In gewissem Umfang können auch private Initiativen ohne Zuhilfenahme staatlicher Reglementierungen oder wirtschaftlicher Anreize Umweltbelastungen eindämmen. Wachgerüttelt durch schlechte Erfahrungen in der Vergangenheit und durch die Einsicht, daß ungezügelte Umweltbelastungen unsere Lebensgrundlagen schmälern und diejenigen unserer Nachkommen, genießen Umweltschutzmaßnahmen bei uns häufig ein recht hohes Ansehen. Deshalb können neue, umweltschonende Produktionsverfahren oder die Herstellung unbelasteter Produkte als Werbeargument bei der Vermarktung eingesetzt werden. Ein bekanntes Beispiel für diese Strategie bildet Kleidung aus Naturfasern, die zudem mit Naturstoffen gefärbt wurden. Da solche Kleidung das Risiko der Allergiebildung beim Träger erheblich vermindert, können damit zumindest bestimmte Käuferschichten angesprochen werden. Kraftfahrzeughersteller versprechen, daß ihre Produkte mit Lakken ohne organische Lösemittel behandelt wurden. Möbel- und Spanplattenhersteller machen darauf aufmerksam, daß sie weder Pentachlorphenol noch Formaldehyd verwenden, Hersteller von Kinderspielzeug versichern, Farben ohne Schwermetalle einzusetzen, und Waschmittelhersteller verweisen darauf, daß sie keine Phosphate verwenden und mit biologisch abbaubaren Tensiden arbeiten. Es ließen sich weitere Beispiele anfügen, die alle zeigen, daß umweltfreundliche Produkte oder umweltschonende Herstellungsverfahren werbewirksam eingesetzt werden können. Eine Werbung mit umweltfreundlichen Herstellungsverfahren versagt jedoch weitgehend, wenn der Verbraucher nicht unmittelbar Nutzen daraus ziehen kann, wie beispielsweise eine betriebsinterne, biologische Abwasserreinigung oder eine Abgasreinigung. Deshalb stellen auch umweltschonende Herstellungsverfahren und Produkte keinesfalls eine universell einsetzbare Methode zur Verminderung von Umweltbelastungen dar.

Da jede der hier vorgestellten Strategien zum Umweltschutz neben ihren unbestreitbaren Vorteilen auch Mängel oder Nachteile aufweist und deshalb nicht allein zur Bekämpfung von Umweltbelastungen eingesetzt werden kann, sollte man sich jeweils derjenigen Methoden bedienen, die die größte Aussicht auf Erfolg versprechen. Letzten Endes scheint die sicherste Methode darin zu bestehen, jedermann, auch den von der Natur weitgehend entfremdeten Großstädtern, klarzumachen, daß wir und unsere Nachkommen ohne eine gesunde Umwelt nicht existieren können. Das aber setzt umfangreiche und langwierige Aufklärungsarbeit voraus, wie sie in den letzten Jahrzehnten bereits begonnen wurden und in der Zukunft noch intensiver fortgesetzt werden müssen. Erst wenn die große Mehrheit der Menschen davon überzeugt ist, daß sich Umweltschutz lohnt, auch wenn damit nicht immer ein Optimum an wirtschaftlichem Gewinn verbunden ist, kann eine gesunde Umwelt als schützenswertes Gut von jedem Einzelnen empfunden werden.

## 4.4 Begrenzung der Bevölkerungsentwicklung

Bei den bisher angestellten Betrachtungen gingen wir davon aus, daß das Ausmaß der Umweltbelastungen davon abhängt, ob Emissionen unbehandelt oder gereinigt in die Umwelt entlassen werden, ob Böden stark oder weniger stark verdichtet werden, ob hohe oder niedrige Schallpegel emittiert werden und anderes mehr. Stets wurde der Umfang der Umweltbelastungen auf das Ausmaß der Emissionen zurückgeführt. Daneben kann auch die Anzahl der Menschen ursächlich für den Umfang von Umweltbelastungen verantwortlich sein.

### 4.4.1 Bevölkerungsentwicklung und Artenverlust

Seit langem ist bekannt, daß mit zunehmender Bevölkerungsdichte auf der Erde immer mehr Tier- und Pflanzenarten aussterben (Abb. 4.2). Dazu kommt, daß die Anzahl der vom Aussterben bedrohten Arten noch wesentlich größer ist, als die der ausgestorbenen Arten. Bis in die Gegenwart hinein beschleunigt sich zudem der Vorgang des Aussterbens von Tier- und Pflanzenarten. Diese Auswirkung der Bevölkerungsentwicklung der Menschen hat sicherlich viele Ursachen: Je mehr Menschen existieren, desto mehr Lebensraum nehmen sie für sich in Anspruch, der anderen Lebewesen gleichzeitig entzogen wird. Mit zunehmender Menschenmenge wird immer mehr Ackerland benötigt, und die Landwirtschaft muß intensiviert werden. Beide Prozesse belasten die Umwelt erheblich und schmälern den Raum naturbelassener oder naturnaher Lebensräume. Dazu gesellen sich Verkehrswege, Industrialisierung und vieles andere mehr. Eine hohe Bevölkerungsdichte beeinträchtigt nicht nur Tiere und Pflanzen. Unter der zunehmenden Bevölkerungsdichte leiden auch die Menschen selber, was man besonders in Großstädten und Ballungsgebieten beobachten kann. Beispielsweise leiden Großstädter überdurchschnittlich häufig an Nervosität und Schlafstörungen, an Kopfschmerzen, Magengeschwüren und nervösen Kreislaufstörungen. Offenbar verursacht das enge Zusammenleben vieler Menschen Ängste, Aggressionen und andere Unlustgefühle, die physiologische Streßreaktionen im Körper auslösen, so

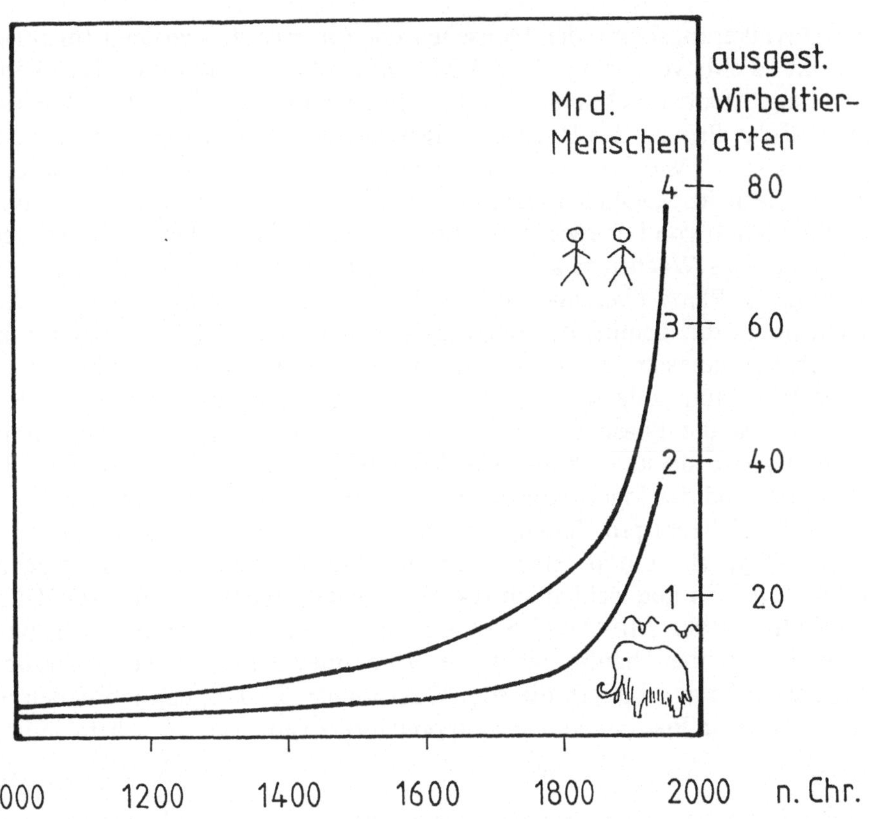


Abb. 4.2 Die Entwicklung der Bevölkerungsdichte der Menschen von etwa 1000 n. Chr. bis zur zweiten Hälfte der siebziger Jahre dieses Jahrhunderts und die Anzahl der in diesem Zeitraum nachweislich ausgestorbenen Wirbeltierarten. Ähnliche Beziehungen ergeben sich auch zwischen der Bevölkerungsdichte der Menschen und der Anzahl ausgestorbener Pflanzenarten

wie sie im Zusammenhang mit extraauralen Schallschäden bereits besprochen wurden (Abschn. 2.2.10.3). Solche physiologischen Streßreaktionen führen, wenn sie nicht abgebaut werden können, im Laufe der Zeit zu ernsthaften gesundheitlichen Störungen, die sich auch in psychischem Fehlverhalten äußern können (EIFF, 1976; SCHAEFER und BLOHMKE, 1977). Als Ausdruck solchen Fehlverhaltens sieht man u. a. den immer mehr zunehmenden Stadtvandalismus an. So schädigt sich der Mensch durch seine hohe Populationsdichte selber, allerdings reicht diese Schädigung nicht so weit, daß dadurch seine Vermehrungsrate erheblich eingeschränkt wird.

## 4.4.2 Bevölkerungswachstum

Da die Bevölkerungskurve der Menschen noch immer steil ansteigt (man schätzt derzeit die Weltbevölkerung auf 5,5 Mrd Einwohner) und diese Bevölkerungsentwicklung offenbar nicht ohne Auswirkungen auf unsere Umwelt und uns selber bleibt, soll das Prinzip des Bevölkerungswachstums kurz vorgestellt werden, um zeigen zu können, welche Fragen sich daraus für die Zukunft ergeben. Wachstum läuft stets nach feststehenden Gesetzmäßigkeiten ab, unabhängig davon, ob eine ganze Population von Lebewesen wächst, ob es einzelne Zellen sind oder Gewebe und Organe. Das Wachstum kommt zunächst langsam in Gang, um dann in eine logarithmische Phase überzugehen. Werden Lebensraum oder Nährstoffe knapp, oder entspricht die Temperatur nicht mehr den Lebensbedürfnissen, dann klingt das Wachstum langsam aus. Den Zustand, bei dem die Umweltbedingungen kein weiteres Wachstum zulassen, bezeichnet man als Kapazitätsgrenze (K) des Lebensraums. Da die Phase stärksten Wachstums gleichzeitig die logarithmische Wachstumsphase darstellt, bildet sie den interessantesten Teil des Wachstumsablaufs. Während der logarithmischen Wachstumsphase verdoppelt sich die Individuen- oder Zellzahl pro Zeiteinheit. Die Verdoppelungszeit ist von Art zu Art und von Zelltyp zu Zelltyp verschieden und sorgt deshalb für einen artspezifisch oder zellspezifisch unterschiedlich raschen Anstieg des Wachstums (ODUM und REICHHOLF, 1980; MEADOWS et al., 1993). Beim Populationswachstum von Lebewesen gibt man häufig nicht die Verdoppelungszeit als charakteristische Wachstumsgröße an, sondern die sog. Wachstumsrate, d. h. den jährlichen Populationszuwachs in Prozent der Gesamtpopulation (Tab. 4.1). Zwischen Verdoppe-

Tabelle 4.1 Beziehung der Verdoppelungszeit einer logarithmisch wachsenden Population zur jährlichen Wachstumsrate, angegeben in Prozent der Bevölkerung

| Verdoppelungszeit in Jahren | Wachstumsrate in % der Bevölkerung |
|---|---|
| 1400 | 0,05 |
| 700 | 0,1 |
| 350 | 0,2 |
| 140 | 0,5 |
| 70 | 1,0 |
| 35 | 2,0 |
| 23 | 3,04 |

lungszeit und Wachstumsrate besteht eine einfache Beziehung: Die Wachstumsrate in Prozent ergibt sich, wenn man die Zahl 70 durch die Verdoppelungszeit dividiert. (Genau genommen errechnet sich die Verdoppelungszeit t aus der Zuwachsrate r nach der Beziehung $t = \log e^2/r$. Der Logarithmus von $e^2$ beträgt 0,6931 (also etwa 0,7), und den Wert r bezieht man auf 100 %. Eine Wachstumsrate von 2 % drückt man aus als 0,02. Multipliziert man diese Werte mit dem Faktor 100, dann erhält man in unserem Beispiel die Beziehung 70 dividiert durch 2, das entspricht einer Verdoppelungszeit von 35 Jahren.)

Für die in diesem Buch besprochenen Umweltbelastungen ist das Populationswachstum der Menschen von besonderer Bedeutung. Wenn es auch prinzipiell den gleichen Gesetzmäßigkeiten folgt, wie dasjenige anderer Organismen, so trat doch während der vergangenen 400 Jahre ein bemerkenswerter Effekt auf: Man schätzt, daß etwa im Jahr 1650 die Gesamtbevölkerung der Erde bei ungefähr 500 Mio Menschen lag. Die Verdoppelungszeit lag damals bei etwa 250 Jahren. Im Jahr 1900 betrug die Verdoppelungszeit nur noch 140 Jahre, und die Weltbevölkerung war auf 1,6 Mrd angewachsen. Im Jahr 1970 betrug die Verdoppelungszeit etwa 33 Jahre und die Gesamtbevölkerung der Erde war bereits auf 3,6 Mrd angewachsen (MEADOWS et al., 1972; 1993). Die Verdoppelungszeiten sind also seit dem Jahr 1650 immer kürzer geworden, und damit steigt die gedachte Wachstumskurve immer steiler an (Abb. 4.2). Ein solches Wachstum bezeichnet man als überexponentiell.

Wie konnte es dazu kommen? Die Bevölkerungsgröße ergibt sich aus der Geburtenrate einerseits und der Sterberate andererseits. Das Bevölkerungswachstum kann also sowohl durch eine erhöhte Geburtenrate als auch eine verminderte Sterberate hervorgerufen werden. Die Geburtenrate der Menschen stieg jedoch im untersuchten Zeitraum nicht an, und so bleibt nur eine Verminderung der Sterberate als Ursache für das Wachstums übrig. Nun sterben zwar alle Menschen, die einmal geboren wurden, und insofern besteht ein Gleichgewicht. Veränderlich ist jedoch die Lebensdauer der Menschen. Bei konstanter Geburtenrate wird eine gleichzeitig einsetzende Lebensverlängerung der Menschen die aktuelle Bevölkerungsgröße anwachsen lassen. Durch Verbesserungen der Ernährungslage, der Hygiene, der Möglichkeiten Krankheiten auszuheilen und durch die Schaffung ausreichend trockener und warmer Wohnungen konnte nicht nur das Lebensalter erwachsener Personen erhöht werden, es wurde auch die Sterblichkeit im Säuglings- und Kindesalter drastisch reduziert. Hätte man die Bevölkerungsgröße konstant halten wollen, dann hätte man entsprechend des zunehmenden Lebensalters die Geburtenrate senken müssen. Es hat sich also als höchst problematisch erwiesen, *einseitig* in die Regelmechanismen der Bevölkerungsgröße einzugreifen. Aus dem zurückliegenden Prozeß des überexponentiellen Bevölkerungswachstums hat man bis heute kaum Konsequenzen gezogen d. h., man versucht weiterhin an vielen Stellen der Erde, die Kindersterblichkeit zu senken und das Lebensalter der Erwachsenen zu erhöhen, ohne daß ein adäquates Mittel zur Verminderung der Geburtenrate zur Verfügung stünde bzw. genutzt würde.

Angesichts dieses Sachverhalts drängt sich die Frage auf, wann für uns die Kapazitätsgrenze K des Lebensraumes Erde erreicht sein wird. Doch die Beantwortung dieser brisanten Frage stößt auf erhebliche Schwierigkeiten. Eine davon beruht darauf, daß der Mensch zu den sog. Omnivoren gehört, d. h. zu denjenigen Lebewesen, die sich in ihren Nahrungsansprüchen sehr variabel verhalten. Beim Versiegen einer Nahrungsquelle kann er auf viele andere Ernährungsmöglichkeiten ausweichen. Deshalb kann man nicht vorhersagen, wann die Ernährungsgrundlagen erschöpft sein werden. Die andere Komplikation ergibt sich daraus, daß der Mensch die Kapazitätsgrenze aktiv verschieben kann. Solche Verschiebungen ergeben sich beispielsweise aus der Möglichkeit, die Landwirtschaft zu intensivieren, so daß die Erträge pro Flächeneinheit in der Vergangenheit ständig zunehmen. Sie ergeben sich aber auch aus der Möglichkeit, verschiedene wichtige Rohstoffe aus Abfällen wiederzugewinnen, oder neue Energiequellen zu erschließen. Neben Veränderungen, die die Umweltkapazität erhöhen, laufen auch solche ab, die die Kapazitätsgrenze herabsetzen. Dazu gehören Umweltbelastungen, die die Lebensmöglichkeiten der Menschen einengen, wie etwa Wasserbelastungen und Trinkwasserverknappung, die Einschränkung des Ackerbaus durch Erosion von Ackerböden sowie Klimaänderungen. Vorhersagen über die weitere Vermehrungsfähigkeit der Menschen können deshalb nur spekulativen Charakter besitzen. Dennoch bleibt unbestritten, daß das überlogarithmische Wachstum der Menschen nicht ungebremst weiterlaufen kann, denn bei der gegenwärtigen Wachstumsrate von etwa 1,7 % würde sich die Erdenbevölkerung nach 40 Jahren verdoppeln. Das würde bedeuten, daß etwa um das Jahr 2040 die Bevölkerung bei 11 Mrd Menschen liegt, im Jahr 2080 bereits bei 22 Mrd, im Jahr 2120 bei 44 Mrd und im Jahr 2160 bei 88 Mrd. Die Übernutzung der noch vorhandenen Ressourcen und die damit voranschreitende Umweltbelastung müßten die menschliche Population zusammenbrechen lassen.

Bleiben angesichts solcher Entwicklungstendenzen Auswege aus dem Dilemma, oder gehen wir dem gleichen Schicksal entgegen, wie ein Schwarm Wanderheuschrecken, der bis auf wenige, überlebende Individuen zusammenbricht, nachdem die Umgebung kahl gefressen wurde? Eine Möglichkeit bestünde darin, die Geburtenrate schnellstmöglich so weit zurückzuführen, daß die Bevölkerungsgröße zunächst konstant bleibt. Doch in großen Bereichen der Erde fehlt dazu die erforderliche Einsicht, und sogar dort, wo naturwissenschaftliche Aufklärung weiter vorangeschritten ist, folgt man vielfach eher Emotionen als der Vernunft (z. B. künstliche Befruchtung bei Kinderlosigkeit und anderes mehr) und verharrt lieber bei überkommenen Gewohnheiten, so daß man davon ausgehen muß, daß allein das rationale Verhalten der Menschen noch nicht weit genug fortgeschritten ist, um sich freiwillig den Erfordernissen der Bevölkerungsentwicklung anzupassen. Ein Musterbeispiel dafür liefert die katholische Kirche, die die meisten Formen der Geburtenkontrolle strikt ablehnt. So bleibt derzeit nur die ungewisse Hoffnung darauf, daß die Geburtenrate noch rechtzeitig vor dem sonst unausweichlichen Zusammenbruch der menschlichen Population zurückgeht. Es fragt sich nur, ob es dafür erkennbare Anzeichen gibt. In einigen reichen Industrienationen hat tatsächlich die Geburtenrate abgenommen, und die Bevölkerungsentwicklung stagniert oder sie verhält sich sogar leicht rückläufig, wie beispielsweise in Deutschland. An dieser Erscheinung scheinen jedoch nicht nur wirtschaftlicher Reichtum und industrielle Hochentwicklung beteiligt zu sein, sondern vor allem der Lebensstil der Frauen. In einigen anderen reichen Staaten, wie den ölexportierenden Nationen des Nahen Ostens, ist noch keine Tendenz zur Senkung der Geburtenrate erkennbar (MEADOWS et al., 1993). Offenbar kommt dem aktiven Eingreifen der Frauen in die Familienplanung eine entscheidende Bedeutung zu, wie der sog. Pillenknick in der Bevölkerung Deutschlands seit Beginn der 70er Jahre zeigt. Den so erzielten Geburtenrückgang konnte nicht einmal der ungewöhnlich hohe finanzielle Aufwand zur medizinisch erzwungenen Lebensverlängerung ganz ausgleichen. Geht man davon aus, daß diese Verhaltensweise der Frauen nur nach Erreichen eines hohen Lebensstandards möglich ist, dann müßten zunächst alle Nationen mit hohem Geburtenüberschuß in wohlhabende Industrienationen umgewandelt werden, und anschließend wäre noch eine Latenzzeit von ein bis zwei Generationen erforderlich, ehe sich die Geburteneinschränkung spürbar einstellt (MEADOWS et al., 1993). Ob diese Zeitspanne ausreicht, um das Bevölkerungswachstum weltweit rechtzeitig einzudämmen, weiß man nicht. Es ist durchaus vorstellbar, daß vorher in die wohlhabenden Industrienationen Bewohner armer Länder einwandern und damit den Wohlstand wieder schmälern. Zuverlässige Prognosen sind nicht möglich. Der sicherste Ausweg aus dem Bevölkerungsdilemma ergäbe sich, wenn sich die Menschen noch rechtzeitig rational verhalten würden und bewußt ihre Vermehrungsrate drosselten.

# Glossar

**Abfall:** Alle beweglichen Sachen, deren sich ihr Besitzer entledigen will oder deren Entsorgung zur Wahrung des Wohls der Allgemeinheit, insbesondere des Schutzes der Umwelt geboten ist. Man unterscheidet zwischen Abfällen zur Beseitigung und Abfällen zur Verwertung.
**Aerosol:** In der Luft kolloidal dispergierte, feste und flüssige Teilchen.
**ADI:** *Acceptable Daily Intake.* Duldbare tägliche Aufnahme von Chemikalien (z. B. von Pflanzenschutz- und Schädlingsbekämpfungsmitteln), ausgedrückt in mg/kg.
**Anämie:** Reduktion der Zahl roter Blutkörperchen.
**AOX:** An Aktivkohle adsorbierbares, organisch gebundenes Halogen.
**Asbestose:** Durch Mikronadeln von Asbest ausgelöste Umbildung von Lungenzellen zu Bindegewebszellen (Lungenfibrose). Eine Asbestose kann sich zum Lungenkrebs weiterentwickeln.

**Biosphäre:** Alle mit Lebewesen besiedelten Schichten der Erde (Atmosphäre, Hydrosphäre, Pedosphäre).
**B-Lymphozyten:** Zellen des Immunsystems, die der Infektionsabwehr dienen. Sie gehören zur Gruppe der weißen Blutkörperchen. Nach Stimulation durch ein Antigen können sie spezifische Antikörper bilden.
**$BSB_5$:** Biochemischer Sauerstoffbedarf einer Wasser- oder Abwasserprobe in 5 Tagen, ausgedrückt in mg/l.
**BSE:** *Bovine Spongioforme Enzephalopatie.* Seit 1986 bei Rindern beobachtete Gehirnerkrankung, die neuropathologisch der bereits länger bekannten Creutzfeldt-Jacob-Krankheit beim Menschen und der Drehkrankheit bei Schafen (scrapy) gleicht. Auslöser sind bestimmte Eiweißkörper, sog. Prione.

**cancerogen:** krebserregend
**carcinogen:** = cancerogen
**Chlorakne:** Auf chlorhaltige, organische Verbindungen (meist Chloraromaten) zurückgehende, schwer heilende Hautausschläge, die Narben hinterlassen.
**Creutzfeld-Jacob-Krankheit:** Erkrankung, bei der das Gehirn der betroffenen Patienten eine schwammartige Struktur annimmt.
**CSB:** Chemischer Sauerstoffbedarf von Wasser- oder Abwasserproben. Der CSB-Wert ist etwa 1,8 bis 2 mal so groß wie der $BSB_5$-Wert.

**EGW:** *Einwohnergleichwert.* Stoffmasse (als $BSB_5$-Fracht), die eine erwachsene Person pro Tag in das Abwasser entläßt (man rechnet mit 50 g Trockensubstanz).
**elektrische Leitfähigkeit:** Ein Maß für die Belastung des Wassers mit Elektrolyten (= Salze, Laugen, Säuren). Sie wird in Siemens/cm bei 25 °C angegeben. 1 Siemens (S) = 1 $Ohm^{-1}$.

**El Nino:** *Das (Christ) Kind.* Warmwasserströmung, die meist in vierjährigem Turnus um die Weihnachtszeit vor den Küsten Perus und Ecuadors beobachtet wird. Diese Temperaturanomalie wirkt sich auf das Klima aus.
**Emission:** *Aussendung.* Hier ist damit die Abgabe von festen, flüssigen und gasförmigen Stoffen in die Umwelt gemeint.
**Eutrophierung:** Nährstoffanreicherung in Gewässern.

**Gewässergüteklassen:** Einteilung der Gewässer nach dem Grad ihrer Belastung mit anorganischen und organischen Nährstoffen in 4 Güteklassen oder Trophiestufen: oligosaprob (I), Beta-mesosaprob (II), Alpha-mesosaprob (III), polysaprob (IV).
**Gray (Gy):** Von lebendem, weichem Gewebe absorbierte Strahlendosis.
1 Gy = 1 J/kg (= 100 rad).
**GVE** (auch **GV**): *Großvieheinheit.* 1. Landw.: Gewichtseinheit bei Haustieren; 2. Abwasser: Abfallmenge, die ein Rind von 500 kg Lebendgewicht täglich in das Abwasser abgibt. Für kleinere Nutztiere gelten Umrechnungsfaktoren, z. B. Mastschwein: 0,2 GVE; Schaf: 0,1 GVE; Legehenne: 0,004 GVE.

**Halbwertzeit, biologische:** Zeitspanne, während der die Hälfte eines resorbierten Stoffes abgebaut oder ausgeschieden wird.
**Halbwertzeit, physikalische:** Zeitspanne, in der von einer bestimmten Anzahl radioaktiver Atome die Hälfte zerfällt.

**Immission:** *Hineinlassen.* Hier ist damit die Einwirkung von festen, flüssigen und gasförmigen Stoffen auf die Umwelt gemeint.
**Ionisationsdichte:** Die pro durchstrahlter Strecke im Medium gebildete Anzahl von Ionenpaaren.
**IW:** *Immissionsgrenzwerte* nach der Technischen Anleitung Luft (TA Luft). Sie werden nach Langzeit (IW 1)- und Kurzzeit (IW 2)-Werten differenziert.

**$LD_{50}$:** *Letalitätsdosis 50 %.* Dosis eines Stoffes, angegeben in mg pro kg Lebendgewicht, die auf die Hälfte der damit behandelten Tiere tödlich (letal) wirkt.
**Lee:** Windschattenseite.
**Luv:** Dem Wind zugewandte Seite.

**MAK:** *maximale Arbeitsplatzkonzentration.* Die höchste zulässige Konzentration eines Arbeitsstoffes als Gas, Dampf oder Schwebstoff in der Luft am Arbeitsplatz, die nach dem gegenwärtigen Stand der Kenntnisse auch bei wiederholter, langfristiger Exposition von täglich 8 Stunden bei einer Wochenarbeitszeit von 40 Stunden i. allg. die Gesundheit der Beschäftigten nicht beeinträchtigt und diese nicht unangemessen belästigt.

**MIK:** *maximale Immissionskonzentration.* Diejenige Konzentration von festen, flüssigen und gasförmigen Stoffen in der freien Atmosphäre, die nach dem heutigen Kenntnisstand i. allg. für Mensch, Tier, Pflanze und schutzwürdige Sachgüter bei Einwirkungen bestimmter Dauer und Häufigkeit als unbedenklich gelten kann. Man unterscheidet meist Lang- und Kurzzeitwerte.
**motorische Endplatte:** Ansatzstelle einer Nervenfaser am Muskel.
**Mykorrhiza:** Zusammenleben (Symbiose) von Pflanzenwurzeln mit einem Pilzgeflecht (Mycel) zu beiderseitigem Nutzen.

**Nahrungskette:** Lebewesen, die einander als Nahrung dienen. Man unterscheidet lineare und verzweigte Nahrungsketten. In Nahrungsketten können sich persistente lipophile Schadstoffe anreichern.
**Nekrose:** abgestorbene Zellen.

**PAN:** Peroxiacetylnitrat.
**Parasympathicus:** Teil des vegetativen Nervensystems, das als Gegenspieler (Antagonist) des Sympathicus fungiert. Das vegetative Nervensystem umfaßt alle vom Willen und Bewußtsein nicht beeinflußbaren Nervenzellen. Innerhalb des vegetativen Nervensystems erfolgt die Reizübertragung von Zelle zu Zelle (synaptische Reizübertragung) durch Acetylcholin.
**Pestizide:** Sammelbegriff für *alle* Pflanzenschutz- und Schädlingsbekämpfungsmittel.
**Population:** Alle Individuen einer Art innerhalb eines bestimmten Areals, die alle untereinander kreuzbar sind und deshalb einen gemeinsamen Genbestand (Genpool) besitzen.
**ppb:** *parts per billion* oder Teile pro Milliarde ($10^{-9}$), z. B. mg/Mg oder µg/kg.
**ppm:** *parts per million* ($10^{-6}$), z. B. mg/kg oder $cm^3/m^3$.
**procancerogen:** Nach Umwandlung im Körper krebserregend.
**Pseudokrupp:** Entzündung des Kehlkopfes, die zur Atemnot führt.

**rad:** *radiation absorbed dose.* Veraltetes Maß für die vom Körper absorbierte Strahlendosis. Heute durch das Gray (Gy) ersetzt: 1 rad = 0,01 Gy.
**rem:** *radiation equivalent man.* Veraltetes Maß für die biologische Wirksamkeit energiereicher Strahlen auf lebende Gewebe. Heute durch das Sievert (Sv) ersetzt: 1 rem = 0,01 Sv.
**Reinluftgebiet:** Landschaft, die nicht im unmittelbaren Einzugsgebiet der Abgase von Industrie, Verkehr oder Großstädten liegt.

**Saprobienstufen:** s. Gewässergüteklassen
**scrapy:** sog. Drehkrankheit bei Schafen. Viruserkrankung des Zentralnervensystems.
**Sievert (Sv):** Biologische Wirkung energiereicher Strahlen auf lebende Gewebe, bezogen auf Photonen der Energie von 100-200 KeV. 1 Sv = 1 J/kg (= 100 rem).

**Silikose:** Durch Quarzstaub ausgelöste Bildung von Bindegewebsknötchen in der Lunge, die die Atmung zunehmend behindert.
**Stratosphäre:** Der im Mittel etwa zwischen 11 und 50 km Höhe gelegene Teil der Erdatmosphäre.

**TA:** *Technische Anleitung*. Die Abkürzung wird in Verbindung mit technischen Anleitungen im Bereich der Umweltgesetzgebung und Verwaltungsvorschriften verwendet, z. B. TA Luft, TA Abfall, TA Siedlungsabfall (TASI) usw.
**teratogen:** Mißbildungen auslösend.
**Thermokline:** Temperatursprung im Ozean bei einer Tiefe von etwa 200 m. Der dadurch bedingte Dichteunterschied des Wassers verhindert eine kontinuierliche Durchmischung von wärmerem Oberflächenwasser und kälterem Tiefseewasser.
**Tesla (T):** Magnetische Flußdichte. 1 T = 1 $Vs/m^2$.
**TOC:** *total organic carbon*. Gesamter organisch gebundener Kohlenstoff.
**Transmission:** *Übertragung*, hier im Sinne von Schadstoffausbreitung.
**TRK:** Die *Technische Richtkonzentration* eines Stoffes ist diejenige Konzentration als Gas, Dampf oder Schwebstoff in der Luft am Arbeitsplatz, die nach dem Stand der Technik erreicht werden kann, und die als Anhalt für die zu treffenden Schutzmaßnahmen heranzuziehen sind. Sie werden für solche Stoffe benannt, für die aufgrund ihrer Cancerogenität keine toxikologisch-arbeitsmedizinisch begründeten MAK-Werte benannt werden können.
**Troposphäre:** Bodennaher Teil der Erdatmosphäre bis zu einer Höhe von 8 bis 17 km. Von der Stratosphäre ist die Troposphäre durch die sog. Tropopause getrennt.

**VDI:** *Verein Deutscher Ingenieure*.
**Vorfluter:** Oberflächengewässer, das durch natürliches oder künstliches Gefälle Wasser und Abwasser ableiten kann.

**WHO:** *World Health Organization* = Weltgesundheitsorganisation der UNO.

**Xenobiotika:** Künstlich hergestellte Stoffe, Fremdstoffe in der -> Biosphäre.

# 5 Literatur

Alloway, B. J., Ayres, D. C. (1996): Schadstoffe in der Umwelt. Heidelberg, Berlin, Oxford: Spektrum Akademischer Verlag.

Anonymus (1975): Hirnschäden durch Blei. Naturwiss. Rundschau 28, 411-412.

Anonymus (1976): Quecksilber in der Umwelt. Naturwiss. Rundschau 29, 94-95.

Anonymus (1978): Umweltprobleme sibirischer Kraftwerke. Naturwiss. Rundschau 31, 77.

Anonymus (1985): Versalzung, die schleichende Gefahr. Naturwiss. Rundschau 38, 429.

Anonymus (1988 a): Listeriose - Bakterien in Nahrungsmitteln. Naturwiss. Rundschau 41, 451-452.

Anonymus (1988 b): Neues von Muschelvergiftungen. Naturwiss. Rundschau 41, 21.

Anonymus (1988 c): Wanderung von Radionukliden im Boden. Naturwiss. Rundschau 41, 114.

Anonymus (1988 d): Warnung vor weltweiter Erwärmung. Naturwiss. Rundschau 41, 162.

Anonymus (1988 e): Krebserregende Substanzen durch Chlorierung von Trinkwasser. Naturwiss. Rundschau 41, 153.

Anonymus (1988 f): Nilschlamm und Bodenfruchtbarkeit in Ägypten. Naturwiss. Rundschau 41, 122-123.

Anonymus (1988 g): Der Aralsee in höchster Gefahr. Naturwiss. Rundschau 41, 418-419.

Anonymus (1989 a): Leben nach dem Treibhauseffekt. Naturwiss. Rundschau 42, 272-273.

Anonymus (1989 b): Ozonabnahme im polaren Winter. Naturwiss. Rundschau 42, 199.

Anonymus (1989 c): Mit Wasserdampf gegen Schadstoffe im Boden. Naturwiss. Rundschau 42, 332.

Anonymus (1990): Ölunfälle auf See. Naturwiss. Rundschau 43, 358.

Anonymus (1991 a): Radon in Wohnungen und Häusern. Mensch und Umwelt 7, 14-18.

Anonymus (1991 b): Radon: Ein altes Problem mit neuen Dimensionen. Mensch und Umwelt 7, 24-28.

Anonymus (1991 c): Ökologische Auswirkungen von Ölunfällen. Naturwiss. Rundschau 44, 321-322.

Anonymus (1992): Scientific Assessment of Ozone Depletion. WMO-Berichte Nr. 25.

Anonymus (1994 a): Mikroalgen emittieren Halogenalkane. Naturwiss. Rundschau 47, 25.

Anonymus (1994 b): Versauerung von Süßwasser - Ökosystemen. Naturwiss. Rundschau 47, 25.

Anonymus (1994 c): Versauerung schwedischer Seen. Naturwiss. Rundschau 47, 369-370.
Anonymus (1994 d): Extreme Wettererscheinungen weltweit. Naturwiss. Rundschau 47, 29-30.
Anonymus (1994 e): Golfküste reinigt sich selber. Naturwiss. Rundschau 47, 27-28.
Anonymus (1994 f): Weltweite Wasserknappheit. Naturwiss. Rundschau 47, 369.
Anonymus (1994 g): Rheinregulierung hat Nachteile. Naturwiss. Rundschau 47, 25-26.
Anonymus (1997): Umweltrecht. 10. Aufl. München: C. H. Beck
Aylor, D. (1972): Noise reduction by vegetation and ground. J. Acoust. Soc. Amer. 51, 197-205.
Bahadir, M. (Hrsg.) (1995): Springer Umweltlexikon. Berlin, Heidelberg, New York, Tokyo: Springer.
Belitz, H. D., Grosch, W. (1987): Lehrbuch der Lebensmittelchemie. 3. Aufl. Berlin, Heidelberg, New York, London, Paris, Tokyo: Springer.
Berger, A. (1986): L'hiver nucléaire. La Recherche 17, 880-890.
Bernhardt, J. (1991): Gefahr oder Segen? Elektrische und magnetische Felder im Alltag. GSF Mensch und Umwelt 7, 53-60.
Bertram, R. (1998): Über Neutronenstrahlung und über die Nichtberücksichtigung wichtiger Effekte. Vortrag: Nds. Inst. homöopath. Med. Celle 28. 2. 98.
Beyer, A., Eis, D. (Hrsg.) (1996): Praktische Umweltmedizin. Berlin, Heidelberg, New York: Springer.
Bick, H., Hansmeyer, K. H., Olschowy, G., Schmoock, P. (Hrsg.) (1984): Angewandte Ökologie - Mensch und Umwelt. Stuttgart, New York: Gustav Fischer.
Bissolli, P, (1997): Der Mensch und das Klima. Naturwiss. Rundschau 50, 342-345.
Blume, H. P. (Hrsg.) (1990): Handbuch des Bodenschutzes. Landsberg/Lech: ecomed.
Bodanszky, M., Stahl, G. L., Curtis, R. W. (1975): Synthesis and biological activity of enantio-[5-valine] malformin, a palindrome peptide. J. Amer. Chem. Soc. 97, 2857-2859.
Bonus, H. (1991): Preisschilder für eine knappe Ressource. Rheinischer Merkur 15, 12. April.
Bonus, H. (1995): Ökosteuern wecken Begehrlichkeiten. Frankfurter Allgemeine 210, 13.
Bonus, H. (1996): Provoziert der Fiskus unnötige Wirtschaftsverluste? Neue Zürcher Zeitung 46, 29.
Brinkmann, K., Schaefer, H. (Hrsg.) (1991): Elektromagnetische Verträglichkeit biologischer Systeme. Band 1. Berlin, Offenbach: vde-Verlag.
Brinkmann, K., Schaefer, H. (Hrsg.) (1992): Elektromagnetische Verträglichkeit biologischer Systeme. Band 2. Berlin, Offenbach: vde-Verlag.
Brockhaus, F. A. (1993): Enzyklopädie in 24 Bänden. Mannheim: F. A. Brock-

haus GmbH.
Collins, H. J. (Hrsg.) (1991): Aufarbeitung fester Siedlungsabfälle vor der Deponierung. Braunschweig: Zentr. Abfallforsch.
Cord-Landwehr, K. (1994): Einführung in die Abfallwirtschaft. Stuttgart: B. G. Teubner.
Daunderer, M. (!994): Handbuch der Umweltgifte. Landsberg/Lech: ecomed.
DelMonte, M., Vittori, O. (1985): Air pollution and stone decay: the case of Venice. Endeavour N. S. 9, 117-122.
Effenberger, T. (1976): Salmonellen - Seuchengefahr des motorisierten Massentourismus. Forum Umwelt Hygiene 27, 132-136.
Elmadfa. I., Leitzmann, C. (1988): Ernährung der Menschen. Stuttgart: Ulmer.
Eltschka, R., Moseler, M. Matthys, H. (1993): Kann die Epidemiologie Nachweise führen? Pneumolog. Fortbildg. 20, 3-14.
Engelhardt, W. (1973): Umweltschutz. München: Bayer. Schulb. Verlag.
Engelhardt, W. (Hrsg.): Ökologie im Bau- und Planungswesen. Stuttgart: Wiss. Verlagsgesellschaft.
Enzyklopädie Naturwissenschaft und Technik (1980): München: Verlag moderne Industrie
Erff, A. W. v. (1976): Seelische und körperliche Störungen durch Streß. Stuttgart: Gustav Fischer.
Fabian, P. (1987): Atmosphäre und Umwelt. 2. Aufl. Berlin, Heidelberg, New York: Springer.
Falco, A. (1991): Mein abenteuerliches Leben auf der Calypso. Bern, München, Wien: Scherz.
Faust, V. (Hrsg.) (1986): Wetter - Klima - menschliche Gesundheit. Stuttgart: Hippokrates.
Feister, U. (1990): Ozon - Sonnenbrille der Erde. Leipzig: Teubner.
Fellenberg, G. (1977): Umweltforschung. Berlin, Heidelberg, New York: Springer.
Fellenberg, G. (1985): Ökologische Probleme der Umweltbelastung. Heidelberg, New York, Tokyo: Springer.
Fellenberg, G. (1991): Lebensraum Stadt. Zürich und Stuttgart: Verlag der Fachvereine und Teubner.
Fellenberg, G. (1994): Boden in Not. Stuttgart: TRIAS.
Fellenberg, G. (1997): Chemie der Umweltbelastung. 3. Aufl. Stuttgart: Teubner.
Fellenberg, G. (1997): Umweltverschmutzung - Umweltbelastung. Stuttgart, Leipzig: Teubner.
Forth, W., Henschler, D., Rummel, W. (Hrsg.) (1990): Pharmakologie und Toxikologie. 5. Aufl. Mannheim, Wien, Zürich: B. I. Wissenschaftsverlag.
Förstner, U., Müller, G. (1974): Schwermetalle in Flüssen und Seen als Ausdruck der Umweltverschmutzung. Berlin, Heidelberg, New York: Springer.
Franke, W. (1989): Nutzpflanzenkunde. 4. Aufl. Stuttgart, New York: Thieme.
Franke, H. (1987): Neue Umweltschutztechnik für den TA Luft-Bereich. BWK 39, 254-259.

Fritsch, B. (1990): Mensch - Umwelt - Wissen. Zürich und Stuttgart: Verlag der Fachvereine und Teubner.

Frohne, D., Pfänder, H. J. (1983): Giftpflanzen. 2. Aufl. Stuttgart: Wiss. Verlagsgesellschaft.

Geib, W. (Hrsg.) (1988): Geräuschminderung bei Kraftfahrzeugen. München: Vieweg.

Gessner, O. (1974): Gift- und Arzneipflanzen von Mitteleuropa. 3. Aufl. Heidelberg: Carl Winter Universitätsverlag.

Gisi, U. (1990): Bodenökologie. Stuttgart: Thieme.

Glöbel, B., Gerber, G., Grillmaier, R., Kunkel, R., Leetz, H. K., Oberhausen, E. (Hrsg.) (1980): Umweltrisiko 80. Stuttgart, New York: Thieme.

Glombitza, K. W. (1973): Pilzgifte in Nahrungsmitteln und Drogen. Dtsch. Apotheker-Zeitung 113, 165-170.

Grandjean, E. (1977): Lärmimmissionen als Umweltfaktor. Naturwiss. Rundschau 30, 397.

Haeberli, W., Hoelzle, M., Maisch, M. (1997): Gletscherwandel als globales Fieberthermometer. Naturwiss. Rundschau 50, 342-345.

Hartmann, G., Nienhaus, F., Butin, H. (1988): Farbatlas Waldschäden. Stuttgart: Ulmer.

Haug, G., Schuhmann, G., Fischbeck, G. (1992): Pflanzenproduktion im Wandel. Weinheim, New York, Basel, Cambridge: VCH Verlagsges.

Hausen, B. M. (1988): Allergiepflanzen - Pflanzenallergene. Landsberg/Lech, München: ecomed.

Heintz, A., Reinhardt, G. (1990): Chemie und Umwelt. Braunschweig, Wiesbaden: Vieweg.

Hildebrand, M. (1991): Mehr Umweltschutz durch weniger Stickoxide. Stromthemen Extra 8, 1-8.

Hebbelmann, H., Schlüter, U. (1991): Rekultivierung von Hausmülldeponien. Naturschutz und Landschaftspflege 4/91, 141-147.

Hock, B., Elstner, E. F. (Hrsg.) (1995): Schadwirkungen auf Pflanzen. 3. Aufl. Heidelberg, Berlin, Oxford: Spektrum Akademischer Verlag.

Hoffmann, V. U. (1996): Photovoltaik - Strom aus Licht. Stuttgart, Leipzig und Zürich: Teubner und Verlag der Fachvereine.

Hollemann, A. F., Wiberg, E. (1985): Lehrbuch der Anorganischen Chemie. 91-100 Aufl. Berlin, New York: W. de Gruyter.

Hulpke, H., Koch, H. A., Wagner, R. (Hrsg.) (1993): Römpp Lexikon Umwelt. Stuttgart, New York: Thieme.

Ising, H. (Hrsg.) (1978): Lärm - Wirkung und Bekämpfung. Berlin: Erich Schmidt Verlag.

Jakobi, W. (1986): Lungenkrebs nach Bestrahlung: Das Radon-Problem. Naturwissensch. 73, 661-668.

Jänicke, M., Simonis, U. E., Weigmann, G. (Hrsg.) (1985): Wissen für die Umwelt. Berlin, New York: W. de Gruyter.

Kaim, W., Schwederski, B. (1991): Bioanorganische Chemie. Stuttgart: Teubner.

Kloke, A. (1971): Cadmium in Boden und Pflanze - Ein Beitrag zum Thema Umweltschutz. Nachrichtenbl. Dtsch. Pflanzenschutzd. 23, 164-167.

Klosterkötter, W., Gono, F. (1977): Untersuchungen über extraaurale und aurale Lärmwirkungen. Opladen: Westdtsch. Verlag.

Knolle, H. (1989): Schutz gegen Pflanzenkrankheiten durch genetische Diversität. Naturwiss. Rundschau 42, 59-61.

Korff, H. C. (1978): Energienutzung und Klimaentwicklung. Umweltmagazin 6/78, 50.

Korte, F. (Hrsg.) (1992): Lehrbuch der ökologischen Chemie. 3. Aufl. Stuttgart: Thieme.

Kraft, M. (1982): Ergebnisse der Energieforschung. Stuttgart: Wiss. Verlagsges.

Kremer, B. P. (1989): Verölung und Ölabbau im Lebensraum Meer. Naturwiss. Rundschau 42, 303-308.

Kummert, S. Stumm, W. (1988): Gewässer als Ökosysteme. 2. Aufl. Zürich: Verlag der Fachvereine.

Kümmel, R., Papp, S. (1988): Umweltchemie. Deutscher Verlag für Grundstoffindustrie.

Küppers, B. (1997): Das Ende des Treibhauseffekts. Naturwiss. Rundschau 50, 50-53.

Lahmann, E. (1990): Luftverunreinigung, Luftreinhaltung. Berlin, Hamburg: Paul Parey.

Land- und Hauswirtschaftlicher Auswertungs- und Informationsdienst (Hrsg.) (1966): Grundlagen des Strahlenschutzes in der Land- und Ernährungswirtschaft. Bonn.

Lindner, E. (1986): Toxikologie der Nahrungsmittel. 3. Aufl. Stuttgart: Thieme.

LIS-Bericht (1982): Waldschäden in der Bundesrepublik. Essen.

Loub, W. (1977): Umweltverschmutzung und Umweltschutz in naturwissenschaftlicher Sicht. Wien: Franz Deuticke.

Marquardt, H., Schubert, G. (1959): Die Strahlengefährdung des Menschen durch Atomenergie. Hamburg: Rowohlt.

Meadows, D., Meadows, D., Zahn, E. Milling, P. (1972): Die Grenzen des Wachstums. Stuttgart: Dtsch. Verlagsanstalt.

Meadows, D., Meadows, D., Randers, J. (1993): Die neuen Grenzen des Wachstums. 6. Aufl. Stuttgart: Dtsch. Verlagsanstalt.

Mengel, K. (1984): Ernährung und Stoffwechsel der Pflanzen. Stuttgart: Gustav Fischer.

Meyer, F. (1982): Bäume in der Stadt. Stuttgart: Ulmer.

Mudrack, K, Kunst, S. (1988): Biologie der Abwasserreinigung. 2. Aufl. Stuttgart: Gustav Fischer.

Nestmann, L. (1982): Überlegungen zum Komplex Streß in Großstädten - Ein Beitrag zur medizinischen Ökologie und zur Ökologie des Geistes. Laufener Seminarbeiträge 1/82, 14-29.

Niedersächs. Landesregierung (Hrsg.) (1985): Umweltschutz in Niedersachsen. Hannover.

Odum, E. P., Reichholf, J. (1980): Ökologie. 4. Aufl. München: Bayer. Lehrbuch Verlag.

Olschowy, G. (Hrsg.) (1978): Natur- und Umweltschutz in der Bundesrepublik Deutschland. Hamburg, Berlin: Paul Parey.

Panzram, H. (1977): Das Klima in Großstädten und Ballungsgebieten. Naturwiss. Rundschau 30, 165.

Pearman, G. I., Etheridge, D., de Silva, F., Fraser, P. J. (1986): Evidence of changing concentrations of atmospheric $CO_2$, $N_2O$ and $CH_4$ from air bubbles in antarctic ice. Nature 320, 248-250.

Petzold, W., Krieger, H. (1988): Strahlenphysik, Dosimetrie und Strahlenschutz. Stuttgart: Teubner.

Pöpel, F. (1988): Lehrbuch für Abwassertechnik und Gewässerschutz. Wiesbaden: Dtsch. Fachschriftenverlag.

Prospero, J. M., Glaccum, R. A., Nees, R. T. (1981): Atmospheric transport of soil dust from Africa to South America. Nature 289, 570-572.

Raab, W. (1979): Allergiefiebel. Stuttgart: Gustav Fischer.

Reiss, J. (1972): Vorkommen von Mycotoxinen in Lebensmitteln. Naturwiss. Rundschau 25, 220-224.

Ring, I. (1994): Marktwirtschaftliche Umweltpolitik aus ökologischer Sicht. Stuttgart, Leipzig: Teubner.

Rippen, G. (seit 1987): Handbuch Umweltchemikalien. Landsberg/Lech: ecomed.

Roth, L., Daunderer, M. Kormann, K. (1987): Giftpflanzen-Pflanzengifte. 3. Aufl. Landsberg/Lech, München: ecomed.

Rump, H. H., Krist, H. (1987): Laborhandbuch für die Untersuchung von Wasser, Abwasser und Boden. Weinheim: VHC Verlagsgesellschaft.

Schaefer, H., Blohmke, M. (1977): Herzkrank durch psychosozialen Streß. Heidelberg: Dr. A. Hüthig Verlag.

Scheffer, F., Schachtschabel, P. (Hrsg) (1984): Lehrbuch der Bodenkunde. Stuttgart: Enke.

Schindewolf, U. (1959): Physikalische Kernchemie. Braunschweig: Vieweg.

Schlippköter, H. W., Pott, F. (1980): Zusammenhänge zwischen Lungenkrebs und Luftverunreinigungen. In RWTÜV (Hrsg.): Krebs durch Luftverunreinigungen-ein Schwerpunkt der Umweltschutzdiskussion? Essen: A. Sutter Verlag.

Schmidheiny (1992): Kurswechsel. Globale unternehmerische Perspektiven für Entwicklung und Umwelt. München: Knaur.

Schmitt, R. (1982): Antibiotika-Resistenz und ihre Verbreitung durch Plasmide und "springende Gene". Naturwiss. Rundschau 35, 139-147.

Schönwiese, Ch. D., Diekmann, B. (1991): Der Treibhauseffekt. Reinbek: Rowohlt.

Schütt, P., Schuck, H. J., Stimm, B. (Hrsg.) (1992): Lexikon der Forstbotanik. Landsberg/Lech: ecomed.

Schweizerische Unfallversicherungsanstalt (Hrsg.) (1986): Musik und Hörschaden. Merkblatt 11039. Luzern.

Sigg, L., Stumm, W. (1989): Aquatische Chemie. Zürich: Verlag der Fachvereine.
Sommer, R. G. (1992): Freispruch für die FCKWs. Therapiewoche 42, 2347.
Sporn, M. B., Dingmann, C. W., Phelps, H. L., Wegen, G. N. (1966): Aflatoxin $B_1$ binding to DNA in vitro and alteration of RNA metabolism in vivo. Science 151, 1539-1540.
Sukopp, H., Wittig, R. (Hrsg.) (1993): Stadtökologie. Stuttgart: Gustav Fischer.
Thomson, S. L. (1985): Global interactive transport simulations of nuclear war smoke. Nature 317, 35-39.
Tischler, W. (1984): Einführung in die Ökologie. 3. Aufl. Stuttgart: Gustav Fischer.
Tischler, W. (1990): Ökologie der Naturlandschaft. Stuttgart: Gustav Fischer.
Tschernousenko, W. M. (1992): Tschernobyl: Die Wahrheit. Reinbek: Rowohlt.
Verein Deutscher Ingenieure (Hrsg.) (1991): Abgas und Geräuschemissionen von Nutzfahrzeugen. Düsseldorf: VDI-Verlag.
Vogler, G. (1970): Phytoplanktontoxine in Trink-, Brauch- und Badewasser. Naturwiss. Rundschau 23, 291-294.
Voigtländer, G. (Hrsg.) (1995): Abwassertechnik. Stuttgart, Leipzig: Teubner.
Wagner, G. R. (Hrsg) (1990): Unternehmung und ökologische Umwelt. München: Vahlen Verlag.
Weish, P., Gruber, E. (1986): Radioaktivität und Umwelt. Stuttgart, New York: Gustav Fischer.
WHO (Hrsg.) (1991): WHO Report on public health issues related to animal and human spongioforme encephalopathies. Genf.
WMO (Hrsg.) (1992): WMO-Bericht Nr. 25. Washington.
Wildermuth, H. (1980): Natur als Aufgabe. Basel: Schweizerischer Bund für Naturschutz.

# Sachverzeichnis


Abfall, radioaktiv 101
Abfallaufkommen 181 f.
Abfalldeponie 182 ff., 184 f.
- Deponiegas 185
- hygienisches Problem 182 f.
- Selbsterwärmung 182
- Sickerwasser 182, 186
Abfallkompostierung 187 f.
Abfallverbrennung 189 ff.
Abfallvermeidung 196
Abgasreinigung 39 f., 57 ff.
Abwärme 103 f.
- Gewässer 105
- Kühltürme 107
- Sauerstofflöslichkeit in Wasser 105
- Städte 105
Abwasser
- biologische Reinigung 168 f.
- Denitrifizierung 171
- Phosphatfällung 171
- Verrieselung 168
Aerosol 35 f, 145
Aflatoxine 13 ff.
Alpha-Strahlen 92
Aluminium 36, 91, 138
Amalgam 88
Ames-Test 69
Ammoniak 53, 138
Antibiotika 82 ff.
Antibiotikaresistenz 84 f.
Antifouling-Mittel 74
Aralsee 180 f.
Asbest 38, 71
Azoverbindungen 70

Becquerel 96
Benzo(a)pyren 70
Beryllium 38, 91
Beta-Strahlen 92
Bevölkerungswachstum 206 ff.
- Begrenzung 210 f
- Gesetzmäßigkeiten 208 f.
- Kapazitätsgrenze 209 f.
- überexponentielles 209
- Artenverlust 206 f.
Bewässerungswasser 180
Biogas 192
biochemischer Sauerstoffbedarf, s. $BSB_5$
Biozide, s. Pflanzenschutz- und Schädlingsbekämpfungsmittel
Blei 86
Bleitetraethyl 37
Boden 91, 140, 150 ff.
Bodenbelüftung 125
bodenchemische Prozesse 125
Bodenfauna 127
Bodenfruchtbarkeit 138
Bodenkalkung 159
Bodenlockerung 126 f.
Bodenmüdigkeit 153
Bodensanierung 159
Bodenverdichtung 123 ff.
Bodenversalzung 152, 159
Botulinus-Toxin 12
bovine spongioforme encephalopathie, s. BSE
bromorganische Verbindungen 64, 164
$BSB_5$ 171
BSE 24 f.

Cadmium 37, 89
Cancerogenese 71
s. auch Krebserregung
cancerogene Wirkung 16, 65, 67 ff., 71 f., 89, 90
s. auch Krebserregung
Cäsium-137 158
Chlorkohlenwasserstoffe 65, 156, 171
- Abbau 65 f
- Wirkung auf Menschen 66
Chlorwasserstoff 51, 56
Chrom 90

Claviceps purpurea 13
Clostridium botulinum 12
Colchizin 71
coli-Titer 164
Creutzfeld-Jacob-Krankheit 24 f.
Cycocel 72
DDT 78
Detergentien 157
Dibenzodioxine 68
Dibenzofurane 68
Dichlordiphenyltrichlorethan, s. DDT
Dipyridyle 78
Düngung 150 ff., 159
Duroplaste 192

Eco-Briketts 192
Elastomere 192 f.
elektromagnetische Felder 107 f.
El Nino 31 f.
Emissionsgrenzwerte 46
Emschergraben 168 f.
Energiequellen, alternative 63
Entstaubungsverfahren 39 f.
Erdmagnetfeld 108
Erdöl 155, 165 f.
- Abbau 155 f., 166 f.
- Toxizität 166
Ergotismus 13
Erosionsförderung 153
Eutrophierung 151, 161 ff.

fall out 157
Faserstoffe 38
FCKW 54, 148
Feinstaub 38
Flammschutzmittel 64
Fluorchlorkohlenwasserstoffe, s. FCKW
Fluorwasserstoff 56
Flußbegradigung 178 ff.
Frostresistenz, Pflanzen 135, 137
Fruchtwechsel 80

Gamma-Strahlen 92
Gewässergüteklassen 162 f.
Gray 97
Griffelmacherkrankheit 38 f.
Grundwasserabsenkung 179 f.

Hartmetalle 91
Herbizide 72
Heuschnupfen 26 f.
Holzbegleitstoffe 167
Hörschwelle 112

Immissionsgrenzwerte (IW) 45
Immunsystem 26 f., 50, 68, 85
Infrarotabsorption, Spurengase 142 f.
Itai-Itai Krankheit 37, 89

Kalk 39
Kernkraftwerke 100 ff.
Kernwaffen 102 f.
Kläranlage, biologische 169
Klärschlammbeseitigung 172
Klimaänderung 31 ff., 144 f.
- Konsequenzen 146 f.
Kohlendioxid 11, 51 f., 142 f., 145 f.
Kohlenmonoxid 51 f.
Kohlenwasserstoffe 155
Kombinationswirkungen
- Schadgase und Klimafaktoren 134 f.
- Schwefeldioxid und Ozon 134
- Schwefeldioxid und Staub 128 f.
- Schwefeldioxid und Stickoxide 133 f.
Kompostverträglichkeit, Pflanzen 188
Kontaktflächendruck 123
Korrosion 130
Kraft-Wärme-Kopplung 62, 107
Krebserregung 16 f., 68, 96, 110, 129, 150
s. auch Cancerogenese und cancerogene Wirkung
Kühlhauseffekt 143 f.
Kupfer 89 f.

Lebensmittelvergiftungen 12 f.
Ligninhydrogensulfit (Ligninsulfonsäure) 167

Listeriose-Bakterien 12
London-Smog 132
s. auch Smog
Los Angeles-Smog 132 f.
s. auch Smog
Lösemittel 65

Malformin 16
maximale Arbeitsplatzkonzentration (MAK) 45
maximale Immissionskonzentration (MIK) 44
Mediatoren 26 f.
Metalle 36 f., 85 ff.
Methämoglobin 48, 150
Methan 54, 160
Methylbromid 44, 64
Minamatakrankheit 87 f.
Molybdän 36
Monokulturen 153
Monsun 32
mutagene Stoffe 65, 68 f.
Mutagenitätstests 68 ff.
Mutation 54, 68, 94 f., 148, 150
Mutterkorn 13 f.
Mycotoxine 13 ff.

Nahrungsketten 88
Nahrungsmittelpflanzen mit Giftstoffen 21 ff.
Neutronenstrahlen 92
Nickel 90
Nitrat 150
Nitrosamine 70
nuklearer Winter 104

Ozon 49, 54 f., 56 f., 132 f.
- stratosphärisches 147 ff.

Pentachlorphenol 78
Peroxiacetylnitrat (PAN) 30, 132 f., 138
Pestizide, s. Pflanzenschutz- und Schädlingsbekämpfungsmittel
Pflanzenschutz, integrierter 80 f.
Pflanzenschutz- und Schädlingsbekämpfungsmittel 156 f.
- ADI-Wert 76
- Anwendung 72 ff.
- ökotoxikologische Effekte 80 f.
- permissible level 76 f.
- Resistenzbildung der Organismen 79 ff.
- Wirkung auf Menschen 74 ff., 76 f.
Phenoxiessigsäuren 78
Phytoplanktontoxine 17, 164
Podsol 153
Pollenallergie, s. Heuschnupfen
polychlorierte Biphenyle (PCB) 6
Prione 25
Pyrethroide 78

Quarz 38
Quecksilber 87 f.

radiation absorbed dose (rad) 97
radiation absorbed men (rem) 97
Radioaktivität 92 ff.
- Grenzwerte 99 f.
- künstliche 100 ff.
- natürliche 98
Radioisotope 158
Radon 98 f.
Recycling 192 ff.
Resistenzzüchtung 80 f., 160
Rohhumus 153
Röntgenstrahlen 92

Salmonellen 12
Sauerstoff 10
Säurebildner 130 f., 138, 154 f., 164
Schadgase 41 ff., 44 ff.
Schalldruck 112 f.
Schallpegel 116
Schallquellen 114 f.
Schallschäden 116 ff.
Schallschutzmaßnahmen 119 f.
Schimmelpilze 13 ff.

scrapy 24 f.
Schwefeldioxid 50 f., 55 f., 129, 131, 137
Schwermetalle 70, 86 ff., 154, 160, 167, 171
- Methylierung 167
- mutagene 70
Sievert 97
Smogbildung 132 f.
Sonderabfall 190
Sonnenenergie 104
Sprengstoffe 161
Spurengase 41 ff.
Staphylococcus aureus 12
Stäube 30 f., 33 ff., 39, 128 f., 130 s. auch Feinstaub
Stauseen 173
Staustufen 180
Stickoxide 47 ff., 54 f., 137
Strahlenschäden 94 f., 96 f.
Streßreaktionen, Pflanzen 139
Strontium-90 158
Synapsen (Nervensystem) 18 f.

Taiga, Versumpfung 156
Talkum 38
Tausalz 155
TCDD 68
technische Richtkonzentration (TRK) 46
Terpen-Smog 29 f.
2,3,7,8-Tetrachlordibenzodioxin, s. TCDD
Thermoplaste 192
Titan 36
Transferfaktor 158
Transmittersubstanzen (Nervensystem) 18
Treibhauseffekt 141 ff.
Trichlorethen 65
Trinkwasser
- Bedarf 172, 177
- Reinheitskriterien 175
- Verbrauch 172 f., 176
Trinkwassergewinnung 172 ff.
- ökologische Folgen 173
- Reinigung des Rohwassers 174
Trophiestufen, s. Gewässergüteklassen

Ufersandfiltration 173 f.
Ufervegetation 173, 177
Umweltabgabe, s. Umweltzins
Umweltgesetze 198 ff.
Umweltschutz
- ökonomische Regelmechanismen 202 ff.
- politische Regelmechanismen 204 f.
- Privatinitiativen 204 f.
Umweltsteuern 203
Umweltveränderungen
- Geschwindigkeit von 10 f.
Umweltzins 203

Vinylchlorid 67
Vitamin D-Bildung 36
Vulkanausbrüche 30 f.

Waldschäden 135 ff.
- Bewertungsschema 135
- Gegenmaßnahmen 140 f.
- Symptome 135
Waldsterben, s. Waldschäden
Wärmerückhaltung 142 f.
Wasserschutzgebiete 173
Wiederverwertung, Kraftfahrzeuge 195 f. s. auch Recycling
Wolfram 36

Zigarettenrauch 129 f.
Zink 90
Zinn 90

Worch

# Wasser und Wasserinhaltsstoffe

**Eine Einführung in die Hydrochemie**

Von Prof. Dr.
**Eckhard Worch**
Technische Universität Dresden

1997. 205 Seiten mit 33 Bildern.
16,2 x 22,9 cm.
(Teubner-Reihe UMWELT)
Kart. DM 48,–
ÖS 350,– / SFr 43,–
ISBN 3-8154-3525-0

Wasser ist ein wesentlicher Bestandteil unserer Umwelt und Grundlage des Lebens. Qualität und Nutzbarkeit des Wassers werden durch seine Inhaltsstoffe bestimmt. Das vorliegende Buch gibt – unter Berücksichtigung physikalisch-chemischer und stoffkundlicher Aspekte – einen kurzgefaßten Überblick über Vorkommen, Eigenschaften und Verhalten der wichtigsten natürlichen und anthropogenen Wasserinhaltsstoffe. Als Einführung in die Hydrochemie soll es wasserchemische Grundkenntnisse vermitteln und auf das Studium weiterführender Lehr- und Handbücher vorbereiten.

Das Buch wendet sich an Chemiestudenten, an Studenten wasserfachlicher und umweltwissenschaftlicher Studiengänge, in denen die Hydrochemie als Nebenfach gelehrt wird, sowie an alle, die sich in Ausbildung oder Beruf mit Fragen der Wasserqualität beschäftigen.

Preisänderungen vorbehalten.

B. G. Teubner Stuttgart · Leipzig

Kalbe
**Limnische Ökologie**

Von Dr. **Lothar Kalbe**
Potsdam

1997. 296 Seiten mit 81 Bildern und 31 Tabellen.
16,2 x 22,9 cm.
(Teubner-Reihe UMWELT)
Kart. DM 59,80
ÖS 437,– / SFr 54,–
ISBN 3-8154-3510-2

In diesem Lehrbuch werden die ökologischen Grundlagen der Limnologie und der angewandten Ökologie dargestellt.

Im Mittelpunkt stehen die ökologischen Bedingungen für die Besiedlung der unterschiedlichen limnischen Ökosysteme mit Pflanzen und Tieren, die Klassifizierung der Gewässer und die Leistungen der Lebensgemeinschaften. Dabei wird der Leser mit der Belastbarkeit von Ökosystemen, den Problemen der Eutrophierung, der Selbstreinigung und der Bioproduktion sowie der Stabilität, Sanierung, Regeneration und Restaurierung geschädigter Systeme vertraut gemacht. Das Buch wendet sich vor allem an Studenten und an Praktiker.

Preisänderungen vorbehalten.

B. G. Teubner Stuttgart · Leipzig